烏有園

第五辑

技艺与记忆

金秋野 王欣 編

同济大学出版社·上海
Tongji University Press · Shanghai

目

录

目

录

开卷

OPEN

BOOKS

略论我国古代园林叠山艺术的发展演变*

曹汛

我国古代的园林叠山艺术，真可以说是“千岩竞秀，万壑争流”。一部叠山史从哪里说起？本文试图概括成三个发展阶段和相应的三种流派，作简略论述。

一

我国的人工叠山，渊源极早。《尚书·旅獒》中有“为山九仞，功亏一篑”一语，可算是最早的人工叠山记载了。

晋宋以降，诗文中屡屡用到“一篑”的典故，注家往往引《尚书》这句话作解。但是《旅獒》中的文字内容出自所谓伪《古文尚书》，伪《古文尚书》学术界现已公认是伪作。《旅獒》中的这一句，实际上来源于《论语》。《论语·子罕》：“子曰：‘譬如为山，未成一篑，止，吾止也。譬如平地，虽覆一篑，进，吾往也。’”注释“一篑”的典故，其实是应该引用《论语》。

也许真的可以往西周去追寻。据清人龚自珍的考证，穆天子西征，班师而还，便仿照西方的羽琌山，在国中重建了一个羽陵[①]。传说中的穆天子即周穆王，比孔子又早了大约五百年。但《穆天子传》晚出，是战国时的作品，而且是小说家言，因此还是应该认为《论语》中的一句最为可靠。

由《论语》中的这段话，我们知道了在孔子那时，已经在用人工叠山了。当时的人工为山竟成了士大夫阶层的常识，动辄引以为譬，可见叠山之风还算盛行。孔子这句话，正好和老子的“九层之台，起于累土”相映成趣。

孔子、老子那个时候，诸侯奢靡成风，“穿陂池”“起台榭”，“变鲧、禹之功而高高下下”[②]是史不胜载的[fig..01]。起台和叠山，其理一也，不过

* 本文原载于《建筑历史与理论》（第一辑），1980年，第80-91页。又见曹汛《中国造园艺术》，北京：北京出版社，2019，第35-60页。

一规整，一自然耳。筑土为山当时还用于军事，兵法讲攻城时筑土山以窥望城内，谓之“距堙”。

可以说在孔子那时，或者更保险一点说，至迟在春秋末战国初《论语》成书那时，在使用了铁工具、生产力有了较大提高以后，统治阶级已经在用人工叠山了。明谢肇淛《五杂组》以为叠山始于汉袁广汉，现在一般也还因袭这一说法，其实是并不确切的。汉以前的秦，也曾用人工叠山，野史载“秦始皇作长池，引渭水，东西二百里，南北二十里，筑土为蓬莱山”（《太平御览》引《三秦记》），是完全可能的。

不过到汉代叠山风气确是更盛了。《史记》和《三辅黄图》记载汉武帝于建章宫北治大池，名曰太液池，池中起蓬莱、方丈、瀛洲三神山，《汉官典职》记载“宫内苑聚土为山，十里九坂”，都是宫苑内大筑土山的实录。

与此同时，官僚贵戚、大富豪们也在大规模叠山了。《西京杂记》载梁孝王筑兔园，园中造百灵山，山有“肤寸石、落猿岩、栖龙岫”，“其诸宫观相连，延亘数十里”[3]，如果兔园果有所谓栖龙岫，那么这还是第一次出现了人工的山洞[4]。又有茂陵富民袁广汉，于北邙山下筑园，“构石为山”，“高十余丈，连延数里”[5]。还有大将军梁冀，“采土为山”，“十里九坂”，“以象二崤”[6]。王氏五侯王根、王富、王立等大筑宅第，起“土山渐台”，王根宅中的土山就做得有如未央宫中西白虎殿一区[7]。他们这些做法不用说都是以宫苑为榜样的，是上行下效。权贵们这种行径，有的被指责为“拟于人君”“骄奢僭主”。

晋江逌《谏北池表》说：“立宫馆、设苑囿，所以弘于皇之尊，彰临下之义。前圣创其体，后代遵其矩。”同苑囿一样，苑囿中人工所造的大山也主要是一种夸竞的手段，所以尽量在尺度上追求高大。有带头的，有跟着的，劳民伤财自然都在所不顾。

fig...01 战国的陂池台榭——辉县出土宴乐射猎刻纹铜鉴

---

①《穆天子传》：“天子东游……蠹书于羽陵。”龚自珍《定盦文集·补编》卷三《最录穆天子传》：“天子西征得羽琌之山，东归蠹书于羽陵，畿内有羽陵何也？乐羽琌之游，归而筑羽陵也。”

②《国语·申胥谏伐齐》。意思是说鲧和禹平凹凸以治水，而春秋时诸侯奢靡则反其道，穿池筑台，把本来是平平的大地弄成高高下下。

③兔园的记载见于《西京杂记》和《三辅黄图》。《西京杂记》：“梁孝王好营宫室苑囿之乐，作曜华之宫，筑兔园，园中有百灵山，山有肤寸石、落猿岩、栖龙岫，又有雁池，池间有鹤洲、凫渚。其诸宫观相连，延亘数十里，奇果异树、瑰禽怪兽毕备。王日与宫人宾客弋钓其中。”这段记载常被人引用，但是有问题。所说肤寸石、落猿岩、栖龙岫以及鹤洲、凫渚等等，很可能都是唐宁王九曲池中的景物。唐人好把宁王与梁孝王并提，借古讽今，借梁孝王指责唐宁王，后来就弄错了。这个问题较复杂，这里不便详细讨论。兔园在河南，不在三辅，更不在西京。

④人工造山洞，一般以为始于梁元帝的湘东苑。稍后，北魏张伦的景阳山也叠造了山洞。但是如果梁孝王园中假山真有栖龙岫一景，那么无疑已是人工的山洞。岫即山洞，《尔雅》：“山有穴为岫。”左思《魏都赋》：“穷岫泄云。”徐干《七喻》有“栖迟乎穷谷之岫”，不能知是否人工所作。王文考《鲁灵光殿赋》有“岩突洞出，逶迤诘屈，周行数里，仰不见日”，则已是人工所作。大约至迟在后汉时已用人工叠造山洞了。

⑤《西京杂记》。

⑥《后汉书·梁统传》。

⑦《水经注》卷十九《渭水注》：“前汉之末，王氏五侯大治池宅，引沉水入长安城，故百姓歌之曰：‘五侯初起，曲阳最怒。坏决高都，竟连五杜。土山渐台，象西白虎。’”

人工为山是奴隶制时代开始出现的，也正是奴隶制和大规模奴隶劳动的见证。汉代早已进入封建社会，可是这种蛮性遗留下来，上层封建统治阶级还是那样大量地用人工叠造大山，强迫人们进行奴隶式的劳动。

这种叠造大山的风气，魏、晋、南北朝依然盛行，手法也逐渐成熟。晋会稽王道子的嬖人赵牙，为道子开东第，所筑之山规模不小，俨如真山，皇帝临幸，竟未能看出是“版筑所作”[⑧]。北魏张伦在自己庭院所造的景阳山“有若自然”，山有“重岩复岭”，有“深蹊洞壑”，山路和涧道崎岖峥嵘，“似壅而通”“盘纡复直”，山又有“高林巨树，悬葛垂萝”等植物，“足使日月蔽亏”，“能令风烟出入”。[⑨]到这个时期所以能产生张伦景阳山那样的杰作，是由于晋、宋以来经过老庄思想的洗礼，园林创作逐渐趋向于风景美的欣赏，追求“有若自然”的结果。我们知道，除了张伦的山以外，《后汉书》记梁冀的山也说是“有若自然”，此外刘宋戴颙的园也被评为“有若自然”，甚至直到唐长宁公主的园仍被说成是“势若自然”。而北魏茹皓修造景阳山“颇有野致”，也还是“有若自然”的意思[⑩]。

这一阶段的叠山，从一开始就造得相当大，孔子那句话可证。这种叠山手法是整个地摹仿真山，面面俱到，尺度则尽力接近真山。晋葛洪有一句话可以拈出来，用作这个阶段、这种叠山风格的写照。葛洪指责汉之末世、吴之晚年贵族统治阶级奢靡无度，他列举了一系列事实，其中有一句道：“起土山以准嵩霍。”[⑪]这句话很能够总括这个阶段的这种叠山风气。这里的一个“准”字，很能总括这种叠山风格。

这种叠山风气，春秋末到战国时期已经出现，秦、汉已很普遍，后汉更形成高潮，到南北朝时期这样蛮干的仍大有人在。再后，隋、唐以降逐渐少起来，但皇帝、贵戚、大官僚，有这种条件、有这种癖好的仍然还在叠造这种大家伙。例如宋徽宗营艮岳，主山高九十步，周回十余里，全是“累土积石而成”[⑫]；唐安乐公主园中起大山仿西岳华山[⑬]；南宋一个官僚卫清叔筑吴中之园，“一山连亘二十亩，位置四十余亭”；另一个官僚兼画家俞子清叠的山，“峰之大小凡百余，高者至二三丈”[⑭]，等等。只是隋、唐往后，在叠山领域里又早已另有异峰突起——出现了一个新的手法、新的流派，这样叠大山的已经算是余波，不再居为主流了 *fig...02*。而且不用说，后来这种大山也是作得越来越丰富了，也已经吸收着或者说是包含着后来一些流派的手法。例如艮岳，在叠山史中就艺术性和其本身的形式美而论，无疑是一个很成功的作品，可以说已经做到了“致广大而尽精微”，它的每一个局部，每一景，一丘一壑，一树一石都是很精致，与上古那种粗放已是很不相同的了。但是话得说回来，它仍然还是整个地再现一座大山（仿杭州凤凰山），工程量要命地大，为

fig...02 北海琼华岛

了建造艮岳，搞花石纲弄得民不聊生，甚至成了一场农民起义的导因。艮岳还有点自然主义地用技术手段摹造真山的气氛，如用油绢囊以水湿之，张收云气于山峦间，等皇帝临幸时括囊以献，称为“贡云”，又在山洞里广贮卢甘石，以致天阴时云雾滃郁如真山大壑不二[15]。

总而言之，叠山发展史中第一个阶段所流行的叠山手法，或称叠山风格、叠山流派，是写实的，效仿真山，在尺度上也接近真山。后来这种山又能做得“有若自然”，像是够好的了，不过看来却又有点接近自然主义。它有点过于追求生活的真实，与后来别的手法相比，它缺乏提炼和概括。

二

晋、宋[16]以来造园活动更加普遍，一般官僚、士大夫和文人也都要一窝蜂似地造园了。由于经济力量和政治因素（即等级制度、礼制之类）的限制，他们的园林，规模一般也就要小些。他们一般没有力量像王氏兄弟、袁广汉、张伦那样跟着模仿皇帝，而且那样亦步亦趋还着实危险。袁广汉的园，就因袁犯了罪而“没入为官园”，“鸟兽草木皆移入上林苑中”。于是晋、宋以来，一些官僚士大夫和文士们先是标榜所谓中园，以便和皇家的上苑划清界限：晋的石崇，宋的谢灵运、谢惠连，齐的谢朓都称自己的园为中园[17]。继而又标榜所谓小园：梁的徐勉已称自己的园为小园了，北周庾信《小园》一赋更正式提出了小园的纲领[18]。这样，趋向于乖巧细致的小园逐渐在南北朝兴起，以后逐渐发展起来，成为后来文人画士私家园林的主流，一直延续到明、清。后来的小园又常常用些形象的词汇命名，以标榜其小，如三亩园、一亩园、半亩园、勺园、芥子园等，不一而足。

有一个问题必须插在这里予以说明。就是综观我国园林艺术的整个发展史，可以明显地看出，早期造园是私家园林追仿皇家苑囿，如前面所述的王、袁、张诸人皆是，自南北朝以来，文人拿出小园与皇家上苑相抗，两大壁垒平行发展，从此小园越来越占上风，到了明、清则私家小园占了绝对优势，皇家的苑囿都要反过来仿私人小园，吸收它的精粹了。

---

⑧《晋书·简文三子列传》：“帝尝幸其（道子）宅，谓道子曰：‘府内有山，因得游瞩，甚善也！然修饰太过，非示天下以俭。’道子无以对，唯唯而已。左右侍臣，莫敢有言。帝还宫，道子谓牙曰：‘上若知山是板筑所作，尔必死矣！’牙曰：‘公在，牙何敢死。’营造弥甚。”何焯《义门读书记》引用这段记载，以注韩愈《山石》诗，何氏以为“当时筑山尚以为异事”，不确。

⑨ 曹魏的华林园中有景阳山，在洛阳，魏明帝时建。刘宋文帝时造的华林园中也有景阳山，在建康（今南京）。两个景阳山都沿用了好几个朝代，且不断维修、增筑。北魏张伦豪侈，在自己宅里造大山仿之，也名曰景阳山，这三处景阳山常常被弄混，特别是张伦家的那个景阳山也在洛阳，所以有的书上也就以为张伦领将作，是给华林园修景阳山了。姜质曾为张伦家的景阳山作《庭山赋》，载《洛阳伽蓝记》卷二。

⑩《后汉书·梁统传》：“（梁冀）采土筑山……深林绝涧，有若自然。”《宋书·隐逸列传》：“吴下士人共为（戴颙）筑室、聚石、引水、植林、开涧，少时繁密，有若自然。”《洛阳伽蓝记》：“（张）伦造景阳山，有若自然。”《两京记》：“崇仁坊西南隅，长宁公主宅……朱楼绮阁，一时绝胜。又有山池别院，山谷亏蔽，势若自然。”《魏书·列传第八十一》载茹皓增修景阳山：“采掘北邙及南山佳石，徙竹汝颍，罗莳其间，经构楼馆，列于上下，树草栽木，颇有野致。”

⑪《抱朴子·外篇》卷四《崇教》。

⑫ 艮岳的记载最多。《宋东京考》《汴京遗迹志》均有所汇集。

⑬《太平广记》二三六卷：“安乐公主……夺百姓庄田，造定昆池四十九里，直抵南山，拟昆明池，累石为山，以象华岳。”类似的记载也见于《唐书·诸公主列传》。

⑭ 周密《癸辛杂识》前集。

⑮ 贡云事见《宋东京考》卷十七“五侯鲭”，卢甘石事见《农田余话》卷上和《癸辛杂识》。

⑯ 本节文中的“晋、宋”之“宋”所指为刘宋。——编者注

⑰ 石崇《思归叹》：“泽雉游凫兮戏中园。”谢灵运《田南树园激流植楥》：“中园屏氛杂，清旷招远风。”谢惠连《仙人草赞序》：“余之中园，有仙人草焉。”谢朓等人有《纪功曹中园联句》诗。唐骆宾王《畴昔篇》有“上苑频经柳絮飞，中园几见梅花落”，更明确地以中园与上苑对举。

⑱ 徐勉《为书诫子崧》：“中年聊于东田营小园者……正欲穿池种树，少寄情赏。”庾信有《小园赋》，文不录。

这种小园能在晋、宋以后兴起，实非偶然。这取决于当时具体而复杂的历史社会背景，更取决于造园艺术发展的内在矛盾。汉末、魏、晋以来社会比较混乱，老庄思想盛行。老庄思想的追求逍遥自得，进而引发士大夫阶层对于自然风景的留恋欣赏，当时人们对大自然又有了进一步的认识，南朝更多的是风景佳丽之地，所以晋、宋以来山水诗和山水画都发达起来，真正的山水园也可以说是从这时才发达起来。从这时起，我国园林才更加有目的地去追求和再现自然风景的美，也就是说自然风景式的山水园在这时得到肯定，以后的造园就一直朝这条路子发展了。

但是前面说过，那种大园和大山，到这时由于风景美的发现，也趋向于“有若自然”，像张伦的园和山都已经是很不错的了，那么为什么没有沿老路继续发展下去，而偏偏又有一种小园、小山发展起来了呢？这个原因得另为探讨，光说是由于山水世界的发现是不够的了。原因有三个方面，头一个决定了它的必要性，后两个决定了它的可能性。

第一个方面的原因，便是前面说过的经济的、政治的因素。这时造园、叠山的已经不只限于皇帝和几个不守本分的大官僚了。

第二，由于魏、晋以来老庄思想的流行，促进了人们对于客观山水世界的发现，同时还有更重要的一个方面就是促进了主观心灵世界的发现。人们追求的是把主观世界和客观世界统一起来，达到所谓“情景交融”[19]。老庄思想追求超然自得，所以《逍遥游》《齐物论》等很是流行，《逍遥游》讲绝对自由，叫人们逍遥游于物外，“与泰初而为邻”。说是游于物外，心界便大了，心界大了，外界的小也可以看成是大，所以可以像后来沈三白《浮生六记》所说的那样，把小土砾的凸者看成大丘，凹者看成大壑；反过来也可以像陆云《登台赋》所说的那样，把昆仑山看成“卑于覆篑”[20]。这说得实在有些过火，有些唯心，还颇有点阿Q气，但在当时，这套玄理却很风行，对后世的影响也很大。在这种思潮熏陶之下，人们发现了放情山水“会心处，不必在远”[21]。会心山水不在远，那么小园、小山也就足可消魂，足可供神游了，奚必大园大山？这就是说，老庄思想追求内心的逍遥自得和与此相联系的《逍遥游》《齐物论》那种强调得过火的关于大和小的相对论，是这种小园、小山的理论基础。

第三，晋、宋之际出现了独立的山水画。山水画是必须小中见大的，它可以而且只能“竖画三寸，当千仞之高；横墨数尺，体百里之迥。是以观画者，徒患类之不巧，不以制下小而累其似”，于是“嵩华之秀，玄牝之灵，皆可得之于一图矣”[22]。山水画同山水园应该是同一社会思潮的产物，但山水画的这种发现，却正可以反过来启发造三度空间的真山水，使之小些再小些，只要“类之成巧”，能唤起观赏者的会心想象，便可以移天缩地，将“百里之回”纳之于一园了。这也就是说，山水画的发展促进了这种写意的小园、小山的产生和发展。虽然从历史发展上看，造山水园还是要走在作山水画的前面，但以前的造山、造园，认真地讲，是醉翁之意原不在山水风景的。

这种小山是写意的，用了一种“艺增”的手法，使用夸张很是大胆，颇有李白形容头发说“白发三千丈”、杜甫形容柏树说“黛色参天两千尺”那样的气概，不过方向相反。这种小山富于夸张、象征和浪漫的想象。侧重于写意，不注重细节的真实，这种手法自晋、宋以来开始出现，至唐大盛，唐、宋以降，仍然很流行，并且后来一直延续发展到明、清。*fig...03, 04*

到中唐才出现了“假山”这个词，中、晚唐诗中屡见。这种小山真的成了名副其实的“假”山，看上去跟真山完全不一样了。

和上一阶段上一种手法的尽量往大叠造，描写时又尽量往大夸张正好相反，这个阶段这种手法照

fig...03 唐代庭院中的小山——敦煌217窟壁画《得医图》

fig...04 西安西郊出土唐三彩假山模型

自然界或想象中的大山尽量往小叠造，而描写这种小山的诗文，更再度往小夸张，所以文人笔端的小山就更小了。例如沈约诗说“一篑望成峰”，杜甫诗说“一篑功盈尺”，描写的对象当然不必只用了一筐土；王勃赋说“拳石俨干霄之状”，白居易记说“聚拳石为山”，描写的对象当然也不必真的只有拳头般大。他们说的都还不是几案上的供石，而是庭园里的小山。这种文笔上反方向的张皇铺饰，不外是如前述勺园、芥子园等名目一样，只是夸张地形容它的小而已，是只可意会，不可胶瑟的。我们知道，勺园的水面实际上也并不太小，还可以大荡其舟；芥子园小些，但至少也有三亩。米万钟和李渔说它如一勺、如芥子，原是以《逍遥游》《齐物论》的观点，设想立足于天地外的极远处，飘飘然而观之的。

这种叠山风格，一言以蔽之曰“小中见大”。梁萧统诗《玄圃讲》说“穿池状浩汗，筑峰形嵲岌”，这“状”字、“形”字已经很可以说明这种意趣。唐李华又有一篇有名的骈体文小记，记当时的一个名园，其中描写小山的一句道：“庭际有砥砺之材，础礩之璞，立而象之衡巫。”[23]这一句，更可以拈出来作为这种叠山风格的写照，而且又正好同上一阶段上一种风格构成显明的对比。上一种风格葛洪说“准嵩霍”，这一种李华说“象衡巫”，一个“准”字，一个“象”字，标出了这两种风格的根本特征和区别。

这种手法叫作小中见大，是接近浪漫主义的，它偏向于象征，除了象征自然界的真山以外，还常常象征神话中的仙山。用这种小中见大的手法去创造一个神话的境界，也很容易使形式和内容得到统一，因为这种手法本身就很有些神话味道。于是人们就又重新重视起秦、汉时传说的三神山，即蓬莱、

⑲ 例如《文心雕龙·物色第四十六》所说的：“写气图貌，既随物以宛转；属采附声，亦与心而徘徊。”

⑳ 沈三白《浮生六记·卷二·闲情记趣》：“以丛草为林，以虫蚁为兽，以土砾凸者为丘，凹者为壑，神游其间，怡然自得。”陆云《登台赋》：“扶桑细于毫末兮，昆仑卑乎覆篑。”

㉑《世说新语·言语第二》：“（梁）简文（帝）入华林园，顾谓左右曰：‘会心处不必在远，翳然林水，便自有濠濮间想也，觉鸟兽禽鱼自来亲人。’”

㉒ 宗炳《画山水序》。

㉓ 李华《药园小山池记》。

fig...05 ［元］倪云林（款）《狮子林图》中的假山

fig...06 清乾隆年间的狮子林假山（摹自《南巡盛典》）

方丈和瀛洲，使它成了这种小山最常用的题材。杜甫有一首诗，描写一个堂前的假山道“三峰意出群”；陶谷《清异录》记载违命侯（李后主降宋后的封号）苑中凿池，池心叠石象三神山，号小蓬莱；明代诗人和画家张宁赠杭州著名叠山艺术家陆叠山诗道“三峰景出虚无里”等，都是著名的例证。当然，这类所谓三峰、三神山，也只不过是借用一个名堂，在这个名堂之下，叠山家可以随心所欲地驰骋想象进行创作，因为三神山究竟什么样，谁也没见过。

这种手法后来还出现一个分支，即用玲珑剔透的湖石堆砌成狮子、猴子等动物形象的峰峦，怒突起伏，张牙舞爪，以形状诡奇标新，求取一种近似雕塑的效果，所谓“立似龙螭，蹲疑狮虎”，如传为（其实不是）倪云林叠的苏州狮子林fig...05, 06、董道士叠的扬州九狮山就是。它们基本上也还是基于象征夸张，不过与真山相差得更远，更容易过火，流于怪诞。

三

恩格斯说：“在发展的过程中，以前一切现实的东西都会成为不现实，都会丧失……自己的合理性。”（《路德维希·费尔巴哈与德国古典哲学的终结》）作为第一种手法之对立物的第二种叠山手法的出现，标志着叠山艺术的一个巨大的飞跃，它本身很有可取之处，很有生命力，于是煊赫了很长一段时间，直到明代著名叠山家陆叠山还属于那一流派，清初著名叠山家李渔所作的芥子园中的北山，也还是那种风格的作品。但是当它发展到一定阶段，成熟过火以后就逐渐走了下坡路，“从前是现实的”，就逐渐“成为不现实的东西”了。于是一种新的创作手法应运而生，并渐渐居为主流，叠山艺术又进入一个新的发展阶段。明代万历后期出现了张南垣，崇祯年间出现了计成，标志着这种新手法的发展和成熟。

这种新的手法什么时候开始萌芽，张南垣、计成以前还有没有人做过开山的工作，还有待进一步探讨，但是张南垣、计成以前，现在确还未能找到明显的演变痕迹和过渡环节。虽然一个手法的产生，绝非一朝一夕或一两个人出来疾呼一下就成的，可是直到明中叶以前，还是上一种风格即小中见大的手法占统治地位，对于那种手法的描写和赞扬还比比皆是[24]，而类似于张南垣、计成那样明确激烈的主张，还不曾有过。值得注意的倒是明、清时和宋、元时人对于那种写意的缩小比例的假山，看法是很不同了。下面试举几个例子：

“大都山水之法，盖以大观小，如人观假山耳。若同真山之法，以下望上，只合见一重山，岂可重重悉见？兼不应见其溪谷间事。”

——宋沈括《梦溪笔谈》卷十七 · 书画

“南望桃花、马秦诸山，嵌空刻露，屹立巨浸，如世叠太湖、灵璧，不著寸土尺树，天然可爱。”

——元吴莱《游甬东山水古迹记》

“以部娄[25]拟泰山，人人知其不伦。”

——清袁枚《随园诗话》卷十一

从这几个例子可以看出，到了明、清，对于假山的看法是已经大变了。以前宋、元人认为是现实的、可爱的，明、清却很有人认为是不现实、不可爱的了。

明末产生了张南垣、计成这样的叠山艺术家，实非偶然。明代后期以来造园活动空前高涨，许多文人画士直接参与园林的规划设计甚至直接参与建造，园林艺术有了长足的进步，造园艺术家辈出。不同的风格、手法在实践中发展了，多样化了，于是也就可以有比较有鉴别。再说宋、元以来山水画也逐渐成熟了，“拟咫尺于千里”的那种《九州名山图》《千里江山图》之类的小中见大居为山水画主流的时代已经过去，马一角[26]、倪云林的水口，黄子久的矾头等描写山水局部的画风也早已兴盛起来。园林景物之设向来追求诗情画意，山水画的这一变化必然对造园叠山产生影响。戴名世《张翁家传》谓南垣“少时学画，为倪云林、黄子久笔法”，后来遂以其意叠山石，正可以表明这种影响的直接和深远。同时，明代以来置石艺术也已经与叠山彻底分开来，而几案上的山石点景、供石之类也都进一步发展起来。它们都可以比那种具体而微的小假山更小，这自然也要对叠山产生一些微妙的影响。

但是习惯势力往往是顽固的，需要有闯将开出一条新路。《无锡县志》说，张南垣叠假山“尽变前人成法”，应该就是指他完全创造出一个新的流派、一种新的风格而言。在张南垣稍前出生的，叠山艺术实践却稍晚一些的还有一位计成。所以，可以说这种新的手法是张南垣、计成开创的，以他们为代表的，由他们发展完成的[27]。

张南垣嘲笑那些过分做作的小中见大，说那种进入末流的“流波覆篑”“俯籍人机”的做法是“聚盆盎之智，以笼岳渎”，而使入之者“如入鼠穴蚁垤，气象蹙促”[28]，他指出，那种做法的致命弱点是只可以见，可以观，不可以游，不可以入。我们知道，宋时郭熙在论山水画时，就曾提到山有可行、可望、可游、可居之分别。郭熙说，“但可行、可望，不如可居、可游之为得”[29]。二度空间的山水画尚且如此，尚且要叫人联想到画中的境界要可以居、可以游，这可居、可游对于园林中创造三度空间、甚至是四度空间（加上游人观赏时随时间推移，而在游人面前不断展现和形成的空间流动）的真山水就

㉔ 例如明中叶，有著名叠山家陆清音，为章闇的老师叠且园假山，“小山削玉”备受推崇，章闇著《且园记》夸奖那假山道：“咫尺数十步，石脚云腰，千诡万谲，殆非人工。”差不多同时又有著名叠山家许晋安为张凤翼作乐志园，张凤翼作《乐志园记》夸赞那假山道：“许故畸人，有巧思，善设假山，为余选太湖石之佳者，于池中梯岩架壑，横岭侧峰，径度参差；洞穴窈窕，层折而上。”类似的例子还可以举出一些。

㉕ 部娄即培塿。《风俗通义·山泽》第十：“《春秋左氏传》：培塿无松柏，言其卑小。部者，阜之类也，今齐鲁之间田中少高印，名之为部矣。”袁枚指的部娄，就是没有树的小假山。

㉖ 宋马远、马麟一家画山水，多画山水的一部分角落，画史上称为“马一角”。

㉗ 计成写出一部著名的理论著作《园冶》传留后世，而张南垣则以自己的丰富实践而誉满人间。据《园冶》自序、自识，书成于崇祯四至七年（1631—1634），书成后计成行踪事迹已不详，世遂称其为明代造园叠山艺术家。据王时敏《乐郊园分业记》，至迟万历四十七年（1619）张南垣已因叠山巧艺而知名公卿间，入清后继续从事造园叠山又数十年，传记材料又大都成于清代，世遂多称其为清代造园叠山艺术家。计成自谓“崇祯甲戌岁，予年五十有三”（《园冶》自识），因知其生于万历十年（1582）。张南垣生于万历十五年（1587），比计成略晚，但以造园叠山而噪名，却早于计成。南垣三十余岁已称名家，时当万历末，而计成造园叠山之艺术实践，实自天启间为江西布政吴玄筑园始，不及南垣之早。

㉘ 所引张南垣原话，均见吴伟业《张南垣传》和黄宗羲《张南垣传》。下同，不另一一注明。

㉙ 郭熙《林泉高致·山水训二》。

益发重要。李渔在芥子园中所置的那个北山，山有茅亭、栈道、石桥，都是小比例的，还放上了别人替他捏塑的小像——一位戴着斗笠的老渔翁，在那山水中垂钓，论情趣倒也还好，他自己很欣赏。可惜这样的东西简直是个“小人国”，不但走进去不成，就是走近了也不好办，只好像李渔那样，对着它开一扇窗子，作为取景框，拉开一定距离，坐在屋里，通过“尺幅窗”，欣赏这一“无心画”[30] *fig...07*。

张南垣从追求形象逼真和可游、可入出发，主张筑“曲岸回沙”“平岗小坂”和“陵阜陂陀”，“然后错之以石，缭以短垣，翳以密篠”，从而创造出一种幻觉，仿佛“奇峰绝嶂累累乎墙外”，“人或见之”，所造的园林则仿佛“处于大山之麓”而“截溪断谷，私此数石者，为吾有也”。

这是张南垣叠山理论的精髓。《无锡县志》“尽变前人成法”的评价，就是指他在叠山实践方面的这些成就。这些提法，立论新颖而且翔实，颇合乎情理。事实上，每当人们身游真山大壑时，也常常因为“身在此山中”，而只能见到一部分一部分的景色，一景复一景，而“庐山真面目”也常常只能是“人或见之”，它的全貌是要从山中走出来，靠回忆组合想象出来的。沈约诗《沐休寄怀》说“虽云万重岭，所玩终一丘”，就是这个意思。张南垣的叠山理论也正是基于这种生活中的实际感受。他以为大可不必移天缩地于一园，而可以由一斑叫人想及全豹，好比是用一鳞一爪反映龙的全体——只要把一丘造得果然如万重岭中的一丘也就够了。因为他以为园林的空间有限，以“盈丈之址，五尺之沟”，尤而效仿“辄跨数百里”的深山大壑和“万重岭”，是不现实的，结果只好“树奇峰怪石”，许看不许入，把假山降低到近乎山水塑壁或盆山砚山一俦。一定要可入，也只好“架危梁，梯鸟道”，使“游之者钩巾棘履，拾级数折，伛偻入深洞，扪壁投罅，瞪盼骇栗”，很为虚假，很是好笑，他以为那简直不异于“市人抟土以欺儿童”。

fig...07 李渔芥子园中的小假山——“无心画”

《园冶》的作者计成也不止一次地嘲笑了已经僵化的前述第二种风格的末流，他嘲笑那种“排如炉烛花瓶，列似刀山剑树”[31]的做法，说它们的作者是些个“俗人”。他说：“环堵中耸起高高三峰，排列于前，殊为可笑！”他主张堆叠一些真实尺度的大山的片断，如“嘉树稍点玲珑石块”，如“墙中嵌理壁岩”，而“顶植卉木垂萝”，造就成一种“似有深境”的艺术效果。这“似有深境”一语，与张南垣的主张基本相符。它和那种完全用真实尺度再造一座大山，创造直接的“有深境”根本不同，而又和那种缩小比例，舍弃了真实尺度感，堆叠成模型式的千岩万壑，创造直观的“有似深境”的方法正好相对立。计成呼吁要“掇山莫知山假”，反对第二种那样过分作假，可又不像第一种那样再造出一座整个的大山。他要再现的只是真山大壑的局

fig...08 “似有深境”——常熟燕谷

fig...09 “似有深境”——常熟燕谷

部一角，这也和张南垣的主张基本一致 fig...08。

张南垣、计成都特别强调截溪断谷，再现大自然中人们经常可以接触到的山根山脚。张南垣、计成特别欣赏、屡屡提到的“麓”，就是山脚。艺术地再现部分山脚，创造出“似有深境”的“平岗小坂”“陵阜陂陀”，就是这个阶段、这一叠山流派的主要特点㉜ fig...09。

还有一宗有趣的事情，张南垣也说：“人之好山水者，其会心正不在远。”这话恰恰也是主张小中见大的那个流派所标榜的。不要只相信字面上的话，两派说的不在远，其实都正是在追求远——都是想在有限的空间里，创造出无限的空间意境来，不过各有各的理解，各自用不同的手段去追求而已。前一派说的是把真山按比例缩小，整个地面面俱到地再现，譬如画龙，首尾爪角鳞鬣皆备，只是具体而微。在欣赏者的心目中，通过再创造，将它放大，将它膨胀，像储光羲所说的“小山宜大隐，要自望蓬莱”。这一派说的是要局部地、有选择地按原尺度再现真山之一部分，主要是山脚，譬如画龙，只画一鳞一爪，唤起游赏者的想象，在游赏者的心目中通过再创造，将它延展，将它扩充、补全，像沈三白所说的“无山而山”。这两种手法似乎各有千秋，可是比起来无疑是后一派更为高妙，因为这样的作品实用（可以观、可以游）、经济（可以就地取材，不必罗致奇峰异石），并且形象真实——它把艺术的真实同生活的真实辩证地统一起来了，达到了“虽由人作，宛自天开”的境界。

总之，以张南垣、计成为代表的这一系列主张和实践，使千百年来流行的叠山风格为之大变。他们这种新的风格、新的手法是现实主义的，在园林史上、美学史上都应该得到很高的评价。这种新的风格、新的手法成了这个阶段叠山艺术的主流，而这种手法的发展完成，正标志着我国古代叠山艺术的最终成熟，也标志着我国古代园林艺术的最后成熟。

㉚ 李渔在墙上开窗口，四周裱糊成如一轴画的边框，通过这扇没有窗户心的取景框，坐在屋子里可以把屋外的北山尽收于眼底，以当卧游，李渔叫它“尺幅窗”，也叫“无心画”。无心二字语意双关，一说这个画，只具框框，本无（画）心，二说通过它可以于无心间，不经意时，收取对景如画，而悠然见北山。他的北山和无心画等均见《闲情偶寄》卷八。

㉛ 所引计成原话，均见《园冶》。下同，不另注。

㉜ 如刘同人《帝京景物略》记明末北京定国公园说：“如山脚到涧边，不记在人家圃。”可见也是用人工在园圃中再现山脚。宋人诗文咏及假山则多标榜“椒”，即山顶。

余论

fig...10 三个阶段三种风格的演变程序

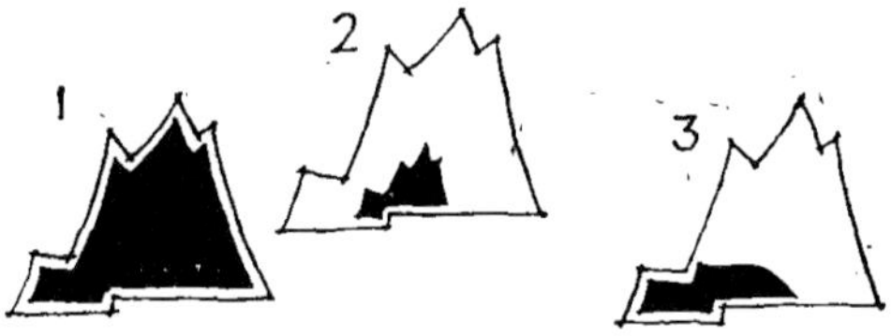

fig...11 三个阶段三种风格的演变特征（白体表示真山，黑体表示人工叠山）

我国古代园林中的叠山艺术，按它发展的三个阶段和相应的三种流派、三种手法，上面已分别作了论述。这里再概括起来补充几句，算是余论，只说三点。

首先，这样勾划出一个大框框，分为三个阶段、三种风格，并且分别称它们为接近自然主义、接近浪漫主义和现实主义，乃是就它们总的主要的倾向而言，是就它们三者的发展程序和相互比较而言的。事实上前两个阶段、前两种手法也显然包含有不同程度的现实主义因素。本文是按发展演变来叙述的，这个发展是后来居上，可是又必须看到我国古代叠山匠师们在各个发展阶段上的每一次摸索创造都是难能可贵的，每一阶段在其特定的历史条件下，成就都是惊人的，叠山艺术绝不只是到了明、清，只有到了张南垣、计成手里才可取，才有了现实主义。况且没有前边一系列的摸索实践，也绝不会有后来的成熟。因为着重于历史演变，所以一系列的成就不能全部描述出来。一部叠山史，成就是主流，逆流和糟粕也是有的，例如齐东昏侯起芳乐苑，“山石皆涂以五采”[33]，明张燕客“恨石壁新开，不得苔藓，多买石青、石绿，呼门客善画者以笔皴之，雨过湮没，则又皴之如前”[34]，都是典型的例子。这不能怪传统，也不能怪叠山匠师，因为像东昏侯、张燕客那样“潦倒而至于昏聩的人，凡是好的，他总归得不到”（鲁迅语）。

其次，本文做这样的归纳耙梳，不过试图理出一个线索，分清泾渭，找出规律。把那么漫长的、那么丰富的叠山艺术史分成三个阶段，每一阶段相应有一种风格居为主流，也是就大体而言的。事实上三者在发展先后上必然有些交叉错综，不可能机械地分成三段，一刀切齐。园林叠山，从发展规律上看，时代风尚固然是起主导作用的，但是园主的经济地位和欣赏趣味、个人爱好的不同，也会起很大作用。因此后阶段仍然可以再有前阶段的流派和风格的作品产生，这也就是说，前两种风格事实上仍然延续了下来，直到明、清。这种关系可以按朝代顺序用一个示意图表示出来 fig...10。

最后，也是最重要的就是必须看到，我国叠山艺术是一直不断地向前发展着的，这个发展也恰好体现着事物发展的“否定之否定”这一辩证规律。这三个阶段是最初由写实地、接近原尺度地再现整个大山，经一次否定出现了它的对立物，推演出另一种是小中见大，写意地缩小比例，再现整个大山；最后再一次否定，又出现了第二种的对立物，推演出既是写实的、接近原尺度的，又仅再现部分大山的一角的第三种。这也可以用一组示意图表示出来 fig...11。

这三段演变过程，从过于追求“真”，到过于追求“假”，一直到最后达到了“有真有假，作假成真”（计成语）。这样不断推陈出新，终而摸索到叠山艺术最成功的规律：生活真实与艺术真实最终圆满地结合起来了。我们总结叠山艺术的传统和规律，应该注意到它同任何文化艺术一样，是自有其历史背景和阶级背景的。不过我们仍然不能割断历史、拒绝遗产，而要古为今用、推陈出新，正有待于对过去的传统和遗产进行细致的、深刻的分析，从中找出一些规律。我国的造园和叠山不仅源远流长，而且很早就东传到日本，对日本的造庭和“假山水”有深刻影响。18 世纪更西传到欧洲，被称为“东方园艺”“中国花园”而风靡于英、法、德等国。欧洲人赞颂中国园林是一切园林艺术的模范，更热烈赞叹中国的假山。我国的园林叠山艺术造诣甚高，是自成体系的，而且是有世界影响的。这使我们引以为豪，也激励我们更要努力。

（本书收录时仅对原文个别字词误用及引文不甚确切处进行纠正，以尽可能忠实呈现作者原本的写作习惯和遣词风格。）

㉝《南齐书·东昏侯本纪》，“采”通“彩”。

㉞ 张岱《琅嬛文集·卷之四·五异人传》。

研究 RESEARCHES

清水混凝土作为一种「拓印」材料的诗意表达

对「富春山馆」建造过程的思考与探讨

陈立超

“富春山馆”是业余建筑工作室在 2016 年建成的一个代表性作品，位于杭州城南富阳的富春江畔，整个建筑背山面水，功能上为集美术馆、博物馆和档案馆于一体的一个大型综合文化类公建，王澍老师选取元代黄公望的《富春山居图》为整个设计立意的起点，以“主山、次山、远山”三部分建筑形态的布局为意象，把传统绘画上的山水观念通过巧妙的设计手法转译为现实中的城市建筑语言，完成从山水绘画到城市山林的又一次建造实验[fig...01]。

在这个项目的外观材料表达中，除了主体部位选用富阳当地传统的石砌做法之外，还有很多墙面和顶面区域采用了清水混凝土肌理面的表现方式，这一方面是考虑到混凝土材料本身具有中性的色调，可以很好地调和石砌材料在外观上容易带来的无序感，另一方面，有很多构造做法也确实需要一种比较容易塑形的材料来进行限定，而清水混凝土恰好是一种既能够“拓印”出质感，又可以表达出建筑本身力量感的材料。当然，就清水混凝土这种材料本身而言，“它既不能唱歌，也不会讲故事。人们无法从这种面团式的塑性材料中看到任何美学品质，因为这种材料本身只是一种可塑的混合物，只是一种凝固材料，它本身没有任何特点”[1]，但混凝土需要通过模板来浇筑成型，这提供了面层变化上的无限可能，模板上的任何肌理都会在其完成后的表面留下转印关系的痕迹，从而赋予混凝土材料一种类似于“印刷术”的书写功能。

在“印刷术”发明前的时代，建筑本身就是一种书写，承担了记载历史的功能，人们通过建筑上的雕刻和绘画来长久地保存故事、传续思想。只不过现代清水混凝土这个书写功能是在生产制造过程中创造出来的真实的本体性装饰，在这儿，装饰这个词并非代表“不再有意指”的一种表面处理，它仍然有着某种戈特弗里德 · 森佩尔（Gottfried

fig...01 建成后的“富春山馆”

Semper）所说的象征喻意，代表着某种我们赖以自我定义的符号，这也是符合地域性条件和工艺传统的结果，因为它既保留了材料自身作为主体结构所承担的功能意义，同时又使这个材料的表面带有制作工具所包含的美学意义上的工艺痕迹。

之一

工法 模板的 和 饰面 分离的

根据我们国家的建造体系和规范条例，混凝土自从国外传入开始就一直是作为结构材料来使用的，条例找不到任何关于清水混凝土可以直接用作外墙材料的限定。对于工地上的工人们而言，在他们习常的工程经验中，混凝土的外侧往往还会有一个饰面层，最后浇筑完成的混凝土这个面是不外露的，所以他们对其本身的浇筑质量并不会太在意，这种根深蒂固的构造观念是很难一下子扭转过来的。

面对这种现状，将混凝土浇筑体系进行结构和饰面的用途分类，是业余建筑工作室很早就采用的应对之策——把表面有特殊肌理效果要求的清水混凝土作为单独的饰面层来进行二次浇筑，这个饰面层覆盖在主体结构的外侧，厚度被限定在 10 ~ 15 厘米。这样使得这部分清水混凝土的浇筑工作，可以从主体结构体系的“粗活”中被分离出来，成为了饰面体系中需要耐心打磨的“细活”，接下来就可以对这个“细活”提出具体的工艺要求，来实现对清水混凝土面层效果的精细控制。这跟传统木作体系里对“大木作”和“小木作”的区分相类似，以前盖房子的时候，起梁架和盖屋顶大都属于“大木作”的范畴，对精确度要求并不高，而房子外皮的门窗装折归属于“小木作”，对工艺的要求就非常高了，因为这部分的表面效果跟日常的使用和感受密切相关。

在富春山馆项目中，王澍老师选用竹模板肌理作为清水混凝土墙面主要的表达方式。将竹片作为模板材料，一方面是考虑到当地周边山区种植有大量的竹子，竹材价格较为低廉。记得项目刚开始，我们在富阳周边村子里调研的时候，发现基本上每个村子都会有一个篾匠，他们从一根完整的竹子上剥离出各种粗细规格的篾条，来编织生活中常用的各类器具，靠把这些器具出售给村民以获取基本的生活收入，这也是一门古老的谋生手艺。另一方面，竹子本身是一种具有永续性的材料，从山上砍下的竹子，无论是拿来直接用作建筑构件，还是间接作为模板用来浇筑混凝土，制作的构件或浇筑的混凝土都可以使用很多年，而原先山上那棵竹子被砍伐后，再次复生到成材可能也只需要 3 ~ 5 年，这就意味着其生长和消耗是基本平衡的，是一种永续的循环方式。

业余建筑工作室采用竹子作为模板来浇筑清水混凝土的尝试始于 15 年前的宁波博物馆项目，当时这也是国内首次如此大规模地用这种方式来“拓印”混凝土。尽管近几年来，很多建筑师都在不断地模仿和实践这个做法，但如果只是在清水混凝土表面“拓印”出竹子的肌理，这本身并不难，难度在于如何通过这种方式，既能打破混凝土作为工业化产品的趋同性，融入手作的温度，同时又使材料带有一种有序的肌理感。“富春山馆”项目对竹片的要求是，最好有随机自然开裂的效果，并带有匠人手工处理的痕迹，而绝不是工厂加工完成后，规格尺寸都统一的竹条片材。业余建筑工作室对一切带有手作温度的不太精确的材料的兴趣，远远胜过任何仅仅依靠工业化生产就可以快速获得的高精度材料，这也是我们面对自然材料的一种带有“永续”观念的态度。

竹片的随机开裂效果，实现起来难度比较大，工人们曾经想过把原竹都平铺在道路上，用大型的载重卡车来回碾压形成不规则开裂的竹条，但试过几次之后觉得效果并不太理想，因为这种压裂开的竹片边界往往不太清晰，片和片之间会有很多粘连之处。后来，一位以前做过篾匠的工人提议试一下用手掰的方式，把原竹先用柴刀在端头劈开一小段距离，然后直接用手把竹子顺着劈开的方向掰成两半，这样既能带有一点手作的随机性，得到的竹片又具有清晰的边界。为此，工人还制作了一件类似锤子的工具，专门用来敲掉竹子掰开后残留在里面的竹节，这个工具本身特别有意思，是工人自己加工的，将一节切了斜角的钢管焊在一根钢筋把手上，形成类似锤子的造型，只不过这个锤子的头是圆柱形的，去竹节的时候刚好跟竹子的内腔壁贴合，使用起来非常顺手 *fig...02*。工具在这儿显得特别重要，也是完成竹模板制作的关键，一件合手的工具，对匠人而言意味着面对工作的态度和展示自己技艺的途径。接下来，工人把掰成两半的竹片平摊在地面上，用榔头在起拱的竹片上使劲敲，这样整条竹片就会再次裂开，但这次敲开产生的裂缝跟上次砍开的裂缝不同，其裂开的纹路更加随机和多样化，这个就是我们想要的效果 *fig...03*。竹条的裂纹带上了工匠使用不同手工技法的痕迹，再通过模板的浇筑，将这种痕迹转化为混凝土的表面纹理。在建造实践中，对工具和工艺的讨论只能放在现实生产关系的语境中来进行考量，当今时代，绝对封闭或绝对全球化的地区基本不可能存在，绝大多数区域都处于工业化和地域性两种生产模式混合的状态，因此，当我们谈及传统手工艺的回归问题时，真正需要讨论的是，现实生产关系中的建造总协调人如何通过对工具和工艺本身潜力的挖掘来寻求合理的建造方式，而不是孤立地强调某一种工具或者某一项传统手工艺的机械运用。这些因素之所以在当下凸显为建筑问题，是因为它们在当代建筑实践中已缺席很久，并非因为它们可以决定未来建筑的走向。而缺席背后的原因，正是现实条件制约下工人和工具之间生产关系的僵化与撕裂。[2]

采用竹模板“拓印”的清水混凝土是需要先打样的，工人们尝试着浇筑了横向和纵向各一面样墙。其中横向的纹样特别有意思，因为考虑到竹子大小头尺寸不同，工人在竹模排板的时候采用了交错摆放的布置，导致肌理的纹样出现了水平向的起伏变

fig...02 工人用自制的工具凿去竹节

fig...03 工人用榔头把半圆的竹管敲裂成竹片

fig...04 混凝土墙面上如行云流水的竹模板肌理

fig...05 竹节渗出的竹油在混凝土肌理面上留下的痕迹

化，有如传统绘画中行云流水的书写感 fig...04，但现场的监理看过之后却有点担心，他觉得如果完成后的肌理纹样没有一种可被准确描述的原则，将来验收的时候会比较麻烦，这其实涉及另一个可被讨论的话题——我们如何在现有的条件下面对自然材料进行“不精确”的建造？在现行的工程体系内，评判标准固然是以精确合规为最终目的，但我更倾向于符合自然材料特点并带有匠人创造力的技艺表现。

另外，在纵向样墙中还发现了一个细节问题，有一个区域的纹理怎么看都觉得跟其余样板有些不同，位于竹节处的混凝土颜色会偏深很多。凑近看才发现，在每个结节凹陷处，都会有一些黑色的污渍沾染在混凝土上，这些黑点对整体效果的影响还是蛮大的，因为原本连续的竹条纹理只会造成混凝土表面的凹凸变化，并没有色差，但这种黑色污渍的出现打破了纹理的连续性，把竹节部位强调了出来，变成对混凝土竹节部位的局

部着色了 *fig...05*。这个问题让我很困惑，为什么就这一片样板墙有这个情况？当时边上的工人提到这片墙拆模花费的时间特别久，这提醒了我，会不会是因为拆模时间久，竹节里面的竹油渗透出来跟混凝土起化学反应而留下了表面痕迹？如果真是这样，那么只要交代工人们把拆模时间控制在合理的范围内，在大规模施工时就可以避免这种情况的出现。

在设计之初，考虑到竹模板肌理混凝土墙面的不平整性，王澍老师提出在每个转折和交接处预留 6 厘米的光面清水混凝土收边，这个办法确实很好地解决了材料的边界控制问题。但是我在现场已经拆模的几片肌理墙上发现，因为一个面的四边都要转折和交接，最后就会形成一个 6 厘米的兜边效果，更让人无奈的是，工人出于习常的偏好，往往会把两条互成直角的收边处理成 45° 角对接 *fig...06*，这样一来设计趣味就完全变了，原本为了交接而生成的合理构造变成了带有对称图案味儿的装饰手法。后来，我一直在思考这个问题，当初如果把垂直向和水平向的收边作一个区分，设定不同的留边宽度，可能会是另外一种效果。垂直向因为要保证收边的尺度接近于单片竹材的宽度，可以仍保持 6 厘米的收边，形成一种视觉上的连贯性，水平向的收边则最好能缩小到 1 ~ 2 厘米甚至不要收边，因为这个方向的收边跟上下部位的交接没有连续的问题，可以理解成只是需要隔开一条缝就可以了。这样处理的话，一方面工人们不会做出 45° 对角，另一方面也会形成一个边缘控制的主次节奏，无论是从构造细节的合理性，还是从形式语言的独特性来说都会是比较好的选择。

fig...06 光面混凝土收边的 45°角对接处理

之二

板底的质感和洞口的修饰

对于试样房顶部板底的清水混凝土面层，王澍老师最初也打算采用跟墙面相同的竹模板肌理来进行浇筑，但是，在第一次浇筑完成拆模后，看了现场的效果觉得还是有些问题，由于表面肌理和墙面几乎一样，完成后的视觉观感反而有点腻味[fig...07]，可能是因为顶板不同于墙面，双曲形态本身的形式语言就已经很强大了，再叠加上带有手工痕迹的竹模板肌理的形式语言，反而削弱了清水混凝土双曲形态本身的造型力量感。

另外一个问题是，顶板上每个预留设备孔的钢管盒子边缘，受竹模板肌理平整度的影响，无法做成一个纯正的圆形[fig...08]。如果要保证主馆区域顶板上预埋钢管盒子边缘的弧度，那么这个表面的肌理感要尽可能平整。当时我判断竹模板肌理不适合用在双曲顶板上，在跟王澍老师沟通之后，他建议换成某种很“弱”的竹篾编织纹肌理，在保证平整度的情况下又能跟普通混凝土表面保持差异性,同时，因为还是使用竹材作为模板，它和墙面的竹片肌理能形成某种形式语言上的一致性,但又不完全相同，于是这两种对于混凝土的拓印式“书写方式”，可以建立起内在的对偶关系。接下来就安排工地的负责人去寻找类似的各种竹编织材料，再来做第二次顶板混凝土肌理试样。

过了一个月，工地上第二次做的顶板混凝土肌理试样脱模了，让我过去看。这次工人们为了便于操作，直接就做了几块 1 米 ×2 米的大混凝土板子摆在地上，边上放着脱模下来的各种竹编材料。针对模板我们提了两种类型要求：一种是竹编的板材，有一定刚度，最常见的就是工地上用的竹胶板；另一种是竹编的席子，即村子里在农忙时节常用来摊在地上晾晒谷子的那种大篾席，属于柔性材料。这两个类型我们都要求找几种样品来做试样。

从完成的效果来看，用大竹篾席做模板的，因为竹篾本身的编织结构比较松散，导致混凝土表面

fig...07 竹模混凝土顶板拆模后效果

fig...08 竹模混凝土顶板上预留的设备孔

的肌理纹样比较明显，首先被排除掉了。而用竹胶板做模板的类型里又有厚薄两种板材规格，厚的那种竹胶板是建筑工程上经常用来作为混凝土模板使用的，现场浇筑完成的表面肌理感没有大竹篾席那么明显，但我觉得纹路过于规整，显得有点机械和呆板；另外一种类型是选用薄的竹胶板做模板，厚度为 0.5 厘米左右，因为板材本身被胶合得比较密实，再加上表面罩过一层清漆，导致拆模后的混凝土表面纹路非常微弱，是一种若有若无的竹编织肌理，王澍老师觉得这个效果应该符合想要的混凝土表面质感 *fig...09*，它既略微区别于普通混凝土的光面效果，同时表面的纹路又不至于太显眼，而遮盖双曲顶面本身希望带给使用者的纯净感。

在已经完成的竹模板肌理混凝土墙面上，工人打算切除塑料螺杆套管的外露部分，然后把这个空心套管内部用泡沫剂填实，再在表面用跟混凝土颜色接近的水泥砂浆补掉，直至看不出螺杆孔原来的位置。然而坦率地说，我对这个孔并不太在意，留在墙上不去遮盖，那也是一种建造过程的清晰表达。但是，考虑到室内外密封性的要求，王澍老师曾设想过能否用一个木塞子把这些螺杆孔堵上——这有点类似于卡洛 · 斯卡帕（Carlo Scarpa）的做法，他对于建造过程本身留下的缺憾一定会用某种方式去遮蔽。肯尼思 · 弗兰姆普敦（Kenneth Frampton）在《建构文化研究》这本书里，写到布里昂墓地（Brion Tomb）的围墙时曾这样描述："围墙的主要材料是脱模混凝土板，同时在主要部位表面夹杂着一些米灰色的灰泥板。但是由于这些灰泥板并没有布满整个墙面高度，它们实际效果倒像一些光秃秃的饰带 *fig...10*，如果没有每块灰泥板四个角上不无隐晦意义的装饰性金属圆盘，人们也许很难意识到其中的建构含义正是在于混凝土表面形成一种石化的森佩尔式肌理。" [3]326

但我认为弗兰姆普敦的这段表述并不确切。之前我也曾以为这个饰带是嵌在脱模混凝土板里的一个掺了大理石粉的灰泥层 *fig...11*，但始终无法理解每块饰带角上四个金属圆片的作用，难道它们当初只是为了装饰？后来，通过对布里昂墓地现场拍摄的照片反复研读，我发现可能是混凝土浇筑很难保证脱模后面上绝对的垂直和水平，因此让饰带灰泥层略微凸出于混凝土面，便于这两种材质更好地交接，

fig...09 顶板混凝土竹编织肌理的各类试样效果

fig...10 布里昂墓地混凝土墙上作为饰带的灰泥层

fig...11 建造过程中在混凝土墙上预留的灰泥层凹槽

fig...12 灰泥层角上的黑色金属圆片

fig...13 古堡博物馆钢板转角处加塞了一个黄铜遮盖圈

但另一方面，这个饰带灰泥层的角部因为凸出于混凝土面而很容易磕碰和破损，因此斯卡帕在四个角上设计了金属圆片，它们既不隐晦也不装饰，仅仅就是一个遮盖构件，是角部的灰泥不容易做挺括，并且防止被磕碰而做的一种构造措施 *fig...12*，是非常符合建构理性的一个构件。类似地，斯卡帕在L形钢板的切割过程中，往往会为了防止交叉切割过头，先在两个方向的交点钻一个小圆孔，等切割工序完成后，再在这个小圆孔里塞进一个黄铜的遮盖圈，在古堡博物馆（Museum of Castelvecchio）的很多L形钢板转角处都能看到这个细节处理 *fig...13*。这个黄铜遮盖圈就等同于前面提到的金属圆盘，它们都起到一个“装饰”的作用，如果一定要说“装饰”这个词表述不够恰切的话，那我更愿意用“修饰”这个词来代替它，因为它们并不是毫无目的的多余附属物或只是为了博取眼球的细节癖，而是由构造而产生的特别有意思的细部节点，弗兰姆普敦把这个称之为构造性的装饰做法。斯卡帕总能在功能的使用意义和装饰的感官意义之间寻找到最佳的结合点。

之三

手作的修补和身体的感知

现场的各类清水混凝土肌理墙面，有好几处因为当时浇捣得不够细致，导致拆模后局部位置出现了“蜂窝麻面”或“涨模”的现象。工人们大概也意识到了这一点，所以会悄悄地用水泥砂浆填补，试图掩盖那些他们自己觉得是瑕疵的部位，导致清水混凝土墙面上出现了很多随意抹上去的疤痕。我们对于清水混凝土肌理面的要求是，哪怕出现了浇筑不到位的情况，拆模后也不能擅自去作二次修补，而是应留待所有的浇筑工序完成后再来考虑该用何种方式进行修补，因为并不是任何清水混凝土的浇筑缺憾都是不可接受的，需要由设计师根据其在建筑中所处的位置以及想要表达的构造关系作出综合判断。

fig...14 工人正在对混凝土表面进行凿毛

面对那些带有浇筑缺憾的大面积清水混凝土面，尤其是“涨模”的部分，王澍老师希望用凿除的方式来处理。这一做法在混凝土刚诞生的时代就有，是为了揭示混凝土骨料特点而采用的去除水泥面层的方法，原本用于清理采石场石材荒料的表面，奥古斯特·佩雷（Auguste Perret）将其称为水泥凿毛术（bouchardage）[3]145。我们让工人们先做了一小段混凝土凿毛的表面肌理样板fig...14，并要求凿毛时进行肌理方向的控制，即工人先在需要凿毛的区域内，用墨线弹出凿毛方向，然后用石匠的大凿子，沿着墨线在混凝土表面凿掉很薄的一层，以不露出钢筋为原则，凿完后会在表面留出一条条凿子宽度的痕迹；如果是大的墙面凿毛，则需要先对整个面进行划块细分，控制划块后每个区域的凿毛方向不同，这样会产生另一层次有序的纹理变化。一般来说，一个工匠一天只能完成 3 ~ 4 平方米的凿毛工作量，进度非常缓慢。而对于小面积的、带有浇筑缺憾的混凝土面，以及一些形体转折处，特别是“蜂窝麻面”的区域，我们要求用添补的方式来解决，比如采用手工斩假的做法，先用水泥砂浆拌白石屑在需要斩假的部位抹出一个 2.5 厘米厚度的粉刷层，再用专门的扁斧子来斩除粉刷层的表面水泥，露出内部掺在水泥砂浆里的白石屑fig...15。

fig...15 工人正在对修补后的粉刷层进行手工斩假

虽然这是“加”和“减”两种不同的对待表面缺憾的处理手法，但它们的共同点是都带有手工技艺的痕迹，都是属于很费时间的“慢活”，并且都借助于凿子和斧子这两种传统工匠使用的工具来实现对混凝土表面的再处理。采用这两类做法的起因是最初的浇筑效果不尽人意，导致我们考虑采用这种手工技艺来弥补。但是否也可以反过来认为，这种带有手工痕迹的处理手法，是对混凝土这类工业化快速成型材料的一种抵抗策略，它将身体的感知和体验带入了成品之中？

人们对于空间的探索，除了通过视觉的感受之外，往往更倾向于通过触摸来感知形态、质感以及材料，手的抚摸可以揭示和强化被眼睛忽略的细微之处。除了嗅觉、听觉、视觉，触觉的产生是人类的身体感知世界最深入的方式，比如两个久未谋面的朋友，相见之后除了言语的寒暄和视觉的关注之外，更需要通过握手或拥抱来增进感情的交流。由此不难发现，触觉是非常身体性的交流语言，清水混凝土作为一种可被“拓印”的材料尤其如此，在真实建造的领域，这种诗意的表达不是快速工业化生产所带给我们的，它只存在于带有传统特征的、依靠手工劳作的身体性想象之中。

参考文献

[1] Wright F L. Frank Lloyd Wright: Writings and Buildings[M]. New York: Rizzoli, 2012: 225.

[2] 裴钊，樊雅江．工具与工艺的适宜性策略[J]. 新建筑，2016(02): 26.

[3] 肯尼思·弗兰姆普敦．建构文化研究——论 19 世纪和 20 世纪建筑中的建造诗学[M]. 王骏阳，译．北京：中国建筑工业出版社，2007.

「理想世界」的现实营造

李兴钢

之一

乌托邦和伊甸园 田园城市和西方园林[1]

西方文化中的“理想世界”，可具代表性的，一为理想国 / 乌托邦，一为伊甸园。

乌托邦的现实营造归于霍华德（Ebenezer Howard，1850—1928）的“田园城市” fig...01。霍华德于1903年组织“田园城市有限公司”，在距伦敦56千米的地方购置土地，建立了第一座田园城市——莱奇沃思（Letchworth），1920年又在距伦敦西北约36千米的韦林（Welwyn）开始建设第二座田园城市。田园城市的建立引起社会的重视，欧洲各地纷纷效法，但多数只是袭“田园城市”之名，行“城郊居住区”之实。霍华德的“田园城市”实践对现代城市规划思想起到了启蒙作用，后来的有机疏散理论、卫星城镇理论均承其衣钵，并对中国的现当代城市形态产生了巨大影响。

伊甸园的现实营造归于西方园林 fig...02。经由古波斯的天堂园（公元前5世纪）、庞贝城及希腊哲学家伊壁鸠鲁（Epicurus，公元前341—前270）住宅内的柱廊园（Peristyle，公元前3世纪）、古罗马哈德良庄园（2世纪），到西班牙格拉纳达（Granada）的红堡园（Alhambra，又称阿尔罕布拉宫，14世纪），以至文艺复兴时期的佛罗伦萨比提宫（Palazzo Pitti）的山地园波波利御园（Reale Giadino di Boboli，15世纪）和法国凡尔赛宫苑（Versailles，17世纪）乃至近代的巴黎公园[2]，其发展轨迹由私密、近人而公共、宏大，与日常居所渐相脱离，并愈加强调以几何控制的人工化特征，以及建筑与自然的相互分离和自立。

---

① 本文前三节主旨内容曾发表于：李兴钢. 身临其境 胜景几何——微缩北京：大院胡同28号改造 [J]. 时代建筑, 2018(04).

② 参见：童寯. 造园史纲 [M]. 北京：中国建筑工业出版社, 1983: 1-26.

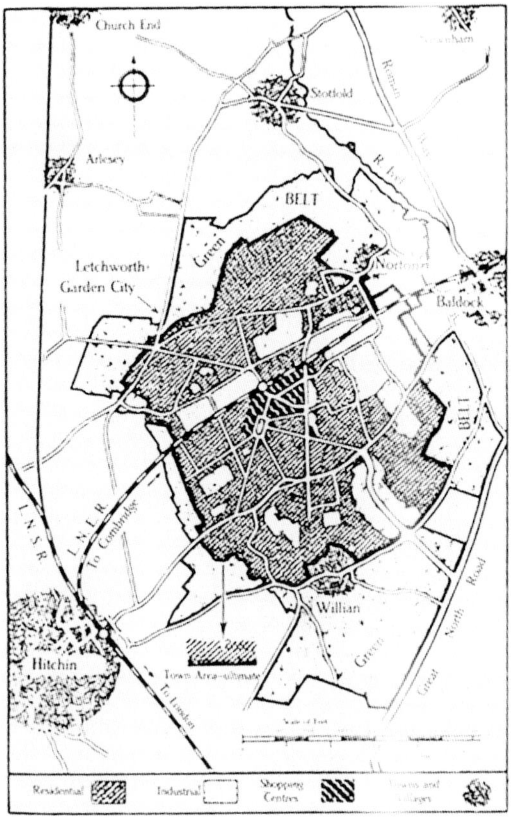

fig...01 英国莱奇沃思市规划图，乌托邦的现实营造归于霍华德的“田园城市”

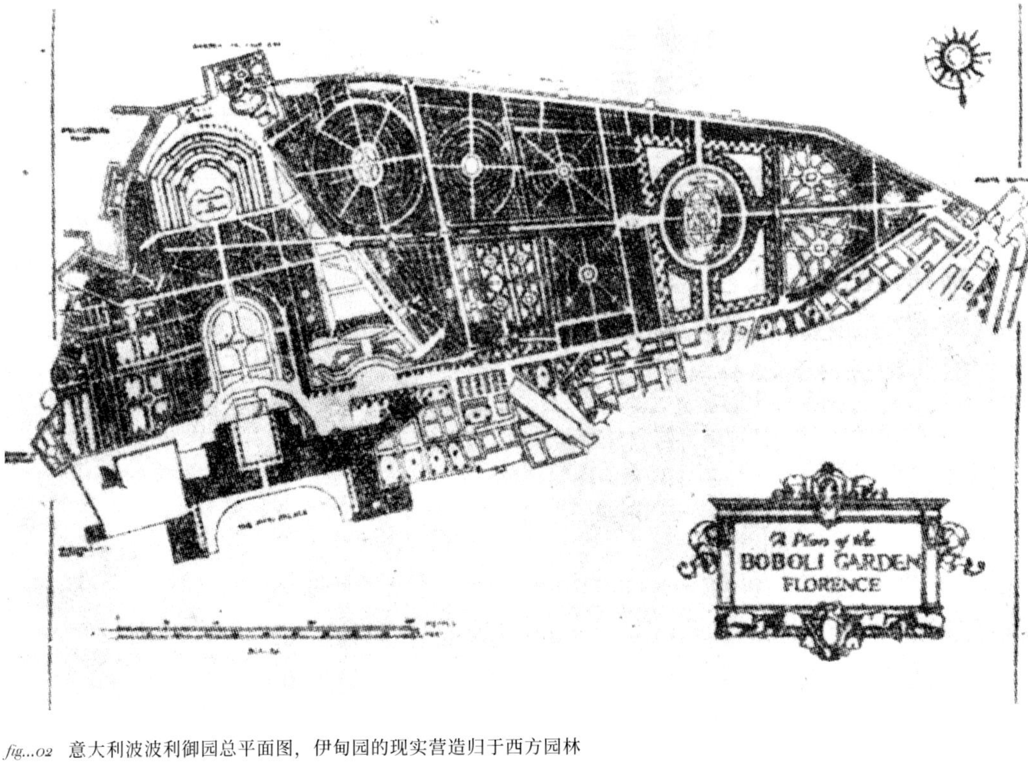

fig...02 意大利波波利御园总平面图，伊甸园的现实营造归于西方园林

之二

桃花源和极乐净土 城市山林和庙宇佛寺

中国或东亚文化中的“理想世界”，其中具代表性者，一为“桃花源”，一为“极乐净土”[③]。“桃花源”的现实营造最后归于园林 *fig...03*，“极乐净土”的现实营造则一般归为佛寺 *fig...04*。

园林路径中，对应帝王之乐的有上古的夏周“玉台”“灵沼”[④]、秦汉“上林”苑囿，宋徽宗营造的“艮岳”等[⑤]，至明清的“三山五园”（分别指香山、玉泉山、万寿山，以及静宜园、静明园、颐和园、圆明园、畅春园）和紫禁城旁的西苑“三海”，甚至“事死如生”的清代东西帝陵；对应文士平民之乐的园林，其著者为盛唐王维的长安（西安）蓝田“辋川别业”、北宋汴京（开封）和南宋临安（杭州）的无数私园，以及明清两代的“城市山林”（如寄畅园等）。

佛寺路径中，除由官署改建或“舍宅为寺”者外，汉末徐州浮屠寺依循印度和西域制式，以佛塔为中心，环以四周回廊[⑥]；至隋唐时期的佛寺（由敦煌壁画所见），沿中轴排列山门、莲池、平台、佛阁、配殿及大殿等，殿堂渐成中心，佛塔退后自成塔院或建双塔于大殿 / 寺门之前[⑦]；到如今复建的北京香山寺 *fig...05*，其格局依上升山势逐次为前街、中寺、后苑，沿中轴依次排列知乐濠、香云入座牌楼、接引佛殿、听法松、天王殿、钟楼 / 鼓楼、南北坛城、永安寺牌楼、圆灵应现殿、眼界宽、薝蔔香林阁、水月空明殿、青霞寄逸楼等，坐西朝东，竟犹如罗马郊区蒂沃利（Tivoli）的埃斯特庄园（Villa d'Este），“筑在山坡，上下分为 8 层，重台叠馆，连以石阶，古木繁阴，池泉流涌，游人登临顾盼，有人间异境之感”[⑧]，特别是后苑空间，分为上下三台，经两侧长长斜廊登临青霞寄逸楼，可俯瞰远眺玉泉山塔、颐和园乃至整个京城胜景 *fig...06*。

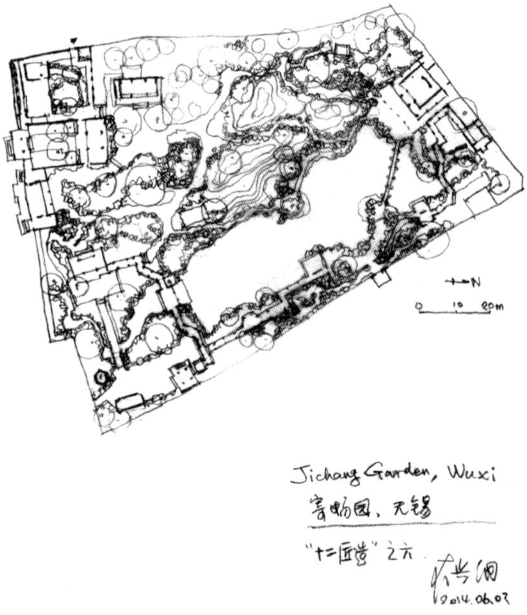

fig...03 无锡寄畅园平面图草图，“桃花源”的现实营造归于园林

③ 石守谦. 移动的桃花源：东亚世界中的山水画 [M]. 上海：生活・读书・新知三联书店，2015: 11.

④ 公元前 1800 多年，夏桀建“玉台”，似为今日中国园林之始。《诗经》云，此后七百多年，周代开国君主文王建“灵台”“灵沼”“灵囿”，《诗经》亦论及果园、菜圃和竹林。参见：童寯. 园论 [M]. 天津：百花文艺出版社，2006: 4.

⑤ 参见：童寯. 造园史纲：37-38.

⑥ 参见：《中国建筑史》编写组. 中国建筑史 [M]. 北京：中国建筑工业出版社，1986: 89.

⑦ 参见：《中国建筑史》编写组. 中国建筑史：90.

⑧ 参见：童寯，造园史纲：14-15.

fig...04 西安大雁塔门楣石上刻画，“极乐净土”的现实营造归于佛寺

fig...05 北京香山寺、来青轩、鹫峰全图（草图）

fig...06 青霞寄逸楼俯瞰草图

之三

「理想世界」的理念与形式 「桃花源」与「胜景/圣境」

相对于西方的“乌托邦”“理想国”等极端体现“人治”及“人工”的样本，抑或如“伊甸园”那样完全呈现为荒野自然的样本，中国文化中超越现实的理想世界是“桃花源”，是人工与自然契合而成并奉献于人类文明的独特“人工制品”，宛如佛教中的“极乐净土”。

石守谦先生在《移动的桃花源：东亚世界中的山水画》中，特别论述了包括“理想世界”“胜景/圣境”等在内的东亚文化意象类型。他指出这些文化意象“都经历了时间上的形塑、空间上的移置，与在地实践之过程”，同时，也是一个历经“传说—文字—图像—立体化”的发展过程，作为意象生发的文字和作为视觉化呈现的图像及两者之间的互动，扮演着重要的、关键的和复杂的作用，当意象之形塑者/推动者为对此二媒介具同等兴趣和能力的个人时，如王维，则出现作诗/绘画/造园的一体化呈现，其中，根植于人与自然之理想关系极致诉求的山水画成为重要的纽带。“‘桃花源’意象中所呈现的美好山水以及人所享有的理想生活，皆非对外在自然的真实陈述，而纯粹只是历经不同世代人的虚构形塑，最后成为最具吸引力的理想世界典范，并以山水画的图绘形式作为其理念的载体”；而“胜景山水”虽出自真实存在的风景（如“西湖十景”或“潇湘八景”），但在后来的广泛传布中，脱离地景之限制，趋向一种更为普遍化的人与自然理想关系之意象呈现，在此呈现过程中，借由一种文学性的、后世持续补增的“品题”（命名与题诗写作等），使得地景与人文意涵不断累加结合，“将空间净化以转化出神圣性”，提升至一种“文化性的圣境”。“‘桃花源’与‘胜景’殊途同归，前者偏重抽象的‘理念’，后者则偏重具体的‘形式’：于一片浩瀚风景中特定意境的框定，亦即在似乎无限的可能性之中，进行某种最佳观看时机/角度的选择”。[9]如上，似乎构成了如下的转化路径：“桃花源”作为理想世界的理念模型，经由山水图绘之载体，最终落实于“胜景”山水的地景呈现。

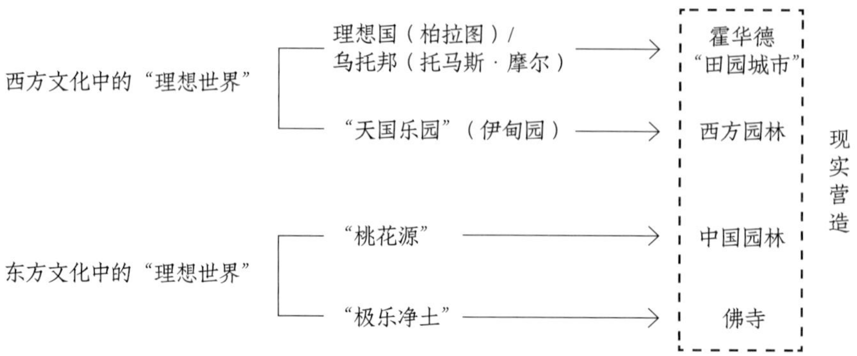

⑨ 石守谦. 移动的桃花源：东亚世界中的山水画 [M]. 上海：生活·读书·新知三联书店, 2015: 32-50.

之四

理想居所 现实中的「桃花源」[10]

“桃花源”图绘模式的演变，展现出人们心中“理想世界”意象的形成和发展路径：一、仙境山水图式；二、文士人世化图式；三、生活风俗图式；四、隐居实地化图式；五、人造园林空间（“城市山林”）。[11] fig...07

如果我们为上述的发展路径画出一幅“K线图”，不难发现，“桃花源”这一理想空间模型一直在以某种类似的趋势逐步演变和发展：由仙境仙居至人世居所、由仙人至凡俗、由传说至实地、由文字图绘至实体空间、由抽象而神不可至到具体而日常合宜。

事实上，唐代的天才诗人、画家王维的“辋川别业”[12]不仅早已实现了诗／画／园一体，而且实现了山水胜景与日常居游一体——即“宅园合一”；到了以明清园林为代表的“城市山林”阶段，随着城市中聚居人口的增加和土地、空间资源的紧张，导致“高容积率”状况出现，“桃花源”被“装载”和营造在人们的日常居所之旁，即“宅园并置”。可以想见，人们对理想生活空间的追求永远不会停止，“桃花源”的营造和呈现方式也随条件和资源而变化，并越来越贴近人们具体而日常的生活空间。那么，在当代条件下，上述的那幅“K线图”将如何延伸？亦即“桃花源”的现实“图式”将如何发展？人类生活空间经历了长期的城市化发展，当代城市人口集聚导致的土地及空间的极限、人口数量的大大增加、自然景观资源的进一步减少、容积率的不断提高，不仅使得原来的“城市山林”已不复有普遍存在的理由和可能，甚至使得很多当代城市已几乎“不堪居住”。然而，虽然生存、生活环境持续恶化，人们却仍无任何可能失去对“理想世界”的追求 fig...08。那么，在如此条件下，作为建筑师——人类生活空间的营造者，将如何为人类重新探寻并营造最新版本的“理想世界”——“桃花源”及其“胜景”呈现呢？这是我的自问，也是提问所有当代建筑师的命题。

我的答案是：“桃花源”应该继续它的“下凡”之路，无限地靠近当代、现实和日常。当代的“理想世界”，应该存在于当代人的生活空间中，存在于当代建筑师所营造的城市和建筑之中，它将是王维时代“宅园合一”的当代性回归——与日常生活一体化的诗意空间。那些宛如幻境的“桃花源”，理应真实而镇静地寄居在当代的、现实的、日常的人类生活空间中，安之若素，并可随时触及我们的内心。

---

⑩ 本节主旨内容曾发表于：李兴钢．身临其境 胜景几何——微缩北京：大院胡同28号改造．

⑪ 在《移动的桃花源：东亚世界中的山水画》中，石守谦将“桃花源”相关历史山水绘画以时序排列阅读，揭示其意象中值得注意的图式变化过程，认为“原来桃花源传说的重点在于对仙境永远失落的感慨，至这些分身被大量地实地化，甚至引进至人世居所之后，仿佛意味着仙境在人间‘再发现’之高度可能性。”参见：石守谦．移动的桃花源：东亚世界中的山水画：32-50．

⑫ 参见：王维．辋川集[M]．南昌：江西美术出版社，2009．

fig...07 a 阆苑女仙图［五代］阮郜 / 北京故宫博物院藏

fig...07 b 归去来兮辞卷［北宋］李公麟 / 台北“故宫博物院”藏

fig...07 c 桃源图卷［南宋］马和之 / 台北“故宫博物院”藏

fig...07 d 花溪渔隐图［元］王蒙 / 台北“故宫博物院”藏

fig...07 e 无锡寄畅园（草图）

fig...08 北京人济山庄“最牛”违建屋顶花园

fig...09 a 风水形势：平顺县龙门寺

fig...09 b 风水形势：泽州县岱庙（草图）

之五

理想建筑 「晋东南五点」和「蔚县五点」

2014 年 6 月，我随天津大学、香港大学的师生考察晋东南古建筑，于现场有感而发，小结了中国悠久深厚的营造传统中五个重要特征：一、风水形势：建筑的选址、空间布局与外部自然环境的密切关联（以平顺县龙门寺与泽州县冶底村岱庙[fig...09]为例）；二、庭院深奥：由群体建筑围合的庭院，层层展现出动人的空间和景观（以平顺县龙门寺与原长治县玉皇观[fig...10]为例）；三、空间结构：建筑的内部真实、合理的结构表现与空间营造（以高平游仙寺毗卢殿[fig...11]为例）；四、屋顶之美：外部的建筑形式，比例、尺度、细部，特别是屋顶的视觉呈现（以长子县天王寺中殿与后殿[fig...12]为例）；五、预制建造：预制建造体系，对于设计、建造、使用和维护的重要性和启发意义（以长子县成汤王庙大殿修缮[fig...13]为例）。"晋东南五点"试图归纳中国传统营造体系在环境、空间、结构、形式、建造等方面呈现出来的"物质性"特征。

2015 年 8 月，我随天津大学的师生赴蔚县考察，再获得"蔚县五点"，则分别聚焦于中国传统建筑的文化性、文学性、人本性、自然性以及叙事性等精神性特征，容纳着更为深入的思考。

一、气质与精神。路经涞源开善寺或灵岩寺，当我们穿过清代、明代的房子（或者说相对新的房子），突然看到辽构的原物，它们那种壮美，那种简朴而雄浑，那种"辽"的气质和气势，令人感受到一种非常的震撼，这实际上是一种形式的力量[fig...14, 15]。建筑永远都避免不了形式的问题，怎么来创造形式，或者说如何来营造、想象和表达这个形式，非常有挑战性；而且这样一种简朴、雄浑、壮美的外部又与内部有着非常强烈的对比，它的结构、空间其实并不是在外部感受到的那种"匍匐"之姿，而是高敞、华美的一种结构和空间，跟外部的形式形成一种明显的对仗[fig...16]。"在中国古典美学的系统中，壮美的形象不仅要雄伟、劲健，而且

fig...10 a 庭院深奥：长治县玉皇观（草图）

fig...11 a 空间结构：高平县游仙寺大毗卢殿（草图）

fig...10 b 庭院深奥：平顺县龙门寺

fig...11 b 空间结构：高平县游仙寺大毗卢殿

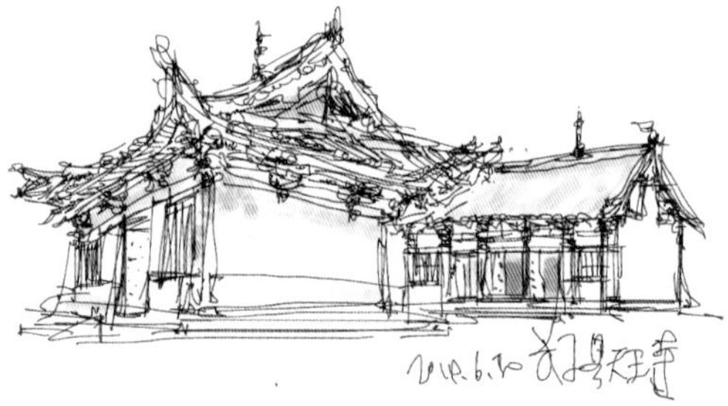

fig...12 a 屋顶之美：长子县天王寺中殿与后殿（草图）

fig...13 a 预制建造：长子县西上坊村成汤王庙大殿修缮（草图）

fig...12 b 屋顶之美：长子县天王寺

fig...13 b 预制建造：长子县西上坊村成汤王庙

fig...14 气质与精神：涞源阁院寺文殊殿［辽］

fig...15 a 气质与精神：蔚县南安寺塔［辽］

fig...15 b 气质与精神：蔚县南安寺塔［辽］（草图）

fig...16 气质与精神：新城开善寺大雄宝殿内部空间结构［辽］

fig...17 蔚县水西堡龙王庙遗迹

同时要表现出内在的韵味；优美的形象不仅要秀丽、柔婉，而且同时要表现出内在的骨力。”⑬这是我所感受到的辽代建筑的一种“精神”，实际上是一种通过建筑形式、尺度和内部结构、空间相互匹配的整体精神而营造出来的独特建筑气质，体现出中国传统建筑的文化性。

二、全息的诗题。某日，天津大学建筑学院丁垚老师站在蔚县水西堡龙王庙残存的遗迹上，手握一把黍，让一个同学面向人群，高声吟诵《诗经·黍离》，场景真切而感人，使人仿佛穿越到远古《诗经》时代的现场，古今通感。其实，这处古老遗迹的场地对常人来说，略显无感，最多可能看到几棵田野里不常见的松树和有些特别的场地高差 *fig...17*；但现场的吟诵状态，却可以使人获得那样一种古今通感的丰富想象和场地空间感知。虽然这首诗及其现场的吟诵是在表达对故国的伤感，但它也暗示了一种特殊的“营造”方式：对建筑的表达及对人工营造表现力的另外一种可能性——通常的建筑及图像语言之外的另外一种可能性，那就是文学或文字。穿过城门洞，我们远远看到蔚县土城上的玉皇阁，阁上面东的匾额上写着“目穷千里”，朝南的左侧匾额上写着“历古阅今”，被挡住的右边匾额上是“云蒸霞蔚” *fig...18*。“目穷千里”是空间的距离，“历古阅今”就是时间，“云蒸霞蔚”则是对自然的现象——天地、云雾、风水的描绘，这三板匾额就把玉皇阁当年那样一个特定时代的空间感、时间感、自然的状态，那样一种生动的情境，统统予以提示。上述两例呈现出一种通常的建筑及图像语言之外的建筑表达方式和可能性，包含了时间和空间、物质和诗意，人工与自然，是谓“全息的诗题”，体现出中国传统建筑的文学性。这是在当代逐渐流失的一种独特传统，即将一种诗化的人文性附体在自然中的建造物之上，成为一种文化的“储备”和“洞穿时空的利器”⑭，引导后来人的潜在理解与感知，浓缩与点化建筑的价值和人性。

三、现象与现实。丁垚老师带领学生在蔚县采用的一种类似人类学田野调查的测绘方式，使人通过观察、体验、感知，得到一种更为全面的对于人工营造的认知。直观的“现象”认知之下，同时意味着一种对“现实”的建筑学思考、行动和实践，暗示着一种更具有包容性的建筑学可能性：这一方式不同于那种通常的、局限于建筑学本体——形态、空间、结构、建造等的观察、思考和认知方式，而是关注人在特定时间和空间中的存在及其对人工营造的影响，从而容纳了更多的内容，如地理、文化、历史，乃至“人类”。所有的聚焦点背后，其实都

fig...18 a 全息的诗题：蔚县玉皇阁匾额

fig...19 a 现象与现实：蔚县任家庄军堡遗迹与平远地景

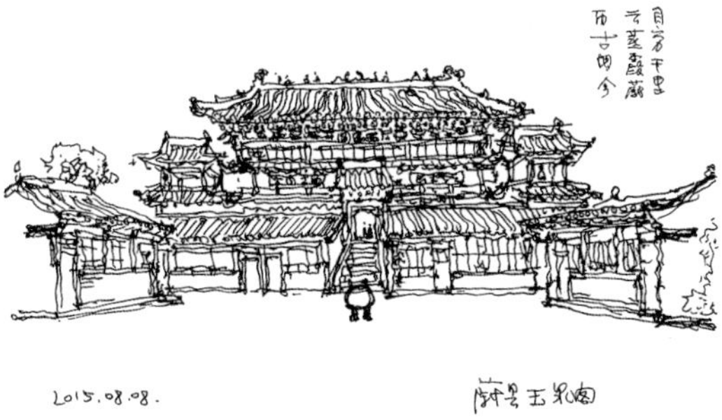

fig...18 b 全息的诗题：蔚县玉皇阁匾额（草图）

fig...19 b 现象与现实：蔚县任家庄军堡遗迹与平远地景（草图）

有一个“人”的内核，也就是：关注人在特定时间和空间中的存在及其对人工营造的影响 *fig...19*。作为建筑师，需要思考以上所有的内容，这就是我所理解的未来建筑需要面对并为之研究、思考和实践的“现象和现实”——一种更具包容性的建筑学，体现出中国传统建筑的人本性。

四、废墟园庭。身处蔚县水东堡的废墟场景中，我们有一种朴素的感动，感受到一种诗意的存在。在我的理解中，西方和东方对废墟的认知不太一样，西方的废墟跟悲剧有关——来自希腊式的悲剧，唤起人的悲悯和感动，感时伤怀，亚里士多德曾在《诗学》中专门探讨悲剧的含义。他认为悲剧的目的是要引起观者的怜悯和对变幻无常之命运的恐惧，由此使情感得到净化。水东堡由原来像水西堡那样的一个完整堡子，变成现在这样的废墟，即非常有“悲剧感”，似乎隐含着时间和空间于自我退化过程中某一种不容对抗的意志。但对我而言，这个空间带来的启发更多是关于人造物和自然物的关系：二者的存在，随时间在一个过程中的博弈和互动，看似是一个“你退我进”的关系，但更可以被看作一种相互的补充和存在，如四合的院子中长满了荒草，即是一种自然的回归和存在——自然元素对于人造空间的补充和平等的存在，给人以强烈的感知和震撼力量 *fig...20*；蔚县白家东堡的西北角有一处基本上变成废墟的“房子”——一片败壁，由堡墙倾颓之后形成，反而呈现一种很自然的形状。虽然它实质上是人造的，但在我眼中，这些败壁就像园林中假

---

⑬ 叶朗．中国美学史大纲 [M]. 上海：上海人民出版社，1985: 80.

⑭ 参见 2019 年 2 月 16 日王其亨教授在中央电视台《开讲啦》栏目中的陈述。

山的山体一样，浑然而天成。残破的堡墙（半自然半人工）、周围的荒草（纯粹自然），以及表征人造物存在的、留存尚好的房子（纯粹人工），共同构成一处特殊的“废墟园庭”*fig...21*。可以说，“废墟”是一种人工在自然中的消极退化，而“废墟园庭”则呈现出一种人工与自然的积极互动、组构与升华，体现出中国传统建筑的自然性。

五、不断展开的山水。在进入蔚县重泰寺之前，那些大大小小、高高低低的土山与人工步道、台阶、丘壑相互掩映的关系，就像是寺庙空间体验的前序，如果将其视为一个刻意的营造，那将是非常高妙的设计，这算是“小山小水”*fig...22*。太行山小五台中的金河寺也是一处山中平地上的建造，重要的也是到达之前所体验的整个过程——经历空间的开合、高低和明暗的变化，最后到达寺庙，这可被称作“游山玩水”，就像我当年游览黄山，经历一路艰难险阻，体会所有那些我在山水画中阅读到的高远、深远、平远空间以及景象的变化，实际上都是一个不断被串联起来的对空间和景象的体验过程*fig...23*。回来后，我“闭门造车”，将小五台整个游览过程的意象画成了一幅“立轴”草图，它并非由相机拍摄得到或眼睛看到的完整画面，更像是一种人工的构造和组合——就像建筑师做的设计，把所有的场景组合在一个空间中*fig...24*。其实以前的山水画家，就是这样绘画的，并不是完全的现场写生，而是旅行归来后对所经历场景在一个大的空间中的重新人为组合、设计和构造，并串联起所有的观察、记忆与想象，亦即形成中国特有的“散点透视”山水画。这是我第一次用这样一种特殊的方式绘画山水草图。在“行、望、居、游”中，一种对理想世界的组构与体验渐渐成形，我称之为“不断展开的山水”，体现出中国传统建筑的叙事性。

无论是晋东南的古建筑，还是蔚县的古村堡，都是自成体系、可以推而广之的中国空间营造传统之典型案例；无论是中国建筑传统营造方式所呈现出来的物质性特征，还是中国传统建筑所特有的精神性特征，都是我一直以来深感兴趣并认为可对当代建筑的思考与实践深具启发意义的，也是我心目中“理想建筑”所应具备的特征。

fig...20 废墟园庭：蔚县水东堡长满荒草的庭院

fig...21 a 废墟园庭：蔚县白家东堡“黄土庭园”

fig...21 b 废墟园庭：蔚县白家东堡“黄土庭园”（草图）

fig...22 不断展开的山水：蔚县重泰寺的“山体前序”

fig...23 不断展开的山水：小五台山中游览

fig...24 不断展开的山水：太行小五台“立轴”（草图）

之六

理想聚落

2016 年 8 月，我再随天津大学的师生赴蔚县测绘，重点关注到蔚县白家庄东西六堡所构成的聚落群，并以“明日的庙宇”为题，指导学生（张梦炜、丁雅周等）完成设计——“理想聚落：白宁‘堡庙’”。

蔚县盆地，是人类学视角下一个活生生的聚落标本。人的生存与发展既跟随着自然的兴衰变迁，又不断与自然互动——生活与情感、宗教与艺术和他们所身处的自然环境休戚与共。往日的堡村，今日的遗迹；黄土的庭园，明日的庙宇。人类的聚落，在时间中俯仰，在自然与人工之间相互转化；但在大的地理图像中，它们都不过是盖在自然几何之上的一个个印戳儿，大大小小、各种形状，或简单或复杂，或清晰或模糊。[fig...25]

如果说“失去故乡就将无处安放”，那么现代人如何安放他们的心灵？能否将村堡作为留给明日的“庙宇”，为村民后代和旅游者永远地保存一个“故乡”？白宁堡，作为白家六堡中的首堡（推测），有着最特殊的堡名“宁堡”（其他堡均以相对于白宁堡或河的方位命名），东西轴线布局，空间紧凑犹如单体建筑[fig...26]，虽已大部分废弃，但布局保存

fig...25 蔚县盆地自然地理与聚落分布图

fig...26 白宁堡空间紧凑，犹如单体建筑

fig...27 由白宁堡观音庙俯瞰

fig...28 白宁堡作为以前村人生活历史的遗迹和空间，可以成为今人纪念和沉思的对象，就如同雅典卫城和庞贝古城

fig...29 用当地泥土和旧木板制作的"白宁堡庙"模型

fig...30 "白宁堡庙"中祭拜的对象就是白宁堡的村民和过去甚至现在的生活、空间

基本完好，还有几户老人在此居住和生活。此处记载着以前村人生活历史的遗迹和空间，完全可以成为今人纪念和沉思的对象，就如同雅典卫城和庞贝古城，因此它最适合成为一个新的庙宇类型："堡庙"——"白宁堡庙" fig...27-29。作为世俗居住地的白宁堡庙，可以与六堡区域作为出世修行之地的池沿寺地位相当。如果突出将村堡作为庙宇的概念，这座特殊"庙宇"中祭拜的对象就是白宁堡的村民和过去，甚至现在的生活和空间 fig...30，他们（老人们）甚至现在还在此地生活栖息，他们"祭拜"自己，他们的后代或者外来者"祭拜"他们。堡内部那些真正的小庙、戏台是他们（过去和现在）生活的一部分，是"庙中庙"和"庙中戏台" fig...31, 32。被祭拜者和祭拜者、参观者的生活和行为体验是相互重叠、相互映照的。为了体现整个村堡作为庙宇的概念，除了对其内部空间进行一系列调查、保护、处理和组构、设计之外，还需要对整个空间边界及体验路径进行设定、引导和处理 fig...33, 34。另外，还要将影响和研究边界扩展，辐射到更广阔的范围，例如白宁堡庙本体边界（还需包括其南部与其他堡共享的龙王庙）之外的白宁新村、东面沙河及关帝庙所"震慑"的西面远处的大饮马泉村、其他五堡及池沿寺等。

"白宁堡庙"并非一个孤例，在当代中国，特别是乡村，有很多地方都可以成为这样的"理想聚落"——一种跟随自然而变迁互动的、在人工与自然之间不断转化的、高度反映人们生存与生活状态的人类学标本。

fig...31 堡内部的小庙遗迹——“白宁堡庙”中的庙中庙

fig...32 戏台

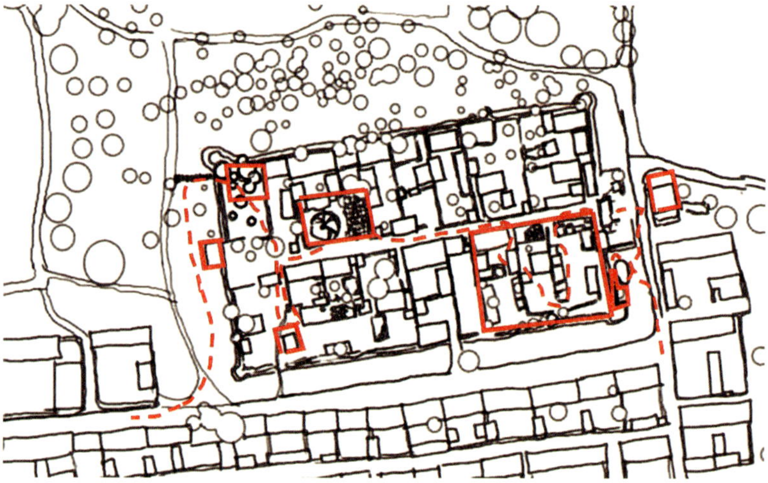

fig...33 “白宁堡庙”的空间构成和体验路径

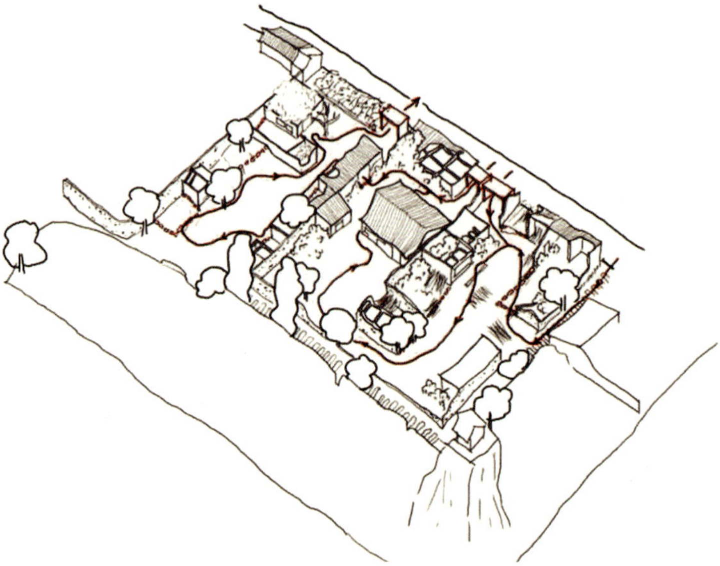

fig...34 坍圮的院落：“穿行于过去”

之七

理想城市 分形结构和「礼乐相成」[15]

元明清时代的北京可称是符合中国古代生活秩序和文化的理想之城。从大的地理视角看，北京的城市选址体现出整个城市与自然山脉、水系的密切关联 *fig...35*；从整个旧城、皇城，到王府、四合院，有着共同的营造逻辑和类似的结构特征：高度秩序化，可延伸、可加密的分形结构和基于“礼乐相成”精神的理想空间组合[16]——以四合院为代表的单一家庭居住空间作为最小单元，以其为原型，在不同的尺度下变换，每一级单元均由较小一级组构而成，自身又构成更大的单元，为廷、为宫、为坊、为城，呈现分形特征[17] *fig...36*；除了高度秩序化的分形结构[18]，一系列非规整的自然元素同时渗透在北京城的各个空间层次中：在城市尺度，元大都的皇城以太液池和宫城并置；在宅园尺度，大户、王府往往在院落间择地造园；尺度进一步缩小到普通四合院，围合的房屋共享中间的自然庭院。自然元素打破了人工秩序的界限，与各尺度的“分形单元”紧密结合，构成自由与秩序的统一体，体现着《礼记》所倡导的“礼乐相成”[19]，使北京这座都城成为中国文化精神的典型物质空间载体：既遵从分形秩序，又在层层嵌套中保持人工、自然的紧密联系，居所、市井、庙堂各得其所，具备一种独特的城市与建筑的复合结构，使城市各个尺度的空间在满足运行、管理、居住等生产生活需求的同时，还支持、引导着民众私密性和集体性的文化精神生活。

---

⑮ 本节主旨内容曾发表于：李兴钢 . 身临其境 胜景几何——微缩北京：大院胡同 28 号改造 .

⑯ 侯仁之于《试论元大都城的规划设计》中提及：元大都继承了《周礼 · 考工记》“左祖右社，面朝后市”的规制，同时在城墙城门布局、自然水系引入方面予以发展，形成北京城自有特征。宫城外的城市由多条横纵主街划分，形成 50 个规整的坊，坊进一步被东西向小街划分为南北距离 50 步、等宽的胡同，胡同又被进一步细分为院落。这种层层细分的结构在明、清时期的内城得以延续并发展。参见：侯仁之 . 试论元大都城的规划设计 [J]. 城市规划 , 1997(3): 11-12.

⑰ 傅熹年先生曾在《中国古代建筑十论》中揭示，北京从内城、宫城、前后三殿到后宫居住区之间成比例的同构关系，其中暗含的正是一种分形结构。参见：傅熹年 . 中国古代建筑十论 [M]. 上海 : 复旦大学出版社 , 2004.

⑱ 萨林加罗斯（Nikos A. Salingaros）在《城市结构原理》中将分形数学具有的模型特征运用到城市研究，其模型特征主要包含两点：①所有尺度都具有明确的层级；②不同层级的结构具有相似性。本文所述“分形结构”与其含义相同。参见：萨林加罗斯 . 城市结构原理 [M] . 阳建强 , 等 , 译 . 北京 : 中国建筑工业出版社 , 2011 .

⑲ 《礼记 · 乐记》有：“乐也者，情之不可变者也；礼也者，理之不可易者也。乐统同，礼辨异。”参见：王文锦 . 礼记译解 [M] . 北京 : 中华书局 , 2001.

fig...35 北京城市选址与山脉水系的关系模型

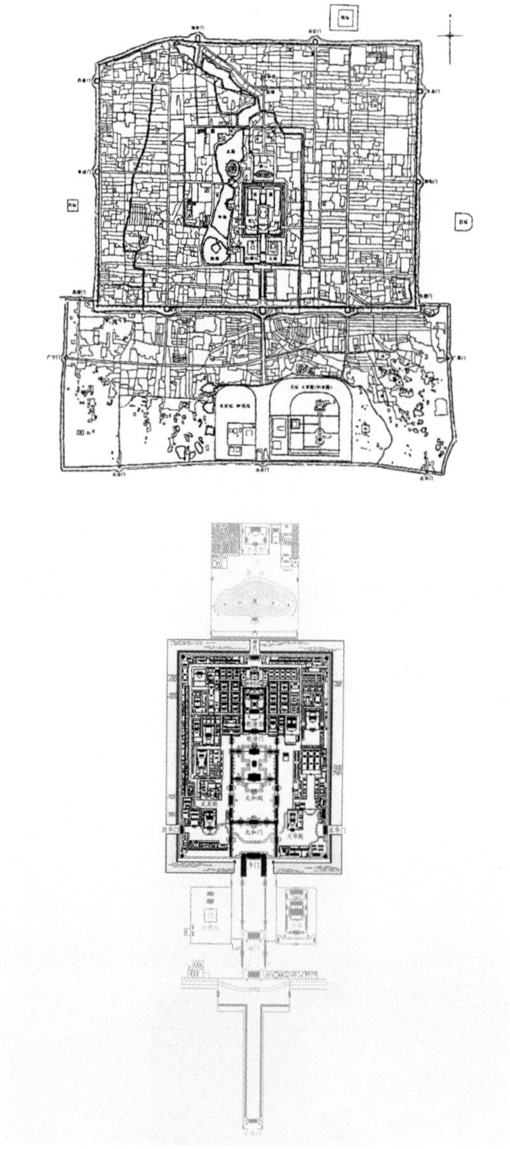

fig...36 a 清（乾隆时期）北京城与宫城平面布局之间的同构关系

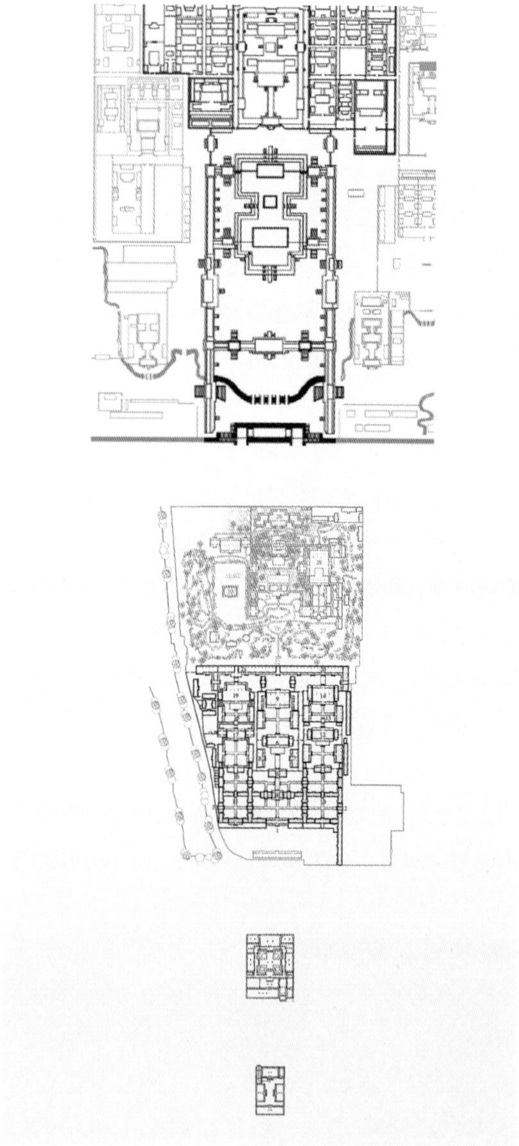

fig...36 b 等比例下宫城、恭王府与民宅四合院平面布局之间的同构关系

之八

复合的建筑与城市[20]

在中国的传统中，城市是放大的建筑，建筑是缩小的城市。一座四合院，其实可以被看作一个小小的城市；而整个紫禁城乃至整个北京城，则可被视为一座巨大的建筑。所以，建筑是“城市”与“建筑”的统一体，或者说建筑可以是“建筑”，也可以是“城市”。

中国人如此擅长此道：在（同一个）建筑中同时融入“建筑”与“城市”的概念：哪怕只有一间房，也可通过家具陈设的布置和变化而使坐、卧、居、游一应俱全；只要他们愿意，紫禁城既可以扩展到整个北京城的巨大范围，也可缩小到一座小小的四合院，亦即所谓的“城市”与“建筑”具有平面、空间布局的同构性。

“建筑”通常有室内与室外之分，正是其室外的空间和形式形成了“城市”空间，也就是说，“建筑”的室外就是城市的“室内”，人们在塑造“建筑”的同时，也就形成了“城市”。人们往往会关注建筑的室内空间，因为它是一个家庭或社会团体的日常生活、工作之所在；人们同时也关注建筑的室外空间与形式，因为众多建筑的外部空间和形式构成了城市的内空间，而这是容纳所有城市居民“大家庭”的生活、工作之所在。我把这种“城市”与“建筑”你中有我、我中有你的现象称作“城市”与“建筑”的复合性。

中国建筑有一个明显的特点：建筑个体空间相对简明而单一，而室外空间与形式——亦即“城市”（建筑群体）的“室内”空间——特别丰富多彩。中国传统建筑群基本上是一组或多组建筑围绕一个或几个中心空间构成，所谓层层深入的院落空间组合，这种方式延续了几千年。其单体建筑是以“间”作为单位，“间”具有平面的重复性与通用性的特征；对于建筑群，则用“院”来作为度量单位，无院不成群。

同样是院落式组合的日本建筑具有趋向自由灵活、有机自然的特点，但是从某种程度上来讲，日本建筑的庭院与建筑之间是相对脱离的，是观赏与被观赏的关系 *fig...37*。中国的庭院式建筑的特征则不同，它们的灵魂空间是“庭”和“堂”——庭院与建筑之间有着深刻的、不可分离的、互相依存的关系。“堂”的空间特征是三面围合、一面开敞，这开敞的一面就是敞向“庭”，所谓“堂前有庭” *fig...38*。这一由“堂－庭”所构成的空间模式反映了中国人的宇宙观、自然观与文化价值观的深度融合，所谓“有堂的地方，就有中国文化的孕育；有庭的地方，就有中国空间的风流”[21]。“堂－庭”形成合院，再由街道这一线形空间把一个个合院串联起来，一条条街区纵横交织形成格网，便是典型的中国城市。总体上传统中国人的日常生活是趋于内向的，主要在私密的“堂－庭”空间和相对公共的街巷空间中发生和进行，因此中国的城市中很少形成西方式的市民广场这一空间类型。

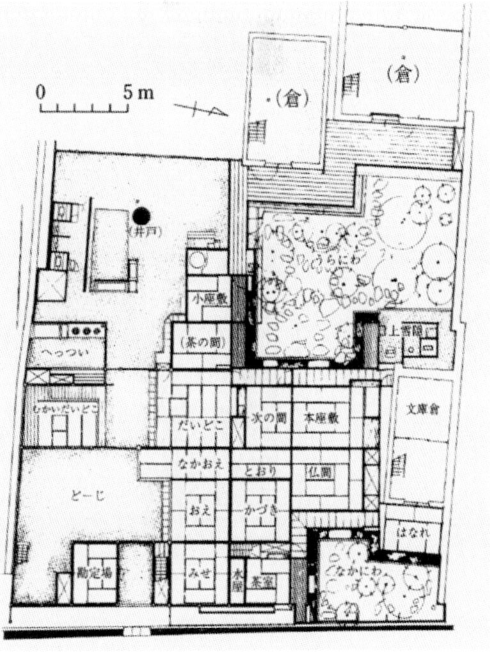

fig...37 岐阜县高山市吉岛家住宅

---

⑳ 本节主旨内容曾发表于：李兴钢．静谧与喧嚣 [M]. 北京：中国建筑工业出版社，2015: 19-20.

㉑ 王镇华．中国建筑备忘录 [M]. 台北：时报文化出版社，1989: 113.

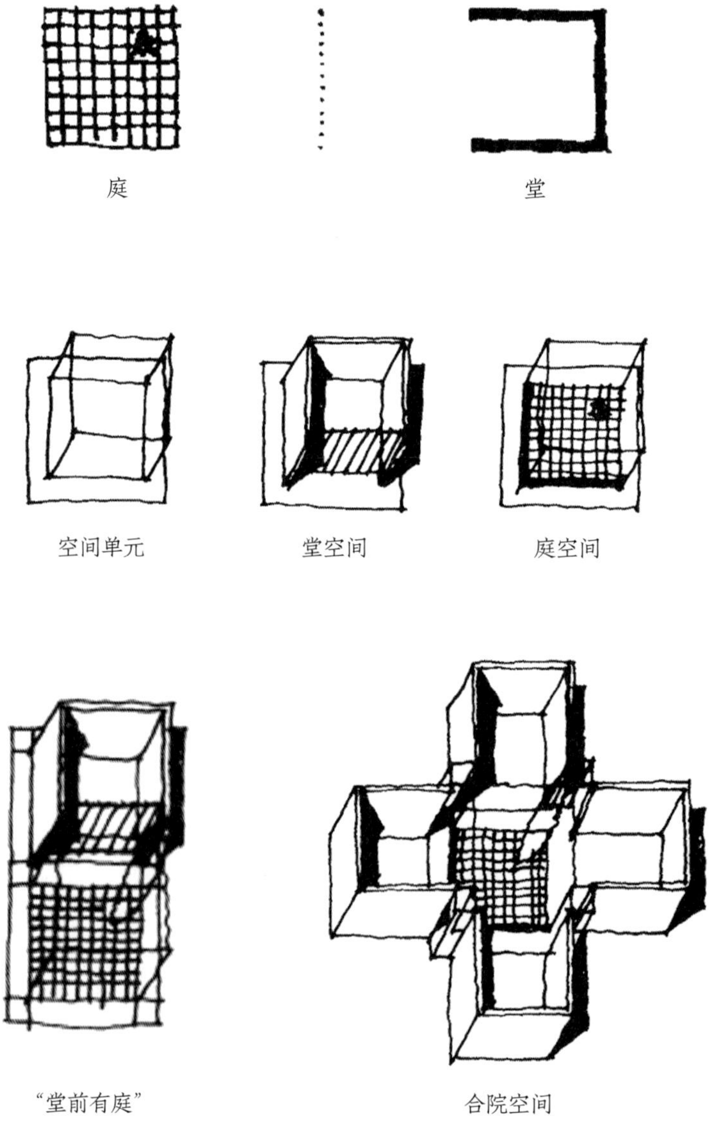

fig...38 中国庭院式建筑的灵魂空间“庭”和“堂”——“堂前有庭”

之九

建筑、城市、园林、聚落一体化营造的哲学

不仅中国的城市和建筑具有复合性，当多年以来的思考和研究逐步涵盖城市、建筑、园林、聚落之后，我越来越认识到，它们不过是中国传统营造体系不同方面、不同方式的呈现，四者之中存在一种“一体性”：它们基于相同的哲学、生活和思想，也即对建筑与自然更为紧密互动、相互依存、共生共长之关系的格外关注，一种与特定人群的生活理想密切关联之状态的营造。

聚落、城市、园林、建筑，都是某种“人工制品”，是人类的生存与生活介入自然的结晶。聚落由人类的聚居而形成，是社会、文化的物质载体与空间载体，是对应独立家庭或社会单位生活与工作的群体集合，其中的街道、市集、广场等公共空间带来公共交往和公共意识，庭院则通常是属于家庭或单位的更为私密或私有的内部公共空间。城市是特殊的、规模更大、密度更高、规则性更强的人类聚落，庇护着更多的人群，更为复杂的公共空间系统和更为多样的公共活动是城市的核心。园林是各种人类聚落中古已有之的存在，对应人在生活中所必需的愉悦及休憩心灵的“游乐”活动，其实也可称得上是一种特殊的聚落形式。建筑是人类的庇护所，亦是最小规模的“聚落”。

聚落是人类各种形式的聚居场所的总称，是人类在地表集聚的空间组织形式，是人类有意识开发利用和改造自然而创造出来的生存环境，通常可分为城市聚落和乡村聚落。“聚落是散布在大地上奇特的点群”[22]，“聚，谓村落也，为人所聚居。落，所居之处，如部落，墟落，聚落，村落”[23]。“一年而所居成聚，二年成邑，三年成都”[24]。“时至而去，则填淤肥美，民耕田之，或久无害，稍筑室宅，遂成聚落”[25]。聚落是人类活动的中心，既是人们居住、生活、休息和进行各种社会活动的场所，也是人们进行生产的场所，作为人类适应、利用自然的产物，是人类文明的组成部分。聚落的外部形态、组合类型无不深深打上当地地理环境的烙印；同时，聚落又是重要的人文景观。所有的聚落都是人类住居的延伸，住居的集合就是聚落，“共同幻想创造了所有聚落与都市”[26]。聚落的形成发展，反映了人类活动和自然地理环境因素（地形、降水、气温、水源等）之间的综合关系，同时还受到社会经济文化因素（生产方式、经济发展、风俗习惯、文化背景等）的制约。任何聚落的形成、发展、衰亡都是某种主导因素与其他多种因素共同作用的结果。

如此说来，虽然我们区分了聚落、城市、园林、建筑，但基于上述四者之“一体性”，它们统统可以被一体化地视为广义的“聚落”，并对应于特定的人类文化、生存哲学和价值观。在中国的文化语境中，无论建筑、城市，还是园林、聚落，无不体现着高度一致的生活哲学，这一哲学和人与自然的关系（或者人介入自然的方式）命题息息相关。这种一致性达到了如此高度，并呈现出惊人的一体化结构性特征，可以说，中国的城市和建筑都是凸显“天人”文化与哲学[27]的“中国式聚落”，中国的园林及其居游方式则是这一“中国式聚落”不可分割的

㉒ 藤井明．聚落探访 [M]. 宁晶，译．王昀，校．北京：中国建筑工业出版社，2003: 16.

㉓ 辞源 [M]．北京：商务印书馆，1915.

㉔ 司马迁．史记·五帝本纪 [M]// 全注全译：史记全本（卷一）．李翰文，主编．北京：北京联合出版社，2015.

㉕ 班固．沟洫志第九 [M]// 汉书（卷 29）．颜师古，注．中华书局点校本．北京：中华书局，1962.

㉖ 原广司．聚落的 100 则启示 [M]. 黄茗诗，林于婷，译．台湾新北：大家出版社，2003: 20.

㉗ “天人”——天人合一。天人关系论，即对于人与自然或人与宇宙之关系之探讨。中国哲学中，关于天人关系的一个有特色的学说，是天人合一论，乃谓天人本来合一或天人应归合一。“天人本来合一”又有二说，一为天人相通，发端于孟子，大成于宋代道学；二为天人相类，则是汉代董仲舒的思想。天人相通的学说，认为天（即大自然、全宇宙，亦指究竟本根）之根本性德，即含于人之心性之中，天道与人道，实一以贯之。人之所以异于禽兽，即在人之心性与天相通。参见：张岱年．中国哲学大纲 [M]. 北京：中国社会科学出版社，1982: 173, 181.

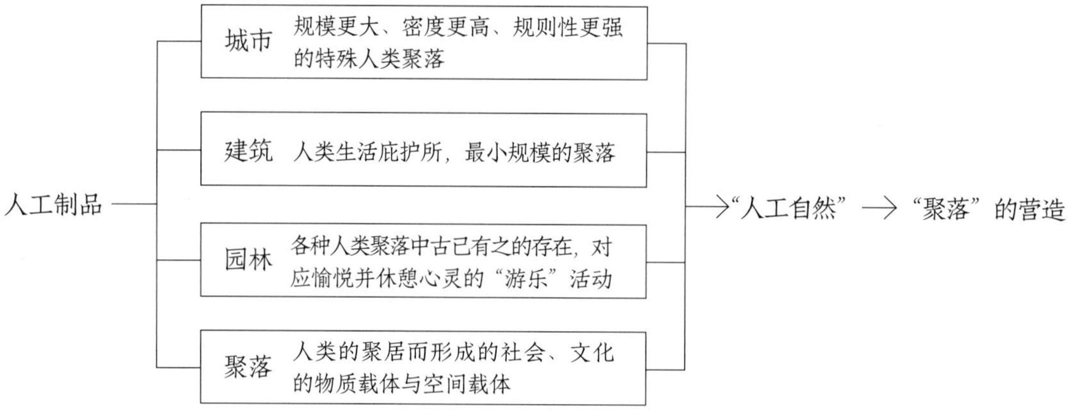

组成部分，其中最重要的特征，则是“礼乐相成”，即人工与自然、规范与调和、制度与适形、伦理与诗意、秩序与自由、礼仪与游乐兼而得之，你中有我，我中有你，共同形成中国人的理想生活世界。[28]这样的特征，又由空间营造，兼而体现于其他文化艺术门类，如汉字、文学、戏剧、绘画等。

原广司说：“聚落可以看成是将自然潜力可视化作业的结果。这时的自然已非原生自然，而是表象化了的自然，被社会化，加工化了的自然”；“不要中性地去定义场所，场所中蓄藏有历史的力和自然的力等力学特征。”[29]“聚落”，是我关于“人工自然”的思考中至关重要的内容，它作为一种人类聚居生存的方式和载体，天然地具有时间感和生活性、自然性，所以我将几乎所有设计都视为一种发现、发掘场所中所蕴含的“自然”特征和“自然”潜力的“聚落的营造”。例如，绩溪博物馆是自然而抽象的“村庄聚落”[fig...39]，而天津大学新校区综合体育馆是非常有人工存在感的“结构单元聚落”[fig...40]；北京大院胡同 28 号是水平延展的小合院组成的院落式“城市聚落”[fig...41]，唐山第三空间则是垂直生长的“别业”单元构成的高密度“城市聚落”[fig...42]；首钢工舍和世园小镇文创中心，都是用两组房子围合的“最简聚落”，首钢工舍是上“新”下“旧”的叠摞[fig...43]，而世园小镇文创中心是虚“房”实“山”的围合[fig...44]。

㉘ “乐主于感，礼主于敬，感而后有敬、有思，故乐先而礼后。中国文明以礼为形体，以乐为性情，有性情则形态可以极美，不美的不能是礼。每乐失则礼弊，而乐失了兴则疲。可是其他民族不能，而代之以宗教。中国人没有神约，没有佛教的‘愿’字与基督教的‘望’字，而独有一个‘兴’字。世界上惟中国文明有大自然五基本法则的自觉，有物形、物象、物意这样简明的言语。而此即是礼乐之事。尤其讲到物意的‘兴’字是乐边的事。惟中国民族有礼乐。”见：胡兰成．中国的礼乐风景 [M]. 北京：中国长安出版社，2013: 120-134.

㉙ 原广司．世界聚落的教示 100[M]. 于天炜，刘淑梅，译．马千里，王昀，校．北京：中国建筑工业出版社，2003: 60, 12.

fig...39 绩溪博物馆：自然而抽象的“村庄聚落”（模型）

fig...40 天津大学新校区综合体育馆：有人工存在感的“结构单元聚落”（模型）

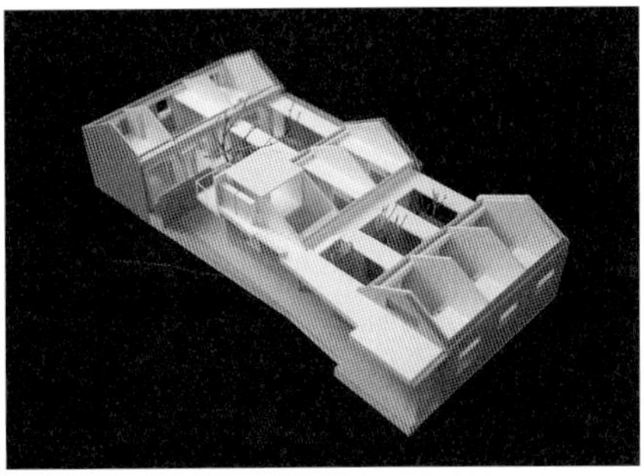

fig...41 北京大院胡同 28 号：水平延展的院落式“城市聚落”（模型）

fig...42 唐山第三空间：垂直生长的“别业”单元构成的高密度“城市聚落”（模型）

fig...43 首钢工舍：上“新”下“旧”两组房子叠摞而成的“最简聚落”（模型）

fig...44 世园小镇文创中心：虚“房”实“山”两组房子围合而成的“最简聚落”（模型）

「人巧」与「天然」

晚明江南园林假山的两种营造及其审美*

顾凯

之一

引论

作为“山水”主题及其景观效果的直接呈现，假山在中国传统园林中有显要的地位，并发展出了高度的艺术成就；对其进行深入理解，不仅是学术研究的重要课题，也对当代的园林遗产保护以及借鉴传统的创作实践有重要意义。当代学界对园林假山已有较多探讨，然而还存在一些令人困惑之处，尤其是“宛自天开”的自然效果被前辈学者普遍认可为假山营造的目标，但如果仅用此标准来衡量，则历史遗存和现实营造中的高水准作品实在太少①，这与对假山营造历史成就的认识又有矛盾之处。这一反差提示我们，以往的单一评价标准或许并不完全合适，需要继续园林假山的历史考察，以得到更为深入的理解。

现有研究已经揭示，中国园林假山在长期的发展过程中形成了多样的营造方法与形式风格。曹汛梳理了中国园林假山营造的历史发展脉络，关注了几次重要变化，认为晚明是“我国古代叠山艺术的最终成熟”时期[1]；笔者也进一步以学界最为认可的、明末清初最重要的造园叠山家张南垣为重点对象，研究了其创新的历史意义乃至其后至今的传承与发展，同时也指出，与此有较大差异的假山营造在现实中却是更多的[2]。此外，笔者对清代以来显著流行的、以“九狮山”为代表的“动势叠山”进行了探讨，进一步展示了传统假山营造的历史多样性[3]。这些研究针对园林假山的历史丰富性及其变化的现象有了一定认知，然而对于多样风格之间的深层关系和现象背后的动因解释，尤其是在具体历史情境中人们进行判断、选择的审美动机，还有待进一步探究。如果对不同风格的营造特点及其审美取向有较好理解，人们面对差异纷繁的假山遗存或历史记载及图像时，将会有更恰当的认识和评价，而非依据某种单一标准进行简单的优劣判断。

要开展这样的历史性认识，晚明时期的江南园林最为关键，这是园林史上假山得到突出发展的重

*本文原载于《装饰》2021年第2期，第24-30页。本书收录时有修改。

之二

「人巧」16世纪后期江南园林假山特色

要阶段和地域，极大影响了后世直至今日的普遍实践②；而在作为历史高峰的同时，晚明江南园林假山还呈现出明显的多样性。以往研究重点关注了张南垣的杰出成就，但事实上，受到张南垣激烈批评的此前所流行的假山，也有着鲜明的特色，并在后世至今的营造中也可看到诸多痕迹，但对其研究还相对薄弱。这两种差异显著的取向，都对此后的假山营造产生了深刻影响，那么对晚明江南园林假山的此两种营造及其审美特征与差异性的细致理解，就成为园林史研究的一项必要内容。

本文即着眼于对晚明江南园林中两种假山营造及其审美方式的探讨，进入历史文献所构筑的语境，深入剖析其各自营造特点，并在此基础上，结合艺术史、美学史的认识来理解其各自的审美来源，从而对二者间的差异性现象及其关联获得较为深入的解释性认识③。这一认识可为我们理解当时乃至其后至今的园林假山提供一把关键的钥匙，也为当代的假山欣赏、保护以及实践中的继承与创新提供更坚实的认识基础。

据笔者已有研究，明代前、中期的江南园林基本延续着更早期历史上的假山营造与欣赏的传统[4]114-116：以不供登游的土山置石（如“畚土以为崇，累石以为奇……支颐而观之，隐然有超出尘寰之意，而无登陟之劳”④）或小石堆叠以微缩模仿自然（如“聚武康之石作小山，具有峰峦岩壑之趣”⑤）为常见方式，同时也有一些可供登临（如“作磴路迂回旁通，可登以待月”⑥）或石间穿行的游赏（“错树之为三峰……曲径其下，以通往来”⑦），无论是供外在赏玩还是身入游观，都还是相对简单的，大体可以视为更早期以沟通自然与内心为目的的“适意”欣赏方式的延续[4]233。

而进入16世纪后期的晚明，江南园林转入空前的极盛[4]124，假山营造与欣赏既有对以往的延续和深化，也发生了重要的转变，产生出一些新的特色。这一时期出现了诸多以假山为特色的名园，以太仓弇山园最为著名，园主人王世贞（1526—1590）在谈及其中“中弇”假山时以“尽人巧”来夸耀其特点⑧；同时代的莫是龙（1537—1587）也用“极人工之巧”来评论当时假山[5]。这里就对这一时期江南园林假山的“人巧”营造及其欣赏特色加以深入认识。

---

① 关于这方面的讨论，参见：顾凯．园在山中：再探张南垣叠山造园的意义与传承 [J]. 风景园林，2020, 27(2): 13-19.

② 这方面的认识可综合参看：顾凯．重新认识江南园林：早期差异与晚明转折 [J]. 建筑学报，2009 (S1):106-110；顾凯．园在山中：再探张南垣叠山造园的意义与传承 [J]. 风景园林，2020, 27(2): 13-19,

③ 这里并非旨在对“原因”进行全面阐释，而主要是提供一种相关性的理解。对历史现象背后原因的解释，可以从多个角度展开（如经济、社会、思想、技术等方面），但这里仅关注美学层面，因其与营造最为直接相关，也对当代的借鉴最有价值。

④ 顾清《顾汝亨一山记》，《东江家藏集》卷二十一。

⑤ 陆深《小康山径记》，《俨山集》卷五十三。

⑥ 同上。

⑦ 陆深《柱石坞记》，《俨山集》卷五十四。

⑧ 王世贞《弇山园记》，《弇州四部稿·续稿》卷五十九。

1. 营造：丰富形态与复杂游观

16 世纪后期江南诸多名园中的假山往往规模庞大而营造精巧，其中营造方面的“人巧”特色，大致可以从景致形态的丰富与游观路径的复杂两个方面来加以认识。

景物方面的营造，突出地呈现为奇峰怪石和山景模拟两方面的丰富奇巧。

对峰石的关注，首先是品类繁多，如王世贞《求志园记》中称当时的造园往往“石求之洞庭、武康、英、灵璧”[6]66，王世贞《游金陵诸园记 · 西园》中有“垒洞庭、宣州、锦川、武康、杂石为山”[7]163。其次是姿态关注，如潘允端《豫园记》中有“奇峰矗立，若登虬，若戏马，阁云碍月”[7]114，顾大典《谐赏园记》则记述“群峰环峙，有若腾者，有若舞者，有若人者，有若兽者，有嵌空者，有窈窕者，有突兀者，不可指计”[7]109。这类对奇巧峰石的追求，几乎见于每座假山。

而山景形态方面，常见“具体而微”的说法，可见相对微缩的丰富模拟营造，王世贞《离薋园记》有“叠石为山……中有涧、有洞、有岭、有梁，皆具体而微”[6]240；如徐学谟《归有园记》有“峰峦洞壑之类，具体而微”[8]212；陈所蕴《啸台记》有“诸峰峦岩洞，岑峨溪谷，陂坂梯磴，具体而微”⑨。这些丰富性的营造，与叠石能手密切相关，陈所蕴《张山人卧石传》记载当时上海叠石名家张南阳，称其“咄嗟指顾间，岩洞溪谷，岑峦梯磴陂坂立具矣”⑩，陈所蕴还在《日涉园重建友石轩五老堂记》中记载另一位顾山师的本领：“石既奇绝，山师以转丸扛鼎手为之曲折，变幻若出鬼工，巨峰五，小峰数十，溪壑、岩崖、磴道略具。”⑪潘允端的豫园也是张南阳作品，《豫园记》称“为冈、为岭、为涧、为洞、为壑、为梁、为滩，不可悉记，各极其趣”[7]114，也有极为丰富的山中景象。

除了对峰石和山景这样的视觉方面的营造关注，进入晚明后的江南园林假山还将游赏路径的营造作为一个突出的重点，相比于以往的简单设置，山道往往呈现高下曲折的复杂形态。如潘允端《豫园记》称山道“高下纡回”[7]114；陈所蕴《日涉园记》有“磴道逶迤”[7]204；王世贞《游吴城徐少参园记》有“石径逶迤上下，或峻或夷”的描述⑫，其《游金陵诸园记》记载的魏公西圃更是“逶迤曲折，叠磴危峦，古木奇卉，使人足无余力，而目恒有余观”[7]165。

而以上这些丰富形态与曲折游观，往往都融于一山，复杂的假山路径将各种丰富景象串联起来。

上海顾名世的露香园是较早得到大假山记载的一座名园，根据朱察卿（1524—1572）的《露香园记》[7]118-120，园中主池畔有一座大型叠石假山，其中有着盘桓的山道（“万石交枕，谽谺轇轕，路盘旋，咫尺若里许”）、幽曲的山洞（“曲洞”）、宽大的山洞（“入洞，中可容二十辈”）、模拟的溶洞（“秀石旁挂下垂，如笏、如乳”），还有大量秀奇的峰石（“群峰峭竖”），纡回而上可以登顶，俯瞰全园。可以看到，丰富的山景及游观路径的营造是这座大假山极为看重的。

在苏州，这类园林假山的复杂营造也多有出现，如王穉登（1535—1612）《紫芝园记》：“左折而上，有峰如屏……由洞右折而上……渡石，一峰秀出。拾级而下，为钓台……俯而西，过石门，曲径临流，飞岩夹道，峭石巑岏，钩衣而刺目者林立……其它群石，或如潜虬，或如跃兕，或狮而蹲，或虎而卧，飞者伏者，走者跃者，怒而奔林，渴而饮涧者，灵怪毕集，莫可名状……”⑬这里，峰石尤其受到重视，而游径的多样变化也成为显著特色。

而这种复杂假山营造的最高峰，是太仓王世贞的“弇山园”fig..01, 02，它在 16 世纪后期的诸多江南名园中公认排名第一[4]125-129，其中主要营造于 1571—1576 年间的三座大假山，在规模庞大、奇石林立、山景丰富、游径多样等各个方面都可谓登峰造极。三座大假山中，“中弇”最早营造，山石品质最佳，有大量得到命名的峰石；而游径总体为“叉”字形，交叉部分呈现竖向立交的复杂形态。“西弇”规模最大，景象尤为丰富，尤其是模拟太湖西山的峰洞涧谷等多样景致，并通过繁复而有节奏的游线加以组织。“中弇”和“西弇”为张南阳所造，最后营造的“东弇”则是另一位“吴生”的作品，与前述假山取向不同，不以峰石为特色，而重在营造“阳道”“阴道”两条游线，前者重视池畔景致变化，后者则以山中溪涧为主要特色⑭。一园之中的三座假山营造，各有不同的复杂特色，充分呈现了假山的“人巧”营造所能达到的程度。

2. 体验：游观感受的新奇趣味

从营造的角度看，进入晚明后的江南园林假山有着大量的奇峰怪石和丰富的山水内容营造，并以复杂曲折的路径将其连接，从而令人在游赏过程中产生目不暇接的视觉感受；不过，假山游径的意义还远不止于联缀视觉对象的作用，其本身所产生的感受体验的丰富性，更受到重点关注并呈现诸多新的特色。

这种特色首先体现在假山游观过程本身得到独立的欣赏，成为突出的关注内容。这最明显地体现在吟咏假山的诗作主题，与以往一般针对具体单独景点不同，晚明第一次出现了将假山游观过程本身作为创作对象的诗作，如王世贞的一些咏弇山园诗作的标题是：《穿西山之背，度环玉亭，出惜别门，取归道》《穿率然洞，入小云门，望山顶，却与藏经阁背，隔水相唤》《由玢碧梁逾险，得九龙岭》……⑮这里明显表现的是一种连续性的动态体验。这种对游赏节奏变化的玩味，也体现于汤宾尹（1568—1628）《逸圃记》：“东折而南，复而西，土阜回互，且起且伏，且峻且夷”[8]90，在回互、起伏、峻夷等空间感受的节奏变化中，获得渐入佳境的连续性体验。对这种体验过程的喜好突出地体现于游赏时间的持久，如张宝臣《熙园记》：“好事者每欲穷其幽致，则入西麓，出东隅，如登九折坂、入五溪洞……自午达晡，始得穿窦出。”[7]198 由“自午达晡”的夸张说法⑯，可以看到游赏之久。在复杂而悠长的游赏过程中，能获得极为丰富的境界感受，如王世贞《为顾莘夫尚宝题露香园八韵》有“杖底千秋出，壶中万象藏”之句⑰；他在《游金陵诸园记》中这样描述“四锦衣继勋宅园”的假山：“兹山周幅不过五十丈，而举足殆里许，乃知维摩丈室容千世界，不妄也。”⑱

而这种复杂游观体验的丰富性，还突出地体现在种种前所未有的感受效果上，在文献中可见到以下几种特别的体验追求。

---

⑨ 陈所蕴《竹素堂集》卷十七，参见：陈从周．明代上海的三个叠山家和他们的作品 [J]. 文物, 1961(07): 57.
⑩ 同上：56-57.
⑪ 同上：58.
⑫ 王世贞《弇州四部稿·续稿》卷六十四。
⑬ 徐树丕《识小录》卷四。
⑭ 参见：戴文翼，顾凯．壶中天地、山水再现与自然意趣：晚明太仓弇山园的多样叠山意象及其营造研究 [J]. 中国园林, 2021, 37(04): 139-144. 需要指出的是，弇山园中的“东弇”假山并非典型、完全的“人巧”，也有一定的“天趣”，下文将有说明。
⑮ 王世贞《弇州四部稿》卷五。
⑯ “午”时是上午11点到下午1点，“晡”时是下午3点到5点，那么“自午达晡”就有大约4小时之久。
⑰ 王世贞《弇州山人四部稿》卷三十二。
⑱ 王世贞《弇州山人四部稿·续稿》卷六十四。

fig...01 钱榖《纪行图册》之《小祇园》（1574）/ 台北“故宫博物院”藏

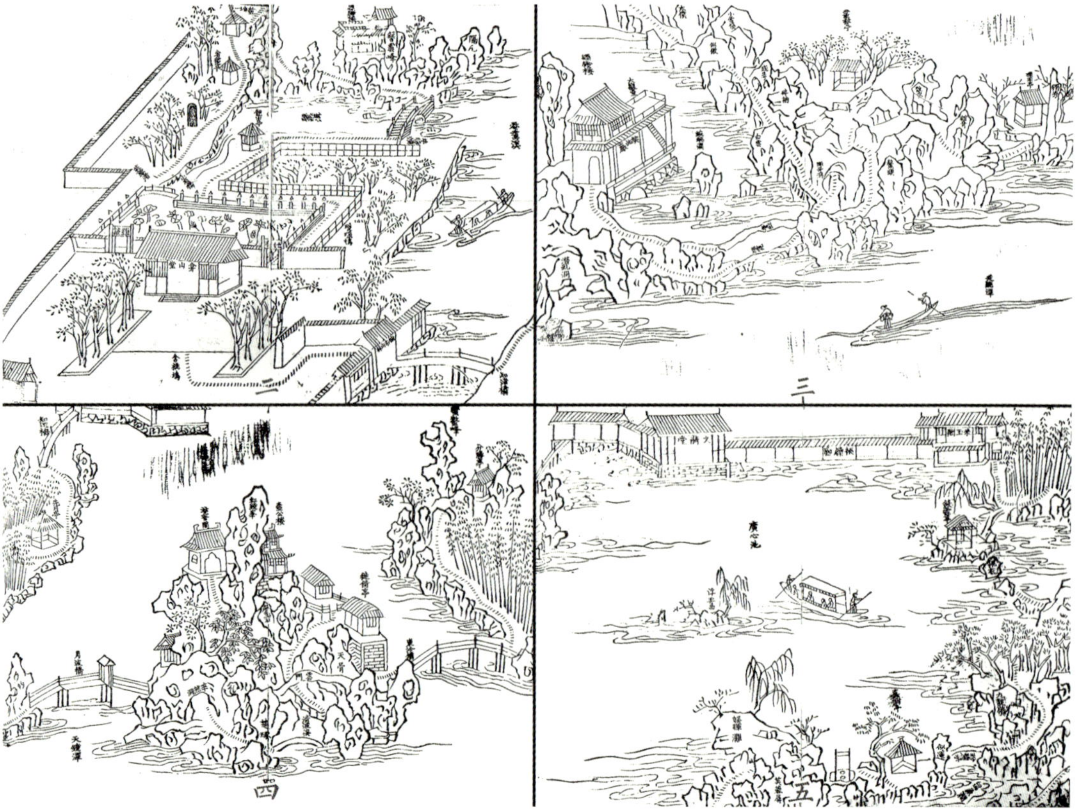

fig...02 《山园杂著》木刻弇山园景图，万历年间刻本 / 美国国会图书馆藏

其一是令人失去空间与时间感的“迷”的体验效果。袁宏道在《吴中园亭纪略》中描述苏州徐廷祼园假山：“巧逾生成，幻若鬼工，千溪万壑，游者几迷出入，殆与王元美小祇园争胜。”[6]281 游山者在其中迷失道路方向，成为重要的游赏体验特色，这同时说明王世贞弇山园（即“王元美小祇园”）的假山也有同样特点。王世贞之弟王世懋的《游溧阳彭氏园记》有“呼之声响相答，迷道竟不能前”[8]96，记述了这座园林假山中的“迷道”体验。吴亮对他自己的止园假山“飞云峰”有诗“小山何盘陀，逶迤不盈步……回屐窅如迷，一步一回顾”，也有“窅如迷”的特点，黄晓等评价：“一兴一抑一扬……将止园飞云峰的‘可行’营造得跌宕宛转，逸趣横生。”[9] 这种“迷”的效果也可从其他表达中看到，如邹迪光《愚公谷记》中“岭路有三，陟者不知所从，多作桃源迷，曰‘三疑岭’”[7]191，这是用“疑”来表述。从前述《熙园记》中描述约四小时之久（“自午达晡”）的山中穿行，也可想见其中迷宫般的效果。对这种如入迷宫的游观趣味，我们或许可以联系狮子林中遗存大假山的迷宫般体验来加以想象⑲。可以看到，这些假山结合山洞等的上下回转的复杂变化路径营造，使人失去方向、尺度、时间等的把握控制，产生迷幻的效果，这种迷宫般的体验调动着人们的好奇与兴奋，突出了园林的娱乐性，让体验的趣味本身成为游赏的一种目的。

其二是由于空间戏剧性突变而产生新奇感的“忽”的体验效果。在体验的营造中，除了舒缓持续的空间变化，还非常注意营造一种突变的戏剧性效果，尤其是假山的内奥外旷，或下奥上旷的空间对比；相关写作中常见的“忽”字，尤其表达出空间效果的意外变化。这在王世贞的弇山园诗文中有着鲜明的体现，如对中弇山，入山过洞后感知渐入逼仄，然后在登楼进程中体验到空间的急剧扩张（“启北窗呀然，忽一人间世矣”），西弇的游历中也有与之相似的体验（“右折梯木而上，忽眼境豁然”）。[7]144, 140 在王世贞的诗歌中也有这种描述：“窈窕径复通，蜿蜒势中断……稍南穴其背，忽得天地观”（《度萃胜桥入山沿涧岭至缥缈楼》）、“径转目忽开”（《度东泠桥蟹螯峰下娱晖滩》），展示了从相对狭小空间转入豁然开朗境界的突变营造，获得一种意外惊喜、顿感畅快的游观体验。这在其他园林假山欣赏中也有体现，如王世贞《和肖甫司马题旸德大参东园五言绝句十首》的“通华径”：“忽转天地开，锦绣匡山谷。”⑳王世懋《游溧阳彭氏园记》也有“径穷转磴，倏然别构”[8]96。这些都表达出作者对空间效果意外变化的欣喜，这也正是这种动态游观的迷人之处。

其三是在某些特殊位置之游令人产生如紧张、惊惧乃至恐慌的“惊”的体验效果。王世贞《游金陵诸园记》中描述“四锦衣继勋宅园”有：“余乃蹑右级而上登，顿委伏纡，余窈窕上若蹑空，而下若沉渊者，不知其几……而所尤惊绝者，石洞凡三转，窈冥沉深，不可窥揣，虽盛昼亦张两角灯导之乃成武，罅处煌煌，仅若明星数点。吾游真山洞多矣，亦未有大逾胜之者。”㉑这里山洞的“窈冥沉深，不可窥揣”让人产生对未知世界的惊心、畏惧。而让人惊心的更多则是在某些山道的惊险游览，一些记载体现出游山的蹬道往往设置得让游人心惊，人们必须谨慎行进。王穉登《紫芝园记》有“飞岩夹道，峭石巑岏，钩衣而刺目”㉒，由峭壁所夹的山道是极为狭窄的，人们在其中无疑会感到逼仄而紧张；

---

⑲ 狮子林的东部大假山，上部有元代遗石，但下部可穿行的洞穴是晚明以后改造的结果。

⑳ 王世贞《弇州四部稿·续稿》卷二十一。

㉑ 王世贞《弇州四部稿·续稿》卷六十四。

㉒ 徐树丕《识小录》卷四。

王世贞《游惠山东西二王园记》提到“左折而上为山，有亭树、峰岭、洞壑之类，宛转曲折，游者必伛偻，然犹虑触险，侧足详顾，犹不能无颠越”㉓，表明游览中有着对“触险”的惶恐。对这种“险”，后来吴伟业在《张南垣传》中谈到所要反对的此前叠山做法时提到“架危梁，梯鸟道，游之者钩巾棘履，拾级数折，伛偻入深洞，扪壁投罅，瞪盻骇栗”[10]，将游人在这种危道、深洞中行进的惊惶、恐惧的感受很好地表达出来，这正是当时假山营造所要追求的一种惊险刺激的游玩趣味。

其四是令人产生苦恼、畏惧、懊丧等“苦”的体验效果。王世贞在《弇山园记》中描述其“东弇”的涧道，故意设置了一些艰难途径（“径不为叠磴，上下甚峻而滑，忽起忽伏，其上则袂相挽，小断则踬，下则履相踵，小近则啮，以故游者或苦之”），以及一再断开的水上汀步，必须跳起而过（“然再断，断之中为平坡，其再断之中复再断，而中叠石以度，度者必振衣而跃”），这对于有探险精神的人是特别有乐趣的（“而振奇之士，更栩栩夸快”），但对于女子却是令人害怕、难以跨越的，只能无奈折路而返（“游女至此，往往怯而返”），于是被命名为“却女津”[7]148；王世贞还有《却女津》一诗：“少女怯危津，徘徊不敢度。急唤阿嬷来，还寻旧时路。”㉔游赏中的种种苦恼、犹豫，甚至畏惧、懊丧等感受，这样的“苦”都作为记述吟咏的趣味，成了赏玩回味的对象。

可以看到，这些复杂而新奇的“人巧”假山营造，使人不仅获得丰富的游赏之景，还有着对体验过程本身的玩味，常常挑动着迷幻、兴奋、惊心、苦恼等情绪感受。这种直接针对身体感官体验的趣味性欣赏，已经远远不再是从自然生机的品赏中获得内心平和愉悦的“适意”追求了。

3. 理解：感官追求的审美氛围

以上通过复杂新奇的“人巧”营造来获得的丰富、趣味性的体验，不仅存在于假山，也可见于对园林整体的描述。如陈继儒在《许秘书园记》中对梅花墅的评价是“步步多异趣”[8]164，祁承㸁《书许中秘梅花墅记后》更将苏州一带的园林特色总结为：“吴中之构园，如壶公之幻日月，以变化为胜。”[11]这在明末茅元仪《影园记》那里也有呼应：“于尺幅之间，变化错综，出人意外，疑鬼疑神，如幻如蜃。”[12]

金学智先生在其《中国园林美学》中将“闲静清和”作为中国园林审美接受心境的特质[13]，这对于理解晚明之前的“适意”欣赏无疑是合适的，然而从上文也可以看到，晚明的园林及假山出现了与此差异极大的对奇巧形式和趣味体验的追求，以种种“人巧”营造而获得，而这尚未在中国园林史研究中得到深入认识。那么，如何理解这种新意的出现？这里将在更宽广的文化艺术审美的历史情境中来认识这种营造及欣赏方式的新取向。

随着明代中期以来江南社会崇尚奢靡的风气弥漫，社会上普遍追求细致的享受和精致的品味，生活中前所未有地充斥着对于形式感的追求。如文人业余绘画相当普及，图绘受到前所未有的重视，在书籍中，“充斥着自从大约一千年前印刷术发明以来前所未有的大量图画”[14]。这一风气不仅体现于绘画的昌盛、普及，还在各种工艺造型美术上有明显体现，如“云间陈眉公衲布，松江顾氏绣，宜兴时大彬、阴用卿沙壶，湖州陆氏笔、茅氏笔，扬州包壮行灯，京师米家灯，太仓顾梦麟菹菜，龙泉窑，浮梁昊十九磁杯，昆山陆小拙佩刀，苏州濮仲谦水磨竹木器”[15]，凡此种种，无一不是在形式感上追求精益求精。

而形式丰富的感受本身尤其成为绘画艺术的一种追求，一个典型的例子是明代中期“吴门四家”之一的唐寅（1470—1523），所作绘画就明确呈

fig...03 宋懋晋《寄畅园五十景图》之“曲涧”

fig...04 宋懋晋《寄畅园五十景图》之“涵碧亭”

现新奇绚丽的画面效果：“不仅作画趋于感性唯美，他论画评画，也多是从技艺如何达致直观美致而言……唐寅如此戏剧性地运用笔墨，是与他同样戏剧性地设计构图相统一的，他的目的明显地是在突出富有审美愉悦的视觉效果。”[16]64-65 著名美术史学家高居翰指出：“唐寅的绘画就是为了引人注目，自娱娱人，甚至会让观者看得目不暇接。”[17] 所以不是如以往许多文人画那样，通过写意的简略淡雅来象征地获得天地自然的精神，他是通过精丽的画面本身来创造观画的趣味。他也产生了巨大的影响，得到晚明诸多文人的认可，引领一时艺术风尚。如王穉登推崇他“画法沉郁，风骨奇峭……含英咀华，雕馈满眼”[18]，这种“雕馈满眼”的评价可见其对视觉形式效果的追求，也可见当时艺术欣赏的一种风尚；王穉登也作有《寄畅园记》，盛赞该园“高台曲树，长廊复室，美石嘉树，径迷花、亭醉月者，靡不呈祥献秀，泄秘露奇，历历在掌”[7]182，所赞赏的也正是一种繁丽华美的营造，也正可谓“人巧”；从当时的《寄畅园五十景图》*fig...03, 04* 可以看到，其画面的精丽也正与园林风格一致。王世贞也称赞唐寅“行笔极秀润，缜密而有韵度”[19]367，这种对丰富形式感受的追求也正是王世贞在园林中所充分展现出来的。可见，当时这些园林的营造及欣赏，与以唐寅为代表的这种绘画美学是一致的。

这种对形式感受效果本身的追求不仅体现在绘画领域，也进入晚明文艺创作领域的各处。如在文学领域，汤显祖（1550—1616）谈到：“文章之妙，不在步趋形似之间。自然灵气，恍惚而来，不思而至。怪怪奇奇，莫可名状。其为物也多姿，其为态也屡迁。”[20] 文章不仅传达其内涵意义，而且多姿多态的新奇文字风格本身也是要追求的。这也反映出晚明尚“奇”的文化氛围，“由于文化知识界领袖人物的鼓吹倡导，‘奇’成为晚明文艺批评中最为重要的概念和品评标准”[21]。可以看到，晚明时有着一种追求直观的新奇感性的时代审美氛围，可以视为园林欣赏方式的背景，而且也进入晚明江南的造园思潮之中。[22]

我们还可以再稍稍深入至这种审美思潮背后的深层思想背景。明中期有王阳明肯定个体的自然情感的哲学思想，晚明更有李贽的提倡个性解放和情感自由的生活美学，“王阳明的以‘发明自我本心’为‘致良知’的心学主张，催生了徐渭、李贽和汤显祖等人所倡导发扬的以自我为中心的‘唯情论美学’……它的核心意旨是对个体的感性存在及其日常娱乐的肯定和满足”[16]9。“李贽的‘化工说’，归根到底是人的自然情感的解放和娱乐的艺术哲学……开启了个性解放和情感自由的生活美学。”[16]212 正是这种对个体感性与自然情感的充分肯定，成为晚明各类文化艺术审美对直观感性方面加以追求的观念基础。

可以看到，晚明江南园林的“人巧”假山营造，及其直接针对身体感官体验的趣味性欣赏，也正是关注感性直观的社会审美文化氛围的一种呈现。

㉓ 王世贞《弇州四部稿·续稿》卷六十三。
㉔ 王世贞《弇州四部稿·续稿》卷二十一。

之三

「天然」——17世纪前期张南垣画意叠山的追求

16 世纪后期的江南园林假山发展出了鲜明的特色，达到了一定的艺术高度，然而在 17 世纪前期，又出现了差异极大的、以张南垣为代表的假山营造和欣赏的新潮流，使江南园林假山艺术呈现新的突破。

1. 酝酿：反思的声音与变化的氛围

尽管进入晚明以后出现的大假山常常营造复杂精彩、游赏趣味十足，为时人津津乐道，但当时也有一些文人对这类大假山提出了批评。如莫是龙（1537—1587）在《笔麈》中提出“余最不喜叠石为山，纵令纡回奇峻，极人工之巧，终失天然”[5]，认为这类“叠石为山”，虽有“奇峻”的精彩形态和“纡回”的路径游观，却都是“人工之巧”，失去了假山模拟“天然”真山的本意。稍晚的谢肇淛（1567—1624）在《五杂组》中也说“假山之戏……古人创造皆极天然之致，非若今富贵家但斗钜丽已也”[23]，他看到当时的诸多复杂大假山呈现出“钜丽”的丰富华美特色，但缺失了古人造园要“极天然之致”的根本追求。二人都以“天然”为核心评价关键词，点出他们心目中此类假山的最大缺陷所在。

事实上，从对复杂大假山的营造的欣赏本身，也可以看到所关注的特色随着时代发展产生的变化，晚明的早期似乎是将以往的营造放大化、繁复化，而后来逐渐呈现出对大型假山自身特点的一些关注。比如前述的诸多记述中，在相对较早的《露香园记》《紫芝园记》等园记中，大量出现的是诸多奇峰怪石的罗列呈现，以及通过曲折盘桓的复杂山道来对这些景致加以欣赏。这类记述中的大型石假山主要关注峰石及山石营构出的种种山体内容造型，而较少“天然”山林感的塑造。而到了相对较晚的《熙园记》《逸圃记》等文献中，对峰石的强烈兴趣大大降低了，而更多的是对山林境界感的关注，如《熙园记》中有“林薄荫翳，幽崖晦谷，隔离天日”[7]198，《逸圃记》有“涤游氛，栖灏气，游者疑入深山密林焉”[8]90，可见已有不同的取向。

这种取向的变化甚至还集中体现在王世贞一个人身上。在王世贞弇山园的三座大假山中，“中弇”“西弇”先建，是张南阳营造，“东弇”后建，为吴生营造，而这最后营造的“东弇”与前两座有着较大差异。后来在提到为何要换匠师时，王世贞对张南阳的评价是“用石多而天趣少”㉕；在《弇山园记》中他总结假山间的风格差异：“中弇尽人巧，而东弇时见天趣。”[7]148 可见后期在对“东弇”的营造中，他反思了之前对“天趣”关注的不足，取向已经产生了变化。王世贞作于晚年的《莫愁湖园诗册后》中称“诸公子名园以十数，皆奇峭瑰丽，第天然之趣少”㉖，也对缺少“天然之趣”的“奇峭瑰丽”的人巧营造提出批评。

王世贞的弇山园总体而言以“泉石奇丽甲郡国”著称（他本人在《约圃记》中通过其子之口道出），但他晚年给他家族其他园林写园记时，却极大关注“天然”，都以“圃”相称，其弟王世懋的园林名为“澹圃”，其子王士骐的名为“约圃”，名称上也表明追求澹远、简约而非华美奇丽；从《澹圃记》《约圃记》也可以看到，二园都是以水池、植物为主景，而假山并不突出，与弇山园已有极大差别。㉗

王世贞和他儿子的造园风格的差别还体现于这样一个记载。明末的钱谦益曾提到：“冏伯（王士骐）论诗文，多与弇州（王世贞）异同。尝语余曰：先人构弇山园，叠石架峰，以堆积为工。吾为泌园，土山竹树，与池水映带，取空旷自然而已。”[24] 正与前文所提到的相一致。王世贞“弇山园”中假山是追求“叠石架峰，以堆积为工”的人工奇巧；到了王士骐的“泌园”营造，已是极为不同的“土山竹树，与池水映带，取空旷自然”，而完全没有大型石假山的营造。即便王世贞名重一时，弇山园是之前赢得海内赞誉的第一名园，到了他的下一代，已经完全不再追随这种方式了。

这种在文人中常见的对大型复杂石构假山的反思，构成了17世纪初江南园林文化的一种氛围，为接下来的张南垣的假山营造新取向奠定了重要基础。

2. 新意：张南垣的营造及其审美

17世纪的江南造园叠山产生了崭新的风格，最重要的人物是张南垣（1587—1666）㉘，曹汛称其“开创了一个时代，创新了一个流派”，并对其造园叠山特点与案例多有研究[25]，笔者也有对其历史成就的讨论[2]。这里从营造与欣赏的双重角度，通过与此前流行方式比较，来更为深入地认识张南垣的新取向。

对于张南垣的园林假山营造及其思想，最重要的研究材料是吴伟业《张南垣传》[10]，其中详细叙述了张南垣对此前流行的假山营造方法的激烈批评。笔者曾指出，张南垣认识到了以往“假山总体上仍是对自然大山加以缩小的思路”的根本性问题[2]；而就营造思路来说，他还明确否定了两个方面：一是以奇峰怪石为重要山景对象（“好事之家罗取一二异石，标之曰峰，皆从他邑辇致，决城闉，坏道路，人牛喘汗，仅得而至”），二是创造复杂甚至惊心体验的游观路径（“架危梁，梯鸟道，游之者钩巾棘履，拾级数折，伛偻入深洞，扪壁投罅，瞪盻骇栗”），这些正是此前如弇山园这样复杂大型石构假山的常见方法㉙。

对应所抨击的问题，张南垣的叠山新法多用黄石而全无对单独特异峰石的欣赏㉚，而且并不关注复杂游赏路径，甚至不加设置（“有林泉之美，无登顿之劳”）；并以土山点石（“平冈小阪”“错之以石”）、后部遮挡（“缭以短垣，翳以密筱”）的方式，产生以往大型石假山所缺乏而文人们所向往的“天然”效果。

时人也以“天然”作为评价标准，如吴之振作于康熙四年（1665）的《再咏辋川图次韵》尾注中就有“郡人张南垣杂土垒石为假山，高下起伏，天然第一”㉛，后世如《清史稿》也称其作品“结构天然”[26]。然而这又不是简单的土山种树产生的郁郁葱葱的简单“天然”，而有着深刻的艺术构思，《清史稿》称其“多得画意”[26]。这种尤其追求天然之感的“画意”，有着以下一些欣赏和方法取向。

首先是视觉形式上的画意真山感。张南垣假山的土山错石，产生“奔注”的“石脉”，以此营造出了山水画的形式风格效果，被以董其昌为首的文人们所认可和赞叹，如吴伟业《张南垣传》：“华亭董宗伯玄宰、陈征君仲醇亟称之曰：‘江南诸山，土中戴石，黄一峰、吴仲圭常言之，此知夫画脉者也。’”[10]清初王士祯称：“南垣以意为假山，以营邱、北苑、大痴、黄鹤画法为之，峰壑湍濑，曲折平远，巧夺化工。”㉜李雯《张卿行》也谓其“能知画理更绝倒，荒丘数日成林泉”[27]4，与“平冈小阪，陵阜陂陁”的土山点石方法相一致，在形式上营造出如黄公望、吴镇等元人笔意的简远、天然。

㉕ 王世贞《弇州山人四部稿·续稿》卷一百九十八。

㉖ 王世贞《弇州山人四部稿·续稿》卷一百六十。

㉗ 王世贞《弇州山人四部稿·续稿》卷六十。

㉘ 关于张南垣生平的最新认识，参见：黄晓，刘珊珊，秦绍楹. 张南垣的生平、家族与交游——乔莱《张处士墓志铭》考略 [J]. 风景园林，2020, 27(04): 118-125.

㉙ 张南垣所针对的以往假山营造方式，正是以王世贞弇山园为代表的，所谓“从他邑辇致，决城闉，坏道路”，也在谢肇淛《五杂组》中被激烈批评：“王氏弇州园，石高者三丈许，至毁城门而入，然亦近于淫矣。”参见：谢肇淛. 五杂组: 56.

㉚ 以往假山用石及其中欣赏的峰石以太湖石为主，而张南垣多用缺乏个体欣赏价值的、以往很少采用的黄石，与其叠山新法很好配合。参见：周向频，吴怡婧. 晚明江南造园中黄石叠山的兴起及其原因探析 [J]. 中国园林，2020(11): 40-44.

㉛ 吴之振《黄叶山庄诗集》卷一。

㉜ 王世贞《弇州山人四部稿·续稿》卷一百六十。

其次是身体感知上的真山境界感，是对画意叠山的进一步发展。在后人对张南垣的评价中，多有“如入岩谷”“犹居深谷”之语[27]4-5，表明了对身体浸润其中的进入式真山水体验的极大重视，并成为张南垣假山营造标志性的成果，反映出其营造已从“景”提升到“境”[28]。而这其实也正是一种更为深刻的画意造园，正与注重精神性漫游的山水画意追求一致。在张南垣这里，“知夫画脉”的视觉形式和“如入岩谷”的境界体验是紧密关联的，黄宗羲《张南垣传》中所谓“荆浩之自然，关仝之古淡，元章之变化，云林之萧疏，皆可身入其中也”[29]，正是对二者关联的极好描述。

再次是营造出了令人有错觉想象的大山之感，这是更具“张氏之山”特色，对画意叠山的更重要、更深刻的推进，也成为对造园叠山历史最有价值的新贡献。通过“缭以短垣，翳以密筱”的后部遮挡，营造出“若似乎处大山之麓，截溪断谷”的感受，这也正是山水画所要追求的“境生象外”，即不追求直接、完整的如画呈现，而是“通过局部营造的简省之笔、脉势营造的不绝之韵，从而达到大山绵延感受的‘象外之境’，是更高层次的画理运用”；所要追求的，不是“山在园中”，而是“园在山中”。[2]

与此前大型石构假山重视石景欣赏和游观体验的审美方式相比较，可以看到，张南垣新法中的欣赏，兼有外在观赏之“景”与在内体验之“境”。他的“景”主要不在于具体的峰石与山景内容，而是山水绵延、脉势奔注乃至有园外大山联想的画意；他的“境”也重视身体的体验，但不在于身体游赏过程中种种令人心情跌宕起伏的突变与惊险的趣味，而是不需要多作行进即可体会的静观式的、如处画中的平和体验；视觉与身体体验二者结合，便在从容的品味、想象中，升华为身处大山之中的意境。从这个角度看，这种欣赏可以说是对更早期内心与天地自然相接的“适意”欣赏的一种回归；当然这里也有着新意，不同于早期将假山作为对象的外在式欣赏，这里的欣赏能使人身心完全沉浸于自然之中。

3. 理解：董其昌美学观念的影响

对于张南垣的假山营造新法，可以从这一时代的艺术审美氛围中得到更深入的认识，尤其可结合当时最有影响力的文人领袖董其昌（1555—1636）所倡导的美学观念来进行理解。

如前所述，张南垣的假山营造有着明确的画意追求，而这种营造取向也得到以董其昌为首的文化精英的赞赏。董其昌要比张南垣年长一辈，二人同为松江人，关系密切，《清史稿》称张南垣“少学画，谒董其昌，通其法”㉝。作为叠山匠师的张南垣，不仅与作为文人画家的董其昌等人处于同一文化审美的情境氛围，并且还受到董其昌艺术观念的直接影响。因此，通过董其昌的艺术追求，可以更好地理解张南垣假山营造的审美特色及其营造取向的来源。

笔者曾讨论过，董其昌的著名论断“公之园可画，而余家之画可园”确立了晚明园画互通的观念[30]，并且董其昌的画史“南北宗”之说所推崇的南宗画家风格成为晚明画意造园中最受欢迎的模仿对象[31]，这些都对包含张南垣在内的晚明造园师造成重要影响。这里我们将更进一步，分析董其昌所推崇的南宗画家在美学方面的特点，及其对张南垣叠山造园观念的深层影响。

陈传席在《中国山水画史》中指出：“董其昌论诗、论文、论书、论画的最高艺术标准是‘淡’。”[19]431 对于“淡”这个概念，“‘质任自然，是之谓淡’，淡就是一任自然、天然，就是天真，就是不用意、不露斧凿痕。”[19]431 董其昌又有“古淡天然”的说法[32]144，可见“淡”与“天然”的一致。这种“淡”是中国文化史上久有的一个传统，有着深刻而丰富的内涵，法国汉学家、哲学家朱利安（Francois Jullien）就指出其意义："平淡所蕴藏的丰富性，就在于它让我能够化眼神为意识，并且使之无穷尽地深入。平淡的画不立刻满足我最浅薄的品味，而是呼唤我的内在性更往深处潜入。画与视者的意识便一齐改变。"[33]127 这是弥漫于中国各类文化传统中的一种备受推崇的深层审美品质，在山水画中尤其有着突出的体现。

以此来看董其昌所推崇的南宗画家，"淡"正是他们共同的艺术特色，尤其是被认为最具"淡"的特色的董源、米芾和倪瓒。米芾是第一个提出追求平淡之美的人，他最早提出"董源平淡天真"，被董其昌极其看重；而米芾之后"淡"的最高峰就是倪瓒，董其昌称之"独云林古淡天然，米痴后一人而已"。[19]432

董其昌的这种倡导是有目的性的，在当时有明确的批评对象。如肖鹰所述："董其昌对董源、倪瓒们的推崇，有其现实的针对……董其昌所要反对的，是拘于技艺的'画史习气'和以名家自恃的'纵横习气'。在他看来，这样的画风就是绘画品质由'古淡'而堕入'甜俗'的根源。……倪瓒在元代画家之中境界最高，就是因为没有画史习气，是董源之后'古淡天然'的第一人。"[16]286 可以看到，董其昌正是要极力反对明代中期以来所流行的如唐寅、仇英等人追求"刻画之工"的"画史习气"，回到他认为的以"淡"为宗旨的文人画"正统"。

如前所述，正是在流行以精工、绚烂、新巧为特色，追求感性直观的美学文化氛围中，16 世纪后期的江南园林流行起了景象丰富和复杂精美、注重感官趣味体验的假山；而这种园林审美，受到了如莫是龙、谢肇淛等文人的质疑。董其昌更从文化艺术的深层出发，旗帜鲜明地推崇以元四家为代表的"古淡天然"，捍卫长期以来的文人审美追求，批评对文人艺术传统的偏离，也为园林文化指明了另一个美学方向。

张南垣反对"崭岩嵌特、罗取异石"的奇峰怪石的复杂营造和"扪壁投罅、瞪眄骇栗"的夸张游赏体验，而是采用"朴素自然"的黄石材料㉞，以"知夫画脉"的元人简远绘画风格，主张"可计日以就"的"平冈小阪"的简单营造，形成"无登顿之劳"的更重静观品赏的审美特色，正可以对应董其昌为反对此前"画史习气"而提倡的"古淡天然"。

可以看到，以董其昌为代表的文人精英对绘画艺术"古淡天然"审美取向的倡导，构成了张南垣的画意造园的文化氛围背景，更直接影响到张南垣的艺术观念取向，促成了张南垣"结构天然"的画意叠山造园追求的形成。在这一取向的指引下，张南垣发展出了极具创新性的一系列手法；虽然叠山方式为新，但所追求的园林景境却与更早期园林的简远、天然相接，也与董其昌对山水画要接续古人精神的追求相一致。

㉝ 赵尔巽，等．清史稿：13925. 曹汛评论："（董其昌）是松江文化界尤其是书画界的一个领袖，还善于自我标榜，笼络人才，张南垣早年时候曾向他请谒山水画技法，还是有可能的事。"参见：曹汛．造园大师张南垣（一）——纪念张南垣诞生四百周年 [J]. 中国园林，1988 (01): 21-26.

㉞ 清初钱肃润《夏日雨后秦子以新招过寄畅园观涧水》诗后的一段说明中有："南垣治奉常东园，创用黄石，朴素自然，为累石开天之祖。"参见：秦志豪．清初寄畅园的归并和改筑 [C]// 寄畅园建园 490 周年研讨会论文集，2017: 6.

之四

余论

晚明江南园林先后产生了两种具有鲜明差异性的假山营造与审美：16 世纪后期显著地出现了大型复杂石构假山的“人巧”营造，以丰富峰石与山景的形态观赏以及追求感官趣味的游观体验为特色，这与当时关注感性直观的社会审美文化氛围相一致；而到了 17 世纪前期，又出现了以张南垣为代表的追求“天然”的造园叠山新法，以董其昌倡导的“古淡天然”画意为宗旨，反对此前的营造与欣赏方式，向往真山境界，成为一时风尚。

需要说明的是，晚明江南园林假山营造与审美的变化，并不意味着历史前后的断裂转折、新潮流彻底取代旧风气，而是共同构成营造历史上的多样性。事实上，一种营造及其审美的广泛流行会有其深层根基，即便后来出现新的主流思潮与方法，旧有的也往往不会消失，而是成为主流之外的一部分，在适合的社会文化土壤中存续。更早期“适意”欣赏方式下的相对简单的欣赏和营造，即便到明末仍在延续，如文震亨《长物志》中所说的“一峰则太华千寻，一勺则江湖万里”[34]。在张南垣叠山新风流行之时，计成尽管在《园冶》中旗帜鲜明地认同张南垣的主要主张（如山水画意的宗旨、土山点石的手法）[2]，但也并未完全摒弃此前石假山做法，如仍然推崇“蹊径盘且长，峰峦秀而古”[35]，追求峰石的景致欣赏和游览的丰富体验，可见新、旧做法有相当程度的共存。而入清之后，尽管张南垣的取向在文人精英那里一直备受赞誉，但事实上重视峰石欣赏与游玩体验的石假山营造在数量上更占主导地位；以假山营造与峰石欣赏为一体的传统，甚至还催生出以“九狮山”为代表的动势叠山[3]。而清中后期的戈裕良，则将张南垣的真山境界取向与大型石假山的丰富造景及体验效果结合起来，创造出了今日所能见到的最杰出叠山遗构——环秀山庄假山[2]。这种后世的整合和发展，可以作为进一步研究的内容㉟。

本文旨在展示历史的现象与解释，而非作出价值上的判断㊱。这里以“人巧”与“天然”为晚明江南两种假山风格的概括，并非将二者作标签化的简单对立，也非对其各自全貌的完整展示，而是希望彰显其中的关键差异，更重要的是关注其各自的可能性和发展的深度。二者虽有鲜明的取向差异，但并不存在简单的高下优劣之别，事实上，它们各自都发展出了高超的技巧和丰富的内涵，这些都是晚明江南园林的成就所在。直至今日，当代的传统风格园林营造，仍然将历史上积累的假山营造与审美的丰富多样性作为可供选择的资源，设计师与匠师可以在对各种营造风格产生的历史情境及背后审美特点的理解基础上，根据现实的需求与自我的判断而加以选择。

此外，这里对“人巧”与“天然”的认识，还可超出假山范畴之外，参与更普遍的营造美学的讨论，尤其是常见的对传统造园中“人工”与“自然”关系的认识。当代往往以《园冶》中的“虽由人作，宛自天开”之语作为看待这一关系的准则，笔者也曾以“亭踞山巅”为例论证过中国园林中二者同样重要，应“和谐相处、相得益彰”[36]，但从本文对园林假山多样性的展示可看到，历史上的实际情况还要更为复杂，尤其是与相应时代的文化审美有非常紧密的关系；对于更为宽泛的园林营造与审美的相关论题，也可以从本文所构建的基础出发，进一步展开新的探讨。

（感谢戴文翼对本文的贡献。）

㉟ 本文主要讨论两种类型间的差异，但事实上二者在差异背后也会共享一些深层的观念和审美，这些共通之处会使二者有交织的可能。

㊱ 价值判断并非不可以讨论，这是另一个话题，参见：顾凯. 园在山中：再探张南垣叠山造园的意义与传承：18-19.

参考文献

[1] 曹汛．略论我国古代园林叠山艺术的发展演变 [M]// 建筑历史与理论（第一辑），1980: 74-85.

[2] 顾凯．园在山中：再探张南垣叠山造园的意义与传承 [J]. 风景园林，2020 (2): 13-19.

[3] 顾凯．“九狮山”与中国园林史上的动势叠山传统 [J]. 中国园林，2016 (12): 122-128.

[4] 顾凯．明代江南园林研究 [M]. 南京：东南大学出版社，2010: 114-116.

[5] 莫是龙．笔麈 [M]// 丛书集成初编 · 丘隅意见及其他四种．王云五，主编．上海：商务印书馆，1936: 11.

[6] 衣学领．苏州园林历代文钞 [M]. 王稼句，编注．上海：上海三联书店，2008.

[7] 陈植．中国历代名园记选注 [M]. 张公弛，选注．合肥：安徽科学技术出版社，1983.

[8] 赵厚均，杨鉴生．中国历代园林图文精选（第 3 辑）[M]. 上海：同济大学出版社，2005: 212.

[9] 黄晓，朱云笛，戈祎迎，等．望行游居：明代周廷策与止园飞云峰 [J]. 风景园林，2019, 26(03):8-13.

[10] 吴伟业．吴梅村全集 [M]. 上海：上海古籍出版社，1990: 1059-1061.

[11] 黄裳．皓首学术随笔 · 黄裳卷 [M]. 北京：中华书局，2006: 197.

[12] 杨光辉．中国历代园林图文精选 · 第 4 辑 [M]. 上海：同济大学出版社，2005 :25.

[13] 金学智．中国园林美学 [M]. 2 版．北京：中国建筑工业出版社，2005: 402

[14] 柯律格．明代的图像与视觉性 [M]. 北京：北京大学出版社，2011: 28.

[15] 商传．明代文化史 [M]. 上海：东方出版中心，2007: 401.

[16] 肖鹰．中国美学通史 6：明代卷 [M]. 叶朗，朱良志，编．南京：江苏人民出版社，2014: 64-65.

[17] 高居翰．江岸送别：明代初期与中期绘画 1368—1580[M]. 夏春梅，等，译．北京：生活 · 读书 · 新知三联书店，2009: 201.

[18] 潘运告．明代画论 [M]. 云告，译注．长沙：湖南美术出版社，2002: 156-157.

[19] 陈传席．中国山水画史 [M]. 天津：天津人民美术出版社，2001: 367.

[20] 汤显祖．汤显祖集 [M]. 上海：上海人民出版社，1973: 1078.

[21] 白谦慎．傅山的世界——十七世纪中国书法的嬗变 [M]. 北京：生活 · 读书 · 新知三联书店，2006: 18.

[22] 顾凯．《园冶》与晚明江南园林文化的转变 [M]// 中国风景园林学会，主编．《园冶》论丛．北京：中国建筑工业出版社，2016: 90-92.

[23] 谢肇淛．五杂组 [M]. 上海：上海书店出版社，2001: 55-56.

[24] 钱谦益．列朝诗集小传 [M]. 上海：上海古籍出版社，1983: 437-438.

[25] 曹汛．张南垣的造园叠山作品 [M]// 王贵祥，主编．中国建筑史论汇刊 · 第 2 辑．北京：清华大学出版社，2009: 327-378.

[26] 赵尔巽，等．清史稿 [M]. 北京：中华书局，1977: 13925.

[27] 曹汛．造园大师张南垣（二）：纪念张南垣诞生四百周年 [J]. 中国园林，1988(3): 2-9.

[28] 顾凯．中国传统园林中的景境观念与营造 [J]. 时代建筑，2018(04): 24-31.

[29] 黄宗羲．黄宗羲全集（第 10 册）：南雷诗文集（上）[M]. 平惠善，校点．杭州：浙江古籍出版社，2012: 571.

[30] 顾凯．画意原则的确立与晚明造园的转折 [J]. 建筑学报，2010(S1): 127.

[31] 顾凯．中国园林中“如画”欣赏与营造的历史发展及形式关注——兼评《两种如画美学观念与园林》[J] 建筑学报．2016(09): 60.

[32] 董其昌．画禅室随笔 [M]// 卢辅圣．中国书画全书（卷五）．上海：上海书画出版社，2009: 144.

[33] 余莲．淡之颂：论中国思想与美学 [M]. 台北：桂冠图书股份有限公司，2006: 127.

[34] 文震亨．长物志校注 [M]. 陈植，校注．南京：江苏科学技术出版社，1984: 102.

[35] 计成．园治注释 [M]. 陈植，注释．2 版．北京：中国建筑工业出版社，1988: 206.

[36] 顾凯．中国传统园林中“亭踞山巅”的再认识：作用、文化与观念变迁 [J]. 中国园林，2016(07): 78-83.

场地建造的设计方法论提要研究*

陈洁萍，葛明

*本文原载于《中国园林》2021年第4期，第14-19页，本书收录时有修改。

之一

场地建造议题的浮现和其设计方法论的基础

1. 场地建造议题的浮现

伴随人类建设对环境资源的占据和弃置，出现了越来越多的“无名之地”，包括模式化、无特征的功能性基础设施空间，闲置的“未建设用地”，偶然自发的被占用场地，无人打理的荒地，未经设计、随意建造的场地，因时代变迁被废弃的场地或遗址等。它们可能因过于日常而被忽视，过于混杂而无特征，过于变化而不稳定，过于临时而无人管理，还有的因保护与开发的拉锯而悬置。这些无名之地常常无人注意冷冰冰撞入眼帘，成为当代大量无法回避的景观，可称其为无名景观（anonymous landscape）。在当代存量更新、土地需要高效集约利用的背景下，如何让大量无名景观变得积极而有意义，成为一个迫切的议题。[1]11-18

约翰·R. 斯蒂尔戈（John R. Stilgoe）在《景观探源》一书中从名词、形容词和动词的角度分别解释了“景观”（landscape）一词的含义：它最早的意思是“人们为了永恒目标而塑造的地表”；它还指人们对自然景象的记录，也指人们在大地上发现自身魅力的景观建筑与景观园艺；此外，还直接可以用来表达种树的“绿化”行为[2]3。可以说，这些解释都把人的生存、生活行为与自然的改造紧密联系在一起，其本质都离不开场地建造（site construction）这一看似中性的概念。

“场地建造”自身就具有二元含义，它是场地与建造的结合，是对基地的建造和让场地特征呈现的方式。但目前对场地建造的认识，往往局限在对自然场地和自然要素的改造上，或者因“自然已在人的头脑中消退”导致观念上的局限，将场地建造简单化、模式化。这使得它面对当代充斥着大量无名景观的高密度建成环境时，常常显得无从着力。

在当代，如何才能发挥“场地建造”这一概念的二元含义作用？是否还有可能进一步扩展其含义，并从中寻找到应对大量无名景观的方法呢？

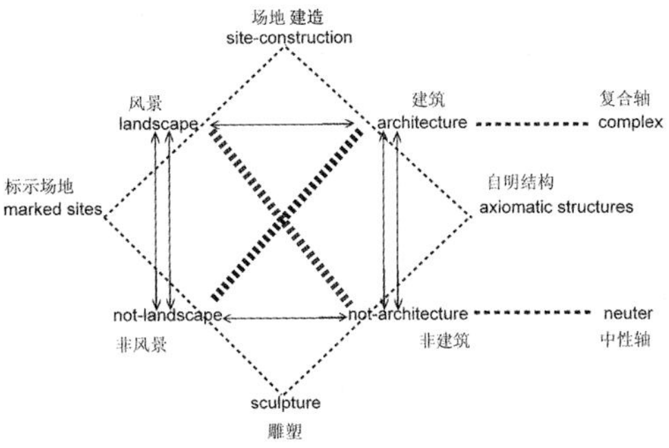

fig...01 罗莎琳 · 克劳斯的扩展领域的雕塑图解

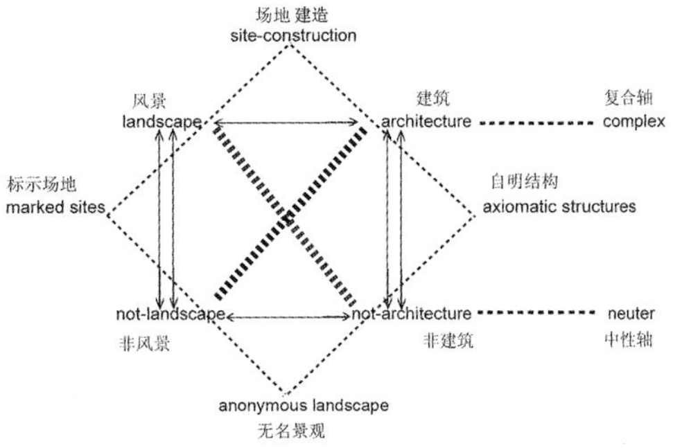

fig...02 扩展领域的场地建造图解

2. 设计方法论的基础：结构关系中呈现的场地建造

面对当代建成环境里的各类无名景观，如何才能进行有效的场地建造？罗莎琳 · 克劳斯教授（Rosalind E. Krauss）在 20 世纪 70 年代建立的四元图示结构 [3]177 *fig...01*，提供了切入无名景观的一种思路：注重场地建造二元含义之间的结构关系，并在更多的结构关系中呈现场地建造，形成设计方法论的基础。

克劳斯在《扩展领域的雕塑》一文中建立的四元图示结构，以当代雕塑的转变为源，梳理了观念转变带来的“方法和表现”整个领域的扩展。图示结构中的四元分别是雕塑（sculpture）、场地建造（site construction）、标示场地（marked sites）与自明结构（axiomatic structures）。其中当代雕塑是思考的起点，场地建造是背景，而标示场地和自明结构是分别介于两者之间具有表现性的场 / 物。克劳斯指出传统雕塑的意义在于纪念物与地点之间的逻辑，但如果雕塑可以复制，可以随意移动，它就“超越了纪念性逻辑的门槛”，产生“一种居无定所、无家可归或者彻底丧失地点的情况”[3]174，从而进入现代主义。雕塑因此失去了原有的意义，需要用“非建筑 / 非风景”这一组合来进行重新定义，这种变化为当代雕塑的发展打开了一扇观念的大门。

这一四元图示结构提醒我们，能否用建成环境中的“无名景观”（包括建成环境既有物）去替换“雕塑”一词？无名景观，不同样可以用非建筑 / 非风景来定义么？非建筑 / 非风景这一对概念的加入，不仅使建筑 / 风景的二元扩展成为四元，还突出了“一种在建造的与未建造的，文化的与自然的事物之间的严格对立”[3]176 以及可能的叠合，同时还暗合了像东方文化中的“既是 / 也是”一样。

因此，是否可以构建一个新的扩展领域的场地建造图解？在这新的图示结构关系中 *fig...02*，无名景观可以作为一种激发场地建造潜能的对应关系而存在。更重要的是，它可以促使我们重新反思原本似乎中性的“场地建造”这一概念：它在与“无名景观”-“标示场地” - “自明结构”的结构关系中可以重新成为什么？是否可以从中呈现出自身的独特性，从而建立起有关设计方法论的基础？这样，原本为了处理当代普遍存在的无名景观问题，反而促成了重新定义“场地建造”，发挥它二元含义的作用，并在新的结构关系中产生出反向处理大量无名景观的方法。

这一方面能更好地诠释并引导实践者如何在更为多义的结构关系中游弋，尝试各种可能；另一方面也允许实践者以新的逻辑来选择设计媒介的运用。这使“场地建造”的概念具有了强大的融合能力，从而能以更小、更准确的方式介入对无名景观和日常生活的改变。

以下研究是对这一方法论基础的具体体现。

之二

方法之一

场地结构的投射与互动中场地建造的呈现

“场地建造”的二元含义意味着：一，需要注重场地与建造的结构关系来进行设计方法论的思考；二，需要注重“场地”维度里存在的一组关系——场地建造（site construction）和场地结构（site structure）。可以说，场地建造的起点往往依赖于对场地结构的认识，其意义也往往在于能揭示场地结构。从方法来说，能否找到合适的场地结构并进行投射或者进行两者之间的互动，往往能决定场地建造的可行性和有效性。

当二者相辅相成时，常常能与一些“地形类型”（typology of the topography）形成匹配关系。因此，熟悉、提炼、寻觅地形类型，也可以帮助场地建造和场地结构建立关系。

1. 场地结构的投射与调整

地形类型通常是人地关系历经长期的演变、调整与积累所形成的，在不同文化中的表达也常有不同，它能让复杂的景观具有一种内在的质感，往往蕴藏着产生、激发各类场地结构的能力。例如《园冶》中归纳的相地六型：山林地、郊野地、江湖地、傍宅地、城市地、村庄地[4]56-70。它们都由一系列特定的植物、建筑和构筑物构成，有不同的关于边界的描述，并用语言暗示了特定的结构关系。它们不提供具体的形态策略,但提示了产生场地结构的机会。因此，与其说是相“不同的”地来做园林，不如说这六种地其实就是六种地形类型——某种待幻化的特定园林类型。

无名景观中，地形类型的指向往往暧昧模糊，但也并非总是无迹可寻。这时关于场地建造的重要设计方法之一就是寻觅、梳理或者叠加可能与之匹配的地形类型，用其蕴含的场地结构潜能，在具体的场地上进行投射和调整。

例如董豫赣设计的江西耳里庭地处荒郊，利用了各种场地线索和现状人工物，如猪圈废墟等，叠合了山林地、旁宅地、村庄地的各种意象形成了一种半依半就的场地结构,用朴素的材料和建造方式，为现场的潭、石、树、片墙定做家具建筑，部件拼装成整体，见缝插针，互锁互扣，造就了一座可让人团聚的宅院组合[5]，同时呈现了“闲闲即景，寂寂探春”的意境[4]58 *fig...03*。

相较而言，葛明设计的宜兴春园所在的场地则一片空旷，特征模糊，它需要作为游客中心使用，兼作太湖绿道自行车赛的始发兼休憩点，支撑开放的社会活动，因此需要特别的室内外公共空间。为此设计采用了“畎亩之中耽丘壑”[4]64的郊野地意象和“半房半园”的类型，形成了内外分合、上下并置的场地结构，结合坡法与水石分地的方法，为这片面目模糊的基地建立起鲜明的场地特征[6] *fig...04*。

柳亦春设计的边园则地处当代废弃的工业码头，似乎沿用了“略成小筑，足征大观”[4]69的江湖地意境来加以回应，为场地上残留的墙加上一片顶，构成了特定的风景过道（passage），以“一划”之势形成场地结构，分疏密以应对开阔江面，创造出叠合的新公共空间[6] *fig...05*。

2. 场地结构与场地建造的互成

当代的大量无名景观面目不清，关系混杂，因此很多时候难以寻找到适合匹配的地形类型以及相应的场地结构进行投射，为此，另有两种思路：

一是展开介入式的场地建造，在工具媒介、行为策略与场地条件的共同限制下，逐步在过程中发现、投射、调整场地结构。这一方面大地艺术给我们展现了很多案例，例如史密森的《螺旋防波堤》，是在大盐湖中用一辆卡车的移动极限，建立出一个新的场地结构，碎石块和盐湖之间发生的堆积沉降与结晶的过程，表现“人造物的未来就是被遗弃”[8]185。这正是一种特殊的以场地建造和场地结构共同形成的方式来传达观念，或者说通过场地结构和场地建造的互成来产生幻觉，形成新的地形类型 fig...06。

二是通过具有想象力的分析技术如地图术（mapping）等作为辅助工具，形成另一种场地结构投射的方式，在大尺度的无名场地中激发场地结构与场地建造的互成，以形成新的地形类型，揭示和解决切实的社会功能问题。如在《测量美洲大地》中，詹姆斯·科纳（James Corner）与麦克林（Alex Maclean）合作，用鸟瞰照片与图解共同揭示了美国的生产生活方式是如何通过场地建造与场地结构纠缠而形成了独特个性[9] fig...07。

fig...03 耳里庭

fig...04 春园

fig...05 边园

fig...06 螺旋防波堤

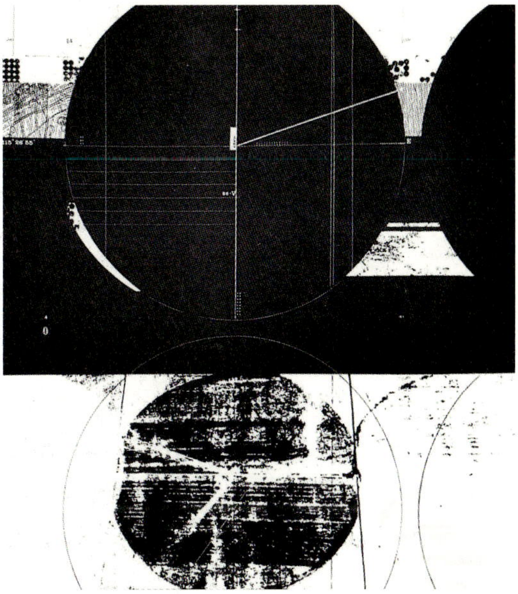

fig...07 图解美国景观

之三

方法之二
自明结构／标示场地的转换中场地建造的呈现

结合扩展领域的场地建造图解和物体与场域／系统与意象[10]的四元结构来看，可以发现其中“自明结构”和“标示场地”作为介于“无名景观／建成环境既有物”与“场地建造”之间的表现性的场／物，具有动态变化的潜力，这提示了结构图示中进行四元转换的可能性。在这些转换中，场地建造常常依托建成环境既有物开始。

1. 场／物的关系与场地建造

“标示场地”通常会弱化“物”的特性以加强“场”的特性，或者通过特定的物体状态揭示出被隐藏的场地特征，“线”是其中重要的驱动力（agency）之一[11]。在“自明结构”中，物的自身特性显著，可能是物体类型、结构逻辑、材料特征等，也同时具有空间开放性，能投射在周围环境里以产生场的效果。例如“廊道”就是一种重要的“自明结构”类型，一旦向环境开放，就会产生特定的场的效果。在“标示场地”中“场地”特征需要加强，并需要借助特定的“物”来揭示，而“自明结构”则具有很强的“物”的特征，需要“场”来消解，才能与环境融合。大量无名景观中往往具有许多好坏不一、意义暧昧的既有物，其中物／场的特征纠缠在一起。从场地建造的视角来看，关键在于如何建立联系。

此外，场地建造不仅要揭示场地，人还往往要在其中栖居和停留。因此是在标示场地中加入栖居的空间，还是在自明结构中让场地向我们呈现？这些对场地建造都提出了新的要求。

2. 自明结构／标示场地的转换

格拉西亚（Jose Maria Sanchez Garcia）设计的西班牙梅里达市的戴安娜神庙改造，是在千年古城的密集生活区对历史遗址进行保护利用。罗马神庙早已失去了宗教神圣性，周围环境也不断被民居和道路挤占，甚至神庙内都被斜插入伯爵宫一翼，形成无序的景观。但在文化价值和平面关系上，神庙都是一个突出的标志物，是区域的焦点。因此改造用一个介于城市和建筑尺度之间的U形平台系统来建立连接和过渡，为这个标志物确立城市影响场域：向内还原了古罗马的广场形制，恢复了神庙周围的矩形广场，对外则以参差不齐的天井院落连接城市民居和街巷。此外剖面也至关重要，神庙被拆解成基座与庙堂。基座通过高度上一致的加建平台被延伸组织进周围的城市场地里，分割出上下氛围差异鲜明的两个领域。加建的平台具有清晰的结构和形式秩序，以最少数量（22根）的微型桩和5米悬挑托起无梁平台，周边一圈天井和外侧的院墙平衡了结构受力系统。这一做法对遗址的影响最小化，同时又在下部的领域内塑造了具有包裹感的廊道空间，一边以神庙基座为界，另一边是现代的混凝土边界，只在几个洞口处透进古城生活的斑斓色彩。结构秩序配合光影，叠加在地面断续的遗址上，可以视为自明结构，成了一个扩大的神庙基座。上部平台则建立了另一种领域感，围绕着神庙，是一处允许自由使用的开放空间。这个被抬高的面让此地此刻的社会生活状态呈现出来，可谓标示的场地[12]28-39 *fig...08*。

与之相仿的是阿诺·布兰德胡伯（Arno Brandlhuber）设计的斯多塔小屋改造，通过建造一个面，实现了从内向外的转换。这个被废弃的度假小屋坐落于意大利西西里岛上，三面被岩壁围绕，一面朝向大海。因大雨导致土层下陷，这个还未建成的小屋整体向一角倾斜了2米之深。多年来它保持着这废弃的状态，除了倾斜不可居住之外，混凝土结构和当地火山岩墙仍然保留得很好。由于法规不允许扩建，故改造中在内部插入一个水平面，分成上下两个空间。功能上，上部完整的大空间满足度假的生活功能，下部则依高度塞入厨房卫生间等辅助功能。空间上，在倾斜的窗洞、屋面、地面对比下，这个可居的水平面逼出了“倾斜”的场地结构，并因为这种陌生化的状态与周边场地连接了起来。水平面作为一个外加物，为了精确控制其抽象形式，特别设计了结构。无论是模拟建造时几乎看不到支撑结构的绷紧纱网，还是预期的塞满下部空间的细密柱网，都是为了保持这个切分的水平面本身的纯粹性，来对比出倾斜的物态。由此，这一简单的动作既满足了功能使用，也实现了物与场的转换，让“物”成了可居的生活场域 [13]248-251 *fig...09*。

因此，通过进入四元图示结构关系，设计师可以采取转换的视角来思考物态或场态的分解，让自明结构和标示场地在合适的场合呈现，强调区分或者兼具二者特性，则将获得更为准确的场地建造方法，来回应大量无名景观中的既有物。

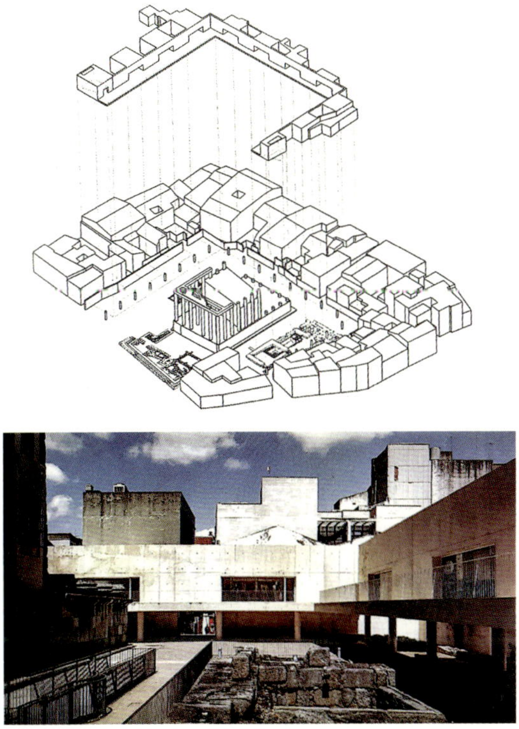

fig...08 梅里达戴安娜神庙周边改造

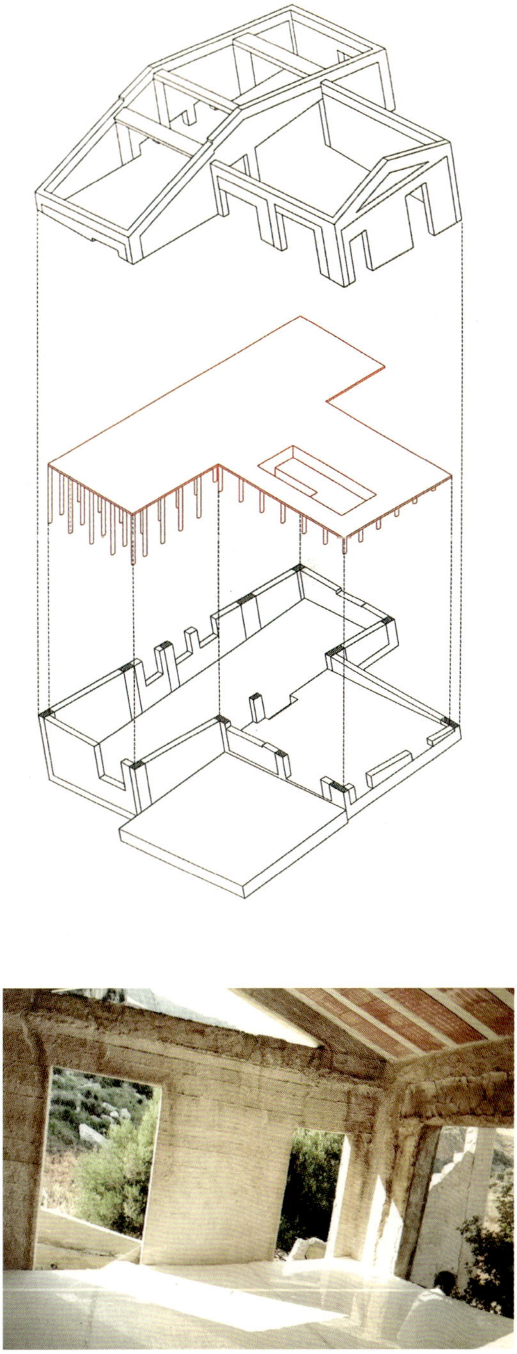

fig...09 斯多塔小屋改造

之四

方法之三
轻／重的叠合中场地建造的呈现

对“场地建造”二元含义和四元图示结构的应用，展现了应对大量无名景观新的途径，在此基础上，如何进一步加强关于“场地建造”对结构关系的运用，从而产生场地的意义，体现领域感呢？可以置入“轻与重”的关系。

1. 以轻／重体现场地意义

在克劳斯的四元图示结构中，雕塑向当代的扩展通过两方面进行：一是基座的轻重分化，二是纪念物的空间化。这一转变使作为纪念物和地点之间调和物的基座变得重要：它有时向上，被雕塑所吸收，与地脱开，成为一种轻，如布朗库西的作品；有时向下，吸收纪念物，沉入地下，成为重的土地的片段，如大地艺术。与此同时，雕塑也因此“开始探讨纪念物的反面，一种理想主义的空间”[3]174，而这种理想空间能迅速地与更广阔的领域发生联系。与之相仿，轻重分化和空间化对呈现场地建造也同样十分重要。

轻重分化本身体现了一种结构关系。首先，它提示场地建造需要重视物体构成关系，场地建造常通过选择具体的材料和建造方式让结构具形，而结构本有轻重之分，但结构的轻重与感知的轻重往往并不一致，所以要在物体构成关系中进行构造。其次，轻重分化还意味着需要重视剖面的构成关系，并以此来判断材料的组合、构件之间的关联是显示还是隐藏力的传递。此外，轻重分化还往往提示了空间化与场地的叠合状况。

因此，引入轻重之法，配合有张力的场地结构来共同实现场地建造具有重要的意义。这样更易于找到建造和场地两者之间的对应点，更易于形成锚固和瞬变的力量之间的张力，也更易于形成领域感，来应对大量的无名景观。

里斯本世博会的葡萄牙馆对应着海边巨大的尺度和世博会的功能，西扎（Alvaro Siza）和巴尔蒙德（Cecil Balmond）用“一条充满张力的低飞的线”[14]333 建造了一个 70 米跨度的空，由钢索和混凝土形成最薄的预应力曲面天篷，以“覆盖”构成了这个匿名空间的场地特征。厚 20 厘米如帷幔的天篷形态是“轻”的，边缘露出钢索的缝隙，透出光线也是为了释放重量以强调“轻”。但真实的结构又需要“重”来抵抗海边风力的倾覆，巨大的跨度和覆盖面在空荡荡的场地上形成的巨大的包裹感也是“重”的，反弧天篷和周边作为结构支撑的巨大矩形体块在场地上塑造了两边高、中间低的变化，让“重量”切实可见。一览无余的开阔场地，也因为这片弧顶而产生了特定的意义[14]309-345 *fig.10*。

地铁站是当代城市中另一个典型的匿名空间，通常以效率为重，以交通组织和设备要求构造整体。陌生人在此集聚分散，使地铁成为当代流动的身体 - 地方的代表性空间。如何营造可识别性，同时保持公共性及效率，又给予陌生人庇护感？西班牙格拉纳达市地铁赫尼尔宫殿站结合特殊的场地建造展现了一种轻重之法。地勘发现了一处悬空的 13 世纪大蓄水池遗址，为了兼顾遗址保护要求的历史原真性和城市基础设施的适用性，安东尼奥 · 托雷西利亚斯（Antonio Jiménez Torrecillas）采用了弧拱与筒拱相结合的形式作为支撑体系，原位固定遗址侧墙，保留水池底部的构造真实性，并在遗址下方留下地铁站的使用空间。处于原赫尼尔河河床处的排桩特意保留了柱桩外表粗砺的土质，塑造了车站空间嵌入地下的整体质感，也与弧拱结构两侧及支撑梁组成地铁站空间结构的整体拉结。拱结构之上古老的悬空遗址与河床土层的厚重形成轻重反差。层高控制、路径组织也有轻有重；周边切成 45° 后退的混凝土悬挑结构板又塑造了一种感知上的轻。在这里，历史要素通过场地建造产生了轻重反差的陌生化效果，在匿名的地铁空间里划出一个角落，以庇护特殊的“个人”，也产生了场地的意义[15] *fig.11*。

fig...10 里斯本世博会葡萄牙馆外观

fig...11 格拉纳达城市地铁赫尼尔宫殿站

2. 以轻／重揭示领域感

居于轻／重结构关系中的场地建造还能促使大量无名景观获得领域感，逐步形成有意义的环境－社区单元。

以 RCR 设计的位于西班牙里波尔的里拉剧场地块更新为例。该地块原有个剧场，周边紧邻若干建筑，维持着这座历史古城沿着特尔河的完整界面。剧场被拆除后，这一缺口尤显刺眼。RCR 的设计往缺口里填充了一座错位的“廊桥”，这一特殊的场地建造，通过重新分配轻重延伸了场地潜力，实现了场地的领域感。廊在古城边界地块内，是个有覆盖的门廊，高敞通透，既为古城密闭的街道界面透气，又因体量的楔入形成了连续感。平整的内界面背后，退让出了相邻的界墙和通风天井，组织了向下的楼梯以及地下多功能活动空间的采光井。廊内可以举行各种公共活动，恢复了原剧场在这一地点的公共性。钢桥从廊内一角伸出，分成上下桥面，高处桥面为空腹钢结构，低处为紧密的钢索，高低之间布置钢板椅，是停留、交谈及眺望之处。门廊下方的多功能房间，像个嵌入河堤的阳台，可以在更低的标高上眺望河道及对岸堤坝。但这些轻松的出挑、拔高、眺望或是跨越，其实都被微妙变化的加厚边界牢牢锚固在河堤上和场地上的老房子里，后者无疑是重的，不仅是结构上的支撑，也是功能上给予安定感的角落。

这一错位滑动的廊桥无疑是一个复合的城市设施，通过尺度差异和材料对比，以及路径的组织，让这个敞厅与地下空间、桥河关系一同呈现。它在四元图示结构中不断发生着意义的漂移，时而是标示出的场地——新旧城市之间的一个断裂重连的地方；时而充满自明结构具有的空间体验感。它跨越了不同的场地，紧密组织了差异化的体验，在意义的漂移中创造了一种丰富的环境－社区单元。轻重之间的张力使它成为意义丰富的场地建造[16]74-89 *fig...12*。

fig...12 西班牙里波尔的里拉剧场地块更新

fig...13 巴拉甘自宅屋顶的空房间

之五

结语 走向一种场地建造的诗学

综上所述，场地建造的设计方法论研究建立在对场地建造引发的结构关系的讨论中，它有二元含义，又能置于四元图示结构中，使场地建造与场地结构共同作用，形成新的地形类型；使场地建造与无名景观互相推动，形成特殊的领域感。

这意味着提倡一种当代的场地建造的修辞学。修辞学关注将日常生活转变成戏剧时所需要的修辞方法，所以我们提出了在语言和图示关系中讨论场地建造的方法，无论是在“场地／建造”“标示场地／自明结构”还是“轻／重”的关系中，都显示出两类特殊的概念和物体之间的依附、转换和对仗。

当代场地建造的修辞学提醒我们面对易变、混杂的无名景观时，不能简单地固化、模式化、整体化，需要在结构关系中形成辩证法，利用场地建造和场地结构之间存在的不确定性和偶然性，平衡好空间感受中包裹感和疏离感之间的张力。

场地建造一方面通过处理场地结构，让真实的结构具形，还可以在标示场地、自明结构、无名景观／建成环境既有物的身份之间切换，形成不断漂移的各种角落，在空间甚至在心理空间中都留下开放的机会。通过转变、漂移与叠加，编织出丰富的环境－社区单元的意义。

任何领域都往往始自一个角落，如“一隅”。因此，当代场地建造的修辞学还提醒我们，改变任何大小不居的无名景观都要从一隅之耕开始，直至环境－社区单元的形成。巴什拉（Gaston Bachelard）指出角落为“我们”确保存在的一个基本性质——稳定性[17]147。面对大量无名景观，这里的“我们”也是陌生人，是否能获得一个角落，是寻找、判断有无领域感的一种方法。巴拉甘（Luis Barragan）用带有场地感的房间（a room with ground）获得房间中的角落，用带有房间感的场地（a ground with room）使场地带有一种特殊的室内化效果[18]112 *fig...13*。《园冶》的相地也常常从角落和边界开始提示场地特征，从而做到只描述某种土地类型就已经提示了可能的园林类型，从而

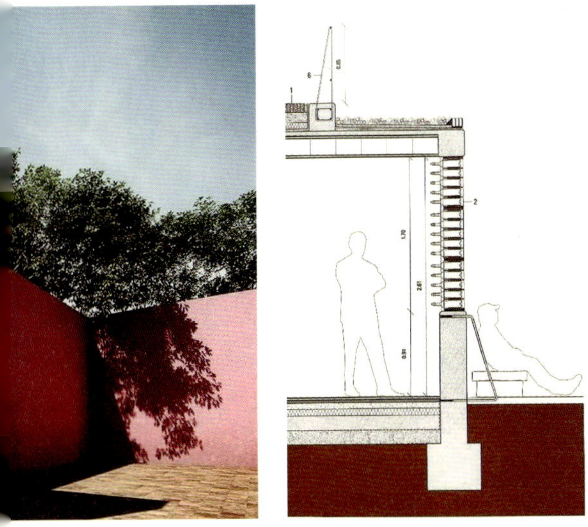

fig...14 塞罗巨石陵墓文化服务中心的酒瓶架墙

能有效地投射到场地建造上。

当代场地建造的修辞学还注重媒介运用的变化，注重制作、建造的互通，从而实体化地灵活应对无名景观中的各种空隙，而它们又实质性地构成了建成环境中的基底。例如塞罗巨石陵墓文化服务空间里，设计师希洛尼斯（Tonis Girones）使用螺纹钢材、空心砖酒瓶架这类具有临时性特征的材料及与之相适应的建造方法，与村庄的日常生活结合[12]272 *fig...14*。

可以发现，通过词语关系、图示结构与物体构成的相互作用，一种当代的关于场地建造的设计方法论就有可能建立起来。这种关于场地建造的修辞学研究，体现了一种新的场地书写之间的结构关系，致力于应对日常的无名景观，丰富景观建筑的设计方法。同时，它也是一种关于城市设计的方法，还因为关注日常生活而成为一种建筑设计的方法，因为建筑从某种角度来说，也属于场地建造中的一类。

在修辞学研究的基础上，对场地建造的思考还意味着对筑、居、思的关系运用了一种介入式的思考，如果能更为深入地思考场地建造的意义，那就有可能走向一种场地建造的诗学。

参考文献

[1] 王向荣，任京燕．从工业废弃地到绿色公园——景观设计与工业废弃地的更新 [J]．中国园林，2003(3)：11-18.

[2] 约翰·罗伯特·斯蒂尔戈．景观探源：探索景观词汇的秘密 [M]．赖文波，罗丹，译．上海：上海科学技术出版社，2017.

[3] 罗莎琳·克劳斯．扩展领域中的雕塑 [M]．童明，译．// 童明，董豫赣，葛明，编．园林与建筑．北京：中国水利水电出版社，2009：171-182.

[4] 计成．园冶注释 [M]．陈植，注释．杨伯超，校对．陈从周，校阅．2 版．北京：中国建筑工业出版社，1988.

[5] 董豫赣．地形、地景与场景：耳里庭客舍 [J]．时代建筑，2018，162(4)：76-83.

[6] 葛明．春园记 [J]．建筑学报，2020，616(1)：55-58.

[7] 张宇星．废墟的四重态——大舍新作"边园"述评 [J]．建筑学报，2020，620(6)：52-57.

[8] A．森菲斯特．地景艺术 [M]．李美蓉，译．台北：远流出版社，1996.

[9] Corner J, Maclean A. Taking Measures Across the American Landscape[M]. New Haven and London: Yale University Press, 1996.

[10] 陈洁萍．物体与场域 / 系统与意象——景观建筑设计方法研究之一 [J]．建筑学报，2016，570(3)：101-105.

[11] 陈洁萍．扩展领域的地形学中"线"的作用与呈现 [J]．建筑学报，2020，618(Z1)：158-163.

[12]Paya A, Girones T, Garcia J M S. EL Croquis 189: Alfredo Paya, Toni Girones, Jose Maria Sanchez Garcia[M]. El Croquis, 2017.

[13]Brandlhuber+. El Croquis 194: Brandlhuber+ 1996-2018[M]. El Croquis, 2018.

[14] 塞西尔·巴尔蒙德．异规 [M]．李寒松，译．北京：中国建筑工业出版社，2008.

[15] 潘玥，周娴隽．历史意识的在场：西班牙格拉纳达城市地铁赫尼尔宫殿站与古代大蓄水池遗迹整合工程评述 [J]．建筑遗产，2020，18(2)：116-125.

[16]RCR Arquitectes. El Croquis 162: RCR Arquitectes 2007-2012 Poetic Abstraction[M]. El Croquis, 2012.

[17] 加斯东·巴什拉．空间的诗学 [M]．张逸婧，译．上海：上海译文出版社，2009.

[18] 葛明．自然、生活与阴影的形式 [J]．建筑学报，2018(5)：111-115.

之一

技艺/记忆

技艺与记忆

中国触觉艺术传统四个断章

吴洪德

记忆，就便于意识对过去的经验进行空间定位、检索和再现而言，它需要某种数据结构，也需要某种再现的机制。面对不确定的外在世界，偶然的知觉和身体经验经过一再确认，稳固成某种被称作记忆的东西。也就是第一和第二持存的产生。[1]226-236 在陌生的世界成为熟悉的世界的过程中，个人的生存视域形成了。然后又发生了记忆从个人向他人、向下一代的传递。再现和重复的机制是必要的：传授者正是通过面对面的叙说、手把手的演示和效果的共同验证来将这种记忆传递给他人。被我们称为学习者的他人，正是在重历记忆者的经验和身体动作中获取了同样的记忆；并且，通过对这一过程效果的亲身确认，将这一系列操作内化为自身的记忆。

当记忆传递大规模发生时，传递的机制也就演化成了某种稳定的技艺。正是通过技艺的传播，陌生的外部世界成为了熟悉的人类世界与熟人的世界——在个体的生存视域下变得理性、温驯的伙伴世界。在某些文化中，这种关怀的视域被归结为来自某一领域的神灵的注视和庇佑，而技艺则被认为是来自这位神灵的传授。而那种稳定的结构和再现的能力则成为了神灵的领域和威能的印证。以之为中介，记忆与技艺成为了一种文化中所谓“道”与“器”的关系。没有技艺不伴随着它那种记忆的视域（世界观），也没有记忆不拥有与之匹配的技术，不管是仪式、习俗还是技术。

除过功利的考虑之外，技艺的发明本在保存记忆，即所谓“第三持存”。[1]49-50 按照许煜的说法，中国古代的技术可被视为是一种宇宙技术（cosmotechnics），在它之内天然蔓生着这一文化的生存性视域。[2] 就这一思路而言，它解释了技艺与诞生它的文化之间的天然关联。

之二

器

fig...01 a （商中期）云雷纹鬲

fig...01 b （商早期）兽面纹盉兽

从器物形成过程中的一系列动作，亦可见记忆到技艺、记忆复为记忆的留痕。如鬲、盉等三足器，如尖底瓶等汲水器呈现了从皮囊、陶到青铜的转变*fig...01*。在采用新材质成形的器物中，总不免继承了源自旧材质的力学塑形形态。[3] 熟悉的记忆转变成一种文化的惯习形态，驱动着新的技艺的发明。技艺随着文化向其余地域散播，由器形（一种视觉技艺的产物）构成的景观区分了“他们”和“我们”的文化。

在一个像神兽纹樽那样的器物中，西汉的匠艺者正是以手为中介，将巡游狩猎者先祖所经历和想象的神圣的山川万物取来，置于器物所展开的身体领域之内*fig...02*。最先进入现场的是制模的陶匠，他将柔软的泥置于指掌之间，随心意捏成三维的形体：一个拱起的大地象征着先祖游历与回溯的领域，无数围绕的群山之中，有一座高不可及的神山成为世界的轴心，天空赋予灵魂的欢宴之处。这倾斜地面形成的圆锥，不仅容纳了器物内的水汽，也成为从生到死的巡游展开的象征性领域。从三维世界到三维泥塑，经验的转移是直接的。在樽身上，三维泥塑则不得不适应被挤入一个二维表面的状态，远与近、图与底、形象与空间不得不开始一种既相互竞争又相互补足的关系。这种基于柔软的泥塑的协商关系在反复的尝试后稳定下来，形成了主题、构图，发展了相应的工具，创造了专业经验，进而发展为一类技艺。在制作更为复杂精细的构件时，工匠们不得不继续发明更为高深的专门技艺，比如失蜡法：使用蜂蜡制作模子，最后通过加热使其融化从陶范中流出；因而工匠能以常人看来不可思议的精度制造玲珑剔透的造型。[4] 陶泥和蜂蜡的可延展性正是物质实体的基本属性“广延”（res extensa）的直接写照。笛卡尔在他的对第一哲学的第二沉思中，正是以受到火烤的蜂蜡作为思考对象来把握物质实体的特征的：“一团流动变形的可延展之物”（merely something extended, flexible, and changeable）[5]。

在模与范的两次反转工序中，融化的青铜取代了柔软的泥浆、蜂蜡延展出的那个物质空间，使得这一器物的设计得到固化；日用的陶器因而演化为祭祀先祖的贵重彝器。当沁人心扉的酒香自樽中飘散，祭祀的人们陷入微醺之时，这种神山大泽、异兽众灵的表面变成了一种可以与先祖理解共通、充满允诺的审美世界，覆盖了祭祀者身处其中的真实自然世界，尽管后者依旧艰险可怖。进入这一友善宇宙的邀请，没有比燃烧着沉香的博山炉更能比拟的了：那云雾缭绕的山峰被置于两手承托的碗内，友善地庇护着、养育着人类的山川自然以镜像反转的方式被纳入人的双臂所能把握和经营的身体领域之内*fig...03*。这带来一种尤其

fig...02 （西汉）神兽纹樽

fig...03 （西汉）博山炉

美妙的结果，器物的表面鼓励着人们的触摸和握持。别例亦仿佛。当捧起醉向香茅的酒爵①，那种实在的物质分量感和纹理触感带来的愉悦是画面无法比拟的：它是一个降低了维度却依旧真实的、可以在方寸之间把握的世界。它粗糙而弯曲的表面唤起了一个来自人体内部的触觉世界的强度。②③

当我们看到拓字匠将宣纸覆在青铜器的表面轻轻捶打时，那个触觉的世界又悄然现身了：柔软纸张在压力的作用下微微变形、延展，被贴合到表面，陷入那些山水纹饰缝隙之间，好像我们的握持的手掌陷入那些重力的强度下一样。涂在器物表面的墨汁深入纸张的纤维之间，将金属的颗粒感和黏土模具的皴擦传递到纸上：一种纯然是“触觉的画面”呈现了。[6] 形象，不是通过光的投影落到画面上，而是通过压力直接被挤入画面。这个过程提醒我们，物质的存在本身，就是不可磨灭的强度，它的广延形成了一个压感的场域，在任何与之发生作用的媒介上留下触觉的图像。

之三

皴

皴法可能是中国绘画中最受误解的技艺。人们一般认为，在唐宋时期它不过是对自然肌理的视觉化摹仿与取用，随后画家在其中发现了顺应这种肌理引起的肢体的愉悦，增强了线条的表现性，进而使之在 13 世纪以后成为了一种独立于形象之外的图面语言。[7] 如同结构师塞西尔 · 巴尔蒙德（Cecil Balmond）在《元素》（*Element*）[8] 中的手绘图一样，手指跟随着远古时代风、水、热量在石头表面造成的褶皱而往复流动 *fig...04*。这种流动带来的愉悦仿佛直通身体内部：呼吸和气血在当下的体内掀起风浪，驱动着肢体尤其是手臂、手指，在纸上留下轻重缓急的痕迹。纸上的线条散聚追随着那些远古的物理化学的变化，而其疏密则反映着物质存在强度的自我呈现。对于中国文人来说，这种被称作“气之交感”的线条经验并不陌生，从张旭和怀素的时代开始，线条的情感自由已经得到充分的释放了 *fig...05*。

信奉线条自由的画论家们无法令人信服地解释形象的出现。毕竟在这种能量激流的身体宇宙中，一切都是有节奏地伸缩舒张着的，而整合、收敛的光学图像是无从生成的。人们盲目地听从了“形象应该屈从于书写之下”的那种告诫。书写时，总是手指的合作在指示引导着线条的方向，掌心的作用被遗忘了。这种遗忘是令人遗憾的：物体的表面和体量正是通过手指和手掌的协同被引入感官世界的。二者紧握住物体，形成了一个感受强度的弯曲表面。它延展、包裹在对象上，用无数的神经元感受表面上微小的压力变化，在大脑的综合下，一个非光学的立体形态被建构出来。随之，在抚摸的往复运动之中，体

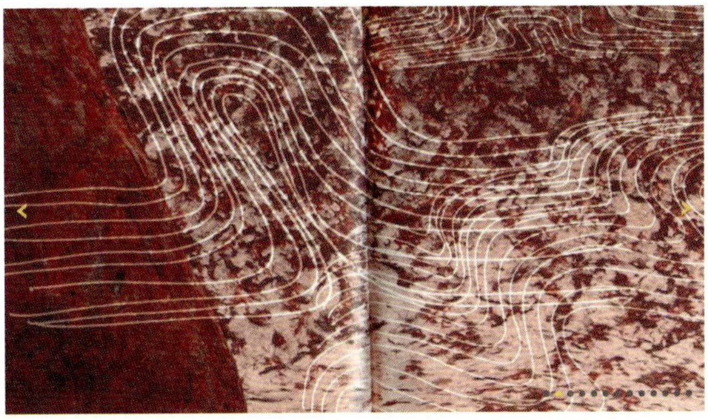

fig...04 巴尔蒙德的手绘

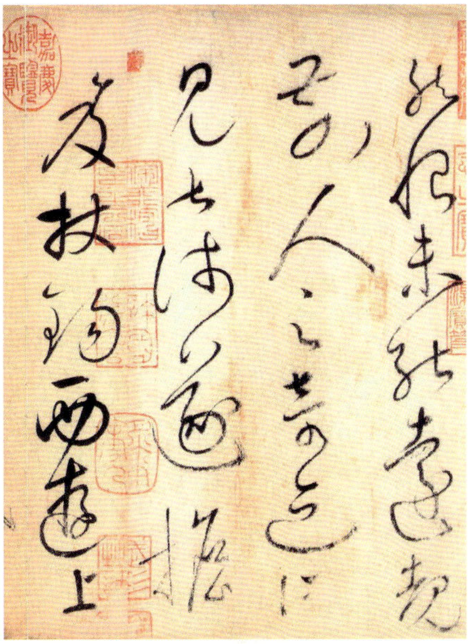

fig...05 a ［唐］怀素《自叙帖》局部，有拼接、裁剪

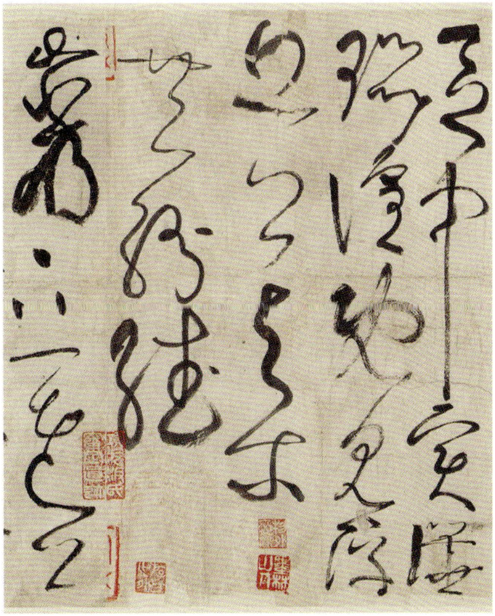

fig...05 b ［唐］张旭《古诗四帖》局部，有拼接、裁剪

量的稳定形态消解了，而表面的质感则得到了强化。

在宗炳《画山水序》中描绘的原初场景中，暗藏了触觉感知的线索。[9] 他由于年老不能行登涉之游，无法“迫目以寸”进行观赏，因而只能退而求其次在画上求之。要描绘全形，画者就不得不离开他企图进入的大山，从远处张起一幅绡素，透过它去眺望。这个原初场景暗示了画面所具有的物质媒介作用：在重叠的观察中，轻薄易皱的织物的肌理和山体的纹理融为了一体。织物上映出的山水肌理因而变成了一种被干涉过的有强度的痕迹。山风吹来，织物的表面变得卷曲起来，褶皱丛生。映在织物上的山水也扭曲起来。

皴法因而天然具有了视觉与触觉、再现与形变的双重涵义。当我们凝神观看诸如李成等北宋大师的巨幛山水时，那种拓印般的触感扑面而来 *fig...06*。极远与极近两种体验同时叠合在一起。好比一张能自由延展、变形的绡素，从远处取其象，近处取其质，然后卷曲着重叠在一起。从极远处来看，山峰呈现出明确的正面性，它的轮廓由近及远渐次出现，向观者展现出一重一重的庄严的立面。近小远大的形态体现出山体实在的延展性。同时，画面的细部呈现出反对印象式视觉的特征。它那充满了触感的肌理方法仿佛是从极近处触摸，紧贴着表面拓印而来。这种直接的触觉呈现并未被空气透视的中介所遮掩，它自身直达观者的肌肤表面，就如同“心印”所暗示的那种超距离的触压一样。

在远离现场的后学看来，前人创作的皴法与先民铸造的青铜器纹理实属一类事物。宋元巨幛的表面与青铜彝器的表面并无分别：它们的纹理曾经是鲜活而直接的呈现，在时代的侵蚀下已变得晦涩和抽象。在

---

① 古代祭礼有“苞茅缩酒”之俗。《古代汉语》：“包茅，包成捆的菁茅。茅，菁茅，楚国的土产。共，通‘供’，供给。缩酒：渗酒。古代祭祀的一种仪式，即把酒倒在包茅上慢慢地渗下去，表示如鬼神喝了一般。”见郭锡良，唐作藩，何九盈，等．古代汉语 上 [M]. 北京：北京出版社，1983: 138.

② “强度”在吉尔·德勒兹的语境下指“质”的强化和弱化带来的“生成差异”，它和现代科学采取的“量”的增加和缩小形成对照概念。见：Rölli M. Deleuze on Intensity Differentials and the Being of the Sensible[J]. Deleuze Studies, 2009, 3(1): 26-53.

③ 有关概念的发展可以参见：Mader M B. Whence Intensity?: Deleuze and the Revival of a Concept[M]//Beaulieu A. Gilles Deleuze and Metaphysics. Lanham, ML: Lexington Books, 2014: 225-247.

fig...06 宋代巨嶂山水局部。
左上：［北宋］李成《晴峦萧寺图》局部 / 美国纳尔逊美术馆藏
右上：［北宋］范宽《溪山行旅图》局部 / 台北“故宫博物院”藏
左下、右下：［南宋］李唐《万壑松风图》局部 / 台北“故宫博物院”藏

fig...07 ［明］杜堇《玩古图》/ 台北“故宫博物院”藏

之四

拓

《玩古图》作者杜堇这类摹写者的笔下，皴法的技艺和铸造青铜表面的技艺也没有了区别，成为“高古”想象的神秘凭借 *fig...07*，仿佛是我们人性之中遗失已久的另一种可能性；作为一种业已远去的心灵的流动的产物，承载着已变得遥远的记忆和情感。

13 世纪以后，吹动那幅隐含的绡素的风变得猛烈了。对于像王蒙、董其昌、王时敏这样的画家来说，绡素的运动本身不仅代表了身心合一的自由卷舒，它的褶皱本身也替代了山水的肌理，成为一种独立的视觉语言：山水不再透过绡素拓得，它根本上就在延展着、变形着的绡素之内。绡素在风中的蜷曲重叠产生的幻影，与元气化作山水的流刻穿凿，并无分别。

仿佛是早期造型艺术的潜意识苏醒了一样，清代晚期，一种叫作“全形拓”的艺术形式意外出现了 *fig...08*。它以古代器物为表现对象，其技艺也是视觉和触觉的直接结合：首先远观取其形态，用线条绘出各面的轮廓；其次则用纸分面拓印，近取其质料纹理；最后再将拓纸剪裁，贴入对应部位的轮廓之中。[10] 偶尔也有以奇石、木假山、砚台入拓者 *fig...09*。

青铜彝器有祭祀之用，历代均不断仿制。在宋代之前，器物的研究以实物为主。宋室南渡之后，许多实物失落北境。虽然对于金石的研究逐渐成为一种专题史学，赵明诚等学者却不得不更倚重拓本的搜集了。[11] 宋明金石研究以文字为主要旨趣，纹样则采用线描的形式出版，其描摹精度和材质实感均

fig...08 a 当代全形拓作品

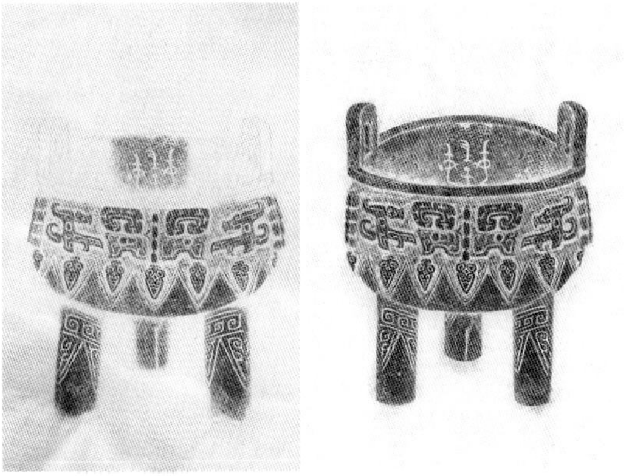

fig...08 b 全形拓制作过程。左图：妇好鼎线稿草图；右图：妇好鼎线稿主体拓制完成图

无法与拓本同日而语。虽然可以推想同时期铜匠需要依赖原件和拓本来惟妙惟肖地仿制器物，应该具有更清晰的传承，但可惜的是，这些技艺细节极少在文献中留下记录。

全形拓无疑是从匠人的现场技艺中发展而来的一种新的视觉形式。它采用如此直白而不加修饰的再现方式，与文人习惯的语汇——笔墨、意蕴、性情——都无关系。传拓作为一种“客观”的触觉方法，主要以本身的压力痕迹来表达它的物质在场。在远观的轮廓描摹之中，的确表现了某种形式综合的主观性：有的艺术家采取了透视的缩进办法，但更多的人则在正面延展性和透视缩进之间寻找平衡。因为传拓永远是正面挤压完成的，轮廓的过度缩进变形则意味着与身临其境、手物合一的触觉体验的脱节。但是如果各面完全不用视觉的缩进处理，器物就会呈现为展开面的形态，失去三维空间的整合性。因此，大多艺术家总是谨慎地在视觉整合性和触觉的延展性之间求得一种个人化的平衡理解。作为其结果，全形拓的作品看起来总比实物要丰满一些。它们的触觉分量过分充盈，几乎满溢而出了，使得包裹它的视觉框架被张力所充实、变形。

这种“物性的延展－视觉的整合”的张力是内在于作品之中的。在早期的艺术中也能看到类似的情况，比如在许多汉画像砖中，人物、车马都使用了极具概括力的弧线来表达它们的轮廓。相比于其自然形态，这一轮廓显然大大夸张了内在的、爆发性的力量：马的脖颈、腰臀处充满力量感的肌肉像圆球一样突出；荆轲宽大的武士服裹不住刺杀秦王瞬间爆发的核心力量，即便在剑被投出而失衡的片刻间，肌肉凸出的小腹、简洁有力的腿部、充盈的衣袖还是将那种内在的爆发力传达出来了。与希腊陶器绘画上的肌肉身体（比之于自然身体也大大夸张了）相比，它采用了不同的方式（裹住身体的衣服）来强调肉体本身的力量感[fig...10]。唐代之前对雄武男子和丰盈女子的体态爱好体现在彩俑上，至今日本的相扑选手还有其遗风。同样，早期青铜器的储器与烹饪器具大都以雄壮充盈的姿态呈现，让人联想到充满美酒或谷物而鼓胀下垂的皮囊。在这种形态下，形体有更多侧面膨胀延展出来，带有了正面拉近的特征，抵消了视觉缩进带来的空间限定。真实物质的分量感通过这种表面的充盈得到了表达。

由此来看，北宋充满手迹印痕的巨嶂山水并非文化中的孤立现象。与晚清才出现的全形拓一样，它也是对物质存在的一种直接确证。它也包括了对轮廓和肌理的同时取用，其肌理总是充盈而满溢的，驱动着形体轮廓沿着画面的纵深不断展开。从画面的近端观看，总是引发了反透视的效果——空间的收缩被物质的膨胀克服了。

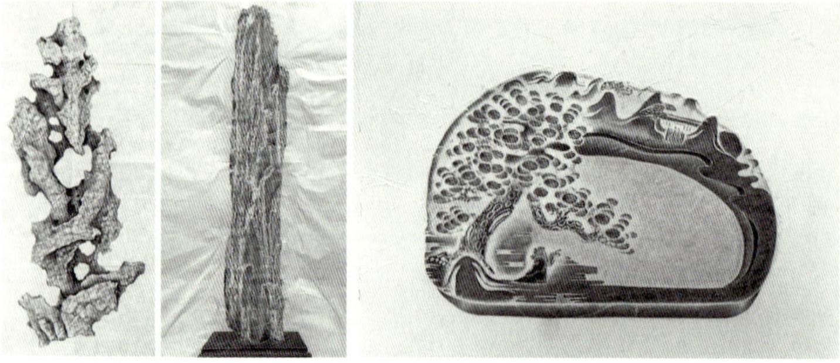

fig...09 当代全形拓作品。左：张洪雷作品《太湖石全形拓》；中：徐夫华作品《木化石全形拓》；右：徐夫华作品《拓石茶盘》。有拼接、裁剪

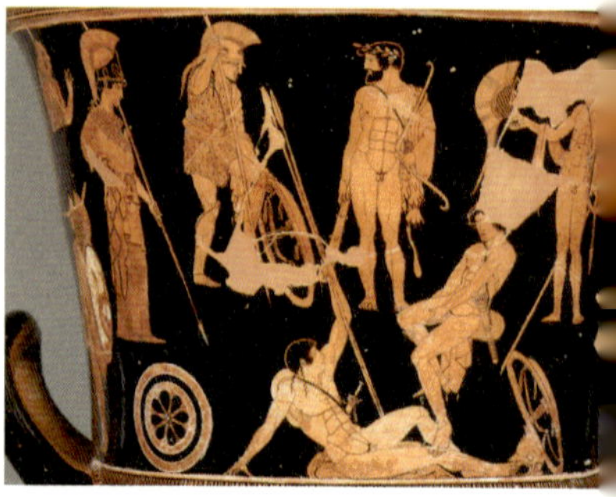

fig...10 a 希腊英雄人形双耳杯（Attic red-figure calyx krater attributed to the Niobid Painter, c. 460–450 BC）/ 原物藏于巴黎卢浮宫博物馆，编号：G341。

fig...10 b ［汉］武梁祠石刻“左石室第四石”局部“荆轲刺秦王”

fig...10 c ［汉］武梁祠石刻“前石室第十一石左面”拓片

之五

破

触觉艺术的原发传统，在清末的另一种艺术形式中终结了。“锦灰堆”，或曰“八破图”，是一种描绘各种器物字画残片的拼贴艺术[fig...11]。在传说中，这种艺术的起源并不高贵：元代画家钱选在一次醉酒后将餐食残余，如蟹脚、蚌壳、莲房、鸡翎、鱼刺等杂物略作组合，信手画入横卷，取其意外之趣。也有研究指出，这种拼贴艺术为明代受西画艺术影响的产物。[12]

不管如何，它发展成了一种终结性的艺术：各时期的被毁坏残损的文物残片堆叠在一处。不管是字画的烬余残端，还是青铜器、瓦当等文物或拓片的破片，亦或是蠹虫蛀蚀的古书、扇面、信札等，仿佛经历了世变浩劫，在倾圮、齑碎、火烧、水浸、虫蛀、蒙尘、污染之后，委弃于地，为画家拾取，联缀入画。其原始形式已不复存在，原本意义早已不明，只有表面的文字、纹样片段隐约传递出高古的气息，寄托着山河破碎之后的些许残梦。此后直到很近的当下，除一些文玩之外，工业化过程中的国人失去了创造新的触觉艺术的欲望。

有趣的是，文化的最终辨识物（既不是空间，也不是文字概念，甚至也不是形象——这些视觉技艺大都消散了）变成了人的手迹，一种触觉技艺。人类先祖的劳作，在泥土、蜂蜡、青铜、丝绸、绵纸的表面上摩挲、按压、皴擦，在这些小小的片段上留下了这样那样的痕迹，不管如何琐碎，都值得我们放在眼前正面观看，在想象中触摸，再次经历久远前它们被创造时的记忆。用来稳固记忆而发展的技艺，如今继续成为记忆本身的指示物。

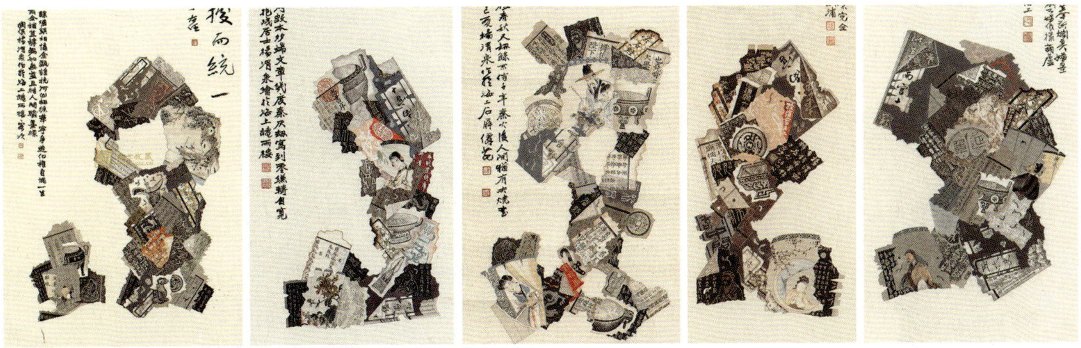

fig...11 郑达甫锦灰堆

之六

余论

在以上的讨论中，论者从记忆和技艺的相互成就着手，最终着力之处却是在表明触觉世界与视觉世界的另一种久远的纠葛。中国古代艺术形式的许多观念源自两个世界之间的动态关系——确切地来说，是物质实体在触觉中的延展性和在视觉中的整合性二者之间的具体关系。总的来说，这种关系在现代社会被超越了。视觉性瓦解了触觉的基础地位，将其降为装饰性的附属物。

在新的视觉技术（从 IMAX 到 VR 元宇宙）不断涌现的时代，触觉技艺的隐退显得更为令人瞩目。如今“性冷淡”的人们能通过肌肤感受到的经验，也许比 19 世纪还少——友善的世界变成了消除不适感的仆从世界。那些消瘦、轻盈、骨感的形象在视觉上将物质的实体在场收缩到了极限，而将空间、力流等经过现代科学洗礼后的抽象认知放大了。如果再加上高强材料和 3D 打印技术的不断突破，那么大部分自触觉技艺发展而来的 tectonics 也许很快也要消亡了。

如果“独尊视觉”的前途已注定，那在此思考技艺何为？也许只是一种预警：不要将人类技艺改造过的熟悉的、友善的世界轻易交还给某种独一的、超越人类的力量，从而依附这“人造的神灵”。不要因为修剪花园的技艺散漫无用就任其荒废，否则，世界也许会蜕化成某种陌生、可怖的东西。

参考文献

[1] 贝尔纳 · 斯蒂格勒 . 技术与时间 2. 迷失方向 [M]. 南京：译林出版社，2010:226-236.

[2] 许煜 . 论中国的技术问题 [M]. 卢睿洋，苏子滢，译 . 杭州：中国美术学院出版社，2020.01:15-28.

[3] Rice P M. On the Origins of Pottery[J]. Journal of Archaeological Method and Theory, 1999, 6(1): 1-54.

[4] 华觉明 . 中西方失蜡法之同异——兼评“先秦不存在失蜡法”一说 [J]. 考古，2010(04): 87-96.

[5] Descartes R. Meditations on First Philosophy: With Selections from the Objections and Replies[M]. Cottingham, J. Ed. Rev. ed. Cambridge, UK; New York: Cambridge University Press, 1996.

[6] 郭玉海 . 响拓、颖拓、全形拓与金石传拓之异同 [J]. 故宫博物院院刊，2014(01): 145-153.

[7] 谷泉 . 论皴和皴法 [D]. 北京：中国艺术研究院，2003[2022-09-16]:8-74.

[8] Balmond C. Element[M]. Munich: Prestel, 2007.

[9] 俞剑华 . 中国古代画论类编 [M]. 北京：人民美术出版社，2000:583-584.

[10] 郑珊珊，纪宏章，郭玉海，等 . 纸墨留香 传继手的荣耀 传拓技法 · 全形拓 [J]. 紫禁城，2006(05): 38-51.

[11] 陈扬 . 赵明诚与金石研究 [J]. 辽宁教育行政学院学报，2008(09): 30-32.

[12] 王丽媛 . “八破画”与“锦灰堆”之辩 [J]. 艺术教育，2018(24): 161-162.

非空非非空

园林、湖石、剖碎（poché）与三维空间复杂性初探*

金秋野，廉志远

“剖碎”（法语：poché）①[1]是巴黎美术学院教育体系（the Beaux-Arts）中的核心概念之一[2]，现代主义兴起之后较少被提及了。我们认为，“剖碎”是理解空间形态的一把钥匙。狭义上说，“剖碎”是西方古代建筑，特别是文艺复兴到古典复兴时期的造型手段，由此划分主次、建立整体平面逻辑、获得完形核心空间；广义上，“剖碎”是一种空间关系，讨论相互毗邻的实体与空间如何相互定义、相互转换。

广义的“剖碎”促使我们思考古典建筑平面、园林中的太湖石、勒·柯布西耶（Le Corbusier，1887—1965）手中的漂流木、达·芬奇（Leonardo da Vinci，1452—1519）绘制的头骨和城中村迷宫般的街巷间广泛的同构关系。本文即建立在这种认知的基础上，从观念和模拟两个角度，讨论霍伊斯里（Bernhard Hoesli, 1923—1984）的《作为设计手段的透明性形式组织》（*Transparency—Instrument of Design*）、文丘里（Robert Venturi，1925—2018）的《建筑的复杂性与矛盾性》（*Complexity and Contradiction in Architecture*）第 9 章，及柯林·罗（Colin Rowe, 1920—1999）的《拼贴城市》（*Collage City*）第 3 部分在这个问题上的未尽事宜。

“剖碎”这个古老命题的现代意义，似乎跟路易斯·康（Louis Isadore Kahn，1901—1974）的空心结构②、柯布的洞穴空间一样，建立在对古代废墟的观察之上；更广泛意义上的“多孔多窍”的空心结构③，则存在于从城市到蚁穴、从宇宙到细胞的多层级的空间形态中，构成了人类空间意识的底色，由此，人们能在不同时代、不同事物中敏感地发现“剖碎”。简单地将其理解为一种古典建筑法则，是不能穷其源、尽其意的。正如卡普尔（Anish Kapoor，1954—）所说：“这就是我感兴趣的点：虚空 / 当它不再是洞的那一刻 / 一个充满了‘不存在’的空间。”[3]这个存在于实体中的“不存在”

*本文原题目为《非空非非空：湖石、剖碎与三维空间复杂性综论》，原文刊载于《建筑学报》2022年12期（总第649期）。本书收录时略有修改。

空间，正是远古人类躲避猛兽的栖身之所、实体世界的倒影、老子的陶罐和风箱[④]，是三维空间的“洞穴喻”，“当它不再是洞的那一刻”，就是它“非空非非空”的真容显现之时。

fig...01 a 皮拉内西绘制的罗马地图整体（1761）

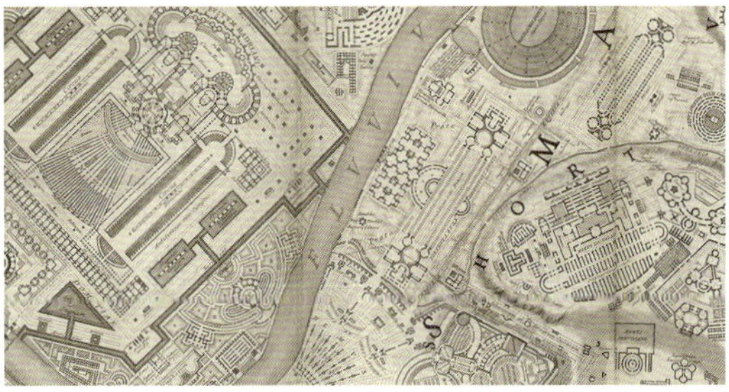

fig...01 b 皮拉内西绘制的罗马地图局部（1761）

之一

「剖碎」与空心结构

据传路易斯 · 康费城办公室的座位上方，悬挂着一幅乔凡尼 · 巴蒂斯塔 · 皮拉内西（Giovanni Battista Piranesi，1720—1778）凭想象绘制的帝国时期罗马地图 *fig...01a*。这幅地图深入到街区层级，连建筑内部都加以表现。结果，城市成了一个内外不分的连续人造空间，向外不断蔓延，直到被城墙截住 *fig...01b*。城墙以内的部分可以看作一个巨型“建筑”，它由很多房子组成，每座房子都成为其他房子的外形依据，生出层层嵌套的内外关系。街道和建筑外墙都是平行双线，填实即为外墙，留空即为街道。整个城市像是无数个“泡泡”挤压、渗透、叠加形成的巨大“空心结构”。

路易 · 康成熟期建筑中的“古典性”，很大程度上是在复述这种有趣的空间经验。例如康对“服务空间”的转化，是将空间的“边角余料”、一些消极的“占位体”隐藏在实体中，成为“被服务空间”[⑤]的自然边界，而它们内部也是空。“被服务空间”对应于园林中的“奥”空间[⑥]，同时也作为信息之源和趣味所在，承载着重要的审美功能。

康对“剖碎”的阐释与古典时期有所不同。例如他的唯一神教教堂（First Unitarian Church of Rochester，1959）方案 *fig...02*，围出核心正十二边形

---

① 最早由童寯先生翻译为“剖碎”。参见参考文献 [1]。

② 原文为：“adoption of the hollow structural form”。参见：Cacciatore F. The wall as living place: Hollow structural forms in Louis Kahn's work[M]. Siracusa: LetteraVentidue Edizioni, 2014: 45-55.

③ 以“多孔多窍”（porosity）来描述城市空间形态，是受到本雅明的启发。参见：金秋野 . 关于历史真相的支离叙述——本雅明和他的城市研究 [J]. 建筑学报 , 2017(07): 120-121.

④ 出自《道德经》第十一章。原文：“埏埴以为器，当其无，有器之用。凿户牖以为室，当其无，有室之用。故有之以为利，无之以为用。”参见：王弼 . 老子道德经注 [M]. 北京 : 中华书局 , 2011: 26.

⑤ 路易 · 康在奥特罗国际会议总结大会上的演讲：“每个空间都有其独特的定义……服务空间与被服务空间（served and servant spaces）是两个不同的东西，平面应该从这里入手……建筑师应当思考出一种方式可以把服务空间放进去，并且不影响整个空间……但是你不能把这个问题与其他问题分开解决。”参见：《大师》编辑部 . 建筑大师 MOOK 丛书 : 路易斯 · 康 [M]. 武汉 : 华中科技大学出版社，2007:19.

⑥ 原文：“……唐柳柳州说得极为精辟概括。他说：‘……因其奥虽增以茂林蒙石……不可病其邃也。’”参见参考文献 [5]。

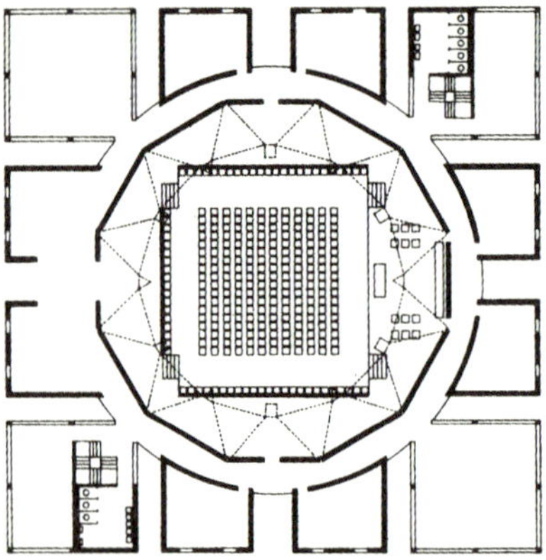

fig...02 唯一神教教堂第一版设计方案

fig...03 耶鲁大学美术馆屋顶

fig...04 达卡议会大厦内外圈之间的交通部分

空间的周边部分，本身即是功能房间而非实心变形柱。布扎体系对“剖碎”的解释相当于基本解释，它仅指用以获得相互依存的完整几何空间的实体“零余部分”，默认为它该为主体完形服务，未曾想这些破碎的“中介物”本身也可以反向包裹完形空间。有学者将 poché 翻译为“厚性”，来表达内外之间残余空间的围合特性[4]，也无法描述空间嵌套关系。实体成为空间，空间联同其边界定义其他空间，空间互为边界，孳生、膨胀并相互挤压，形成纤薄到近乎乌有的边界，就像显微镜下的细胞。

建筑的发展历程是实体越来越少，形体越发轻薄。当这种切割发生在实体部分，沉重而厚实的墙壁或柱就可以从中间掏空，发动“计实为空”的初步操作。反过来，可以把“零余空间”打包，拼成中空的厚墙、厚柱、厚楼板，成为“被服务空间”的边界，就像路易·康在耶鲁大学美术馆扩建方案（Yale University Art Gallery，1950—1953，美国纽黑文）中设计的那个容纳了结构、照明和管线的“屋顶”*fig...03*。当其几何结构尺度放大到可以容许人的身体进入，它就成了达卡议会大厦（The National Assembly Building in Dhaka，1962—1982，孟加拉国达卡）内外圈之间的交通部分*fig...04*。这些“计实为空”的边角空间与核心空间互为因果，就是园林中“旷”与“奥”的二元关系[5]。在园林中，“旷”不一定是完形，“奥”也不一定是零余，它的出发点不是柏拉图几何，而是相对性的身体感知。

之二

剖碎的字面意思

关于“剖碎”的概念，比较认真的讨论来自霍伊斯里，他认为可以经由法语中的“水煮蛋”（l'ouef poché）来辅助理解，又好像是“装入口袋的东西”，“一个可以放入袋子中的理想的形状”，被袋壁的织物或纸张包裹[6]118。到底是口袋本身，还是放进口袋里的东西？

“剖碎”本身是个分词，原型是“pochér”，投到清水里煮。鸡蛋破了就无定形四处流淌，投入沸水中会逐渐成形，但也会记录下流动状态。如果说荷包蛋本身是 pochér 的结果，即“装入口袋的东西”，那热水就充当了口袋的功能，形成边界。水、蛋清和蛋黄相互嵌套，互相限定、彼此依存。建造过程可以类比为水煮蛋，为空间赋予确定的形状。

在《建筑的复杂性与矛盾性》中，文丘里还打了一些比方，比如“开口的残余空间”（open poché）、“脱开的衣服里子”（detached lining），以及“物体中的物体”（things within things）[7]70-87。口袋会形成面层和里子之间的嵌套空间，内能容物，外不破坏西装内外表层的完整性。回到霍伊斯里最初的解释：“黑疙瘩；平面或剖面中的一个部分，用来表示结构被剖开的切口，就好像一个大墨点”[6]118，实际上，图与底都是“剖碎”的一个侧面；黑白之间可以存在多重灰度，类似于鸡蛋的多层构造。霍伊斯里谈平面的时候，他认为“剖碎”代表着涂黑的实体；在谈水煮蛋或口袋的时候，又把它看作内容物或空间留白，是矛盾的。为了解决这个矛盾，必须将各级灰度看成一个整体。

一个称职的建筑教师讲授正投影图画法⑦，会不断强调“双线交圈”，而这正是三维空间表里关系的逻辑结果。当三维实体投影在二维平面上，实体部分有两种表达方式：双线交圈的“口袋”，或者把这个口袋用黑色（或排线）填充，成为一个“黑疙瘩”。当绘图者恪守这个法则，图纸向现实的转移过程就不会出现思维错误，那些涂黑的部分好像口袋的衬里，分割（parti）⑧表里，撑起内在的虚空。平面或剖面上的双线交圈、内部填充，跨越了时间，超脱于各种体系、风格、脉络之上，一直存留在建筑图纸上，可以说是投影法的精髓。

“剖碎”是一个比方，描述事物被包裹封装，内外二分的状态。投影到二维平面上，包裹物（双线交圈）、被包裹物（内部填充）以及这个包裹过程，共同形成了纸面上的“黑疙瘩”。但是黑里面也可以有白，就是水煮蛋的蛋黄。

之三

剖碎与古典建筑

1506 年伯拉蒙特（Donato Bramante，1444—1514）绘制的圣彼得大教堂（St. Peter）平面是文艺复兴时期的集中式平面，对比早期的草图 *fig..05* 与最后的方案平面 *fig..06*，设计过程可以理解为在空白图纸上逐步用完整几何体进行切分，控制几何形状的位置、大小、比例来完成平面布置。首先画出黑色连续交圈的线框来表达边界的位置，然后对线框进行着色填充，这个边界及其内容物就是“剖碎”。

文艺复兴时期的“剖碎”除了表达一般意义上的图底关系，还有附加的含义，就是古典建筑师的柏拉图追求，包括轴线、对称和完美几何的空间形态。

⑦ 正投影图画法指投影线与投影面垂直，对形体进行投影的方法。参见：何斌，陈锦昌，王枫红．建筑制图（第八版）[M]. 北京：高等教育出版社，2020: 30-33.

⑧ 原文：“With great lucidity, Professor Cret explained to his... meaning as well as the instrumentality of a parti.” 参见参考文献 [2]。

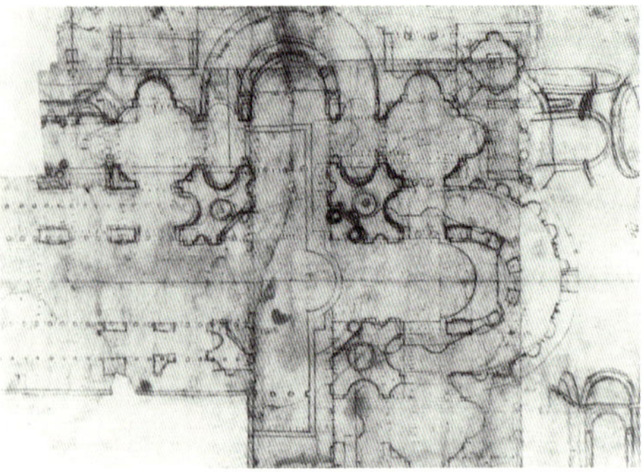

fig...05 伯拉蒙特绘制的圣彼得大教堂平面方案草图（1505）

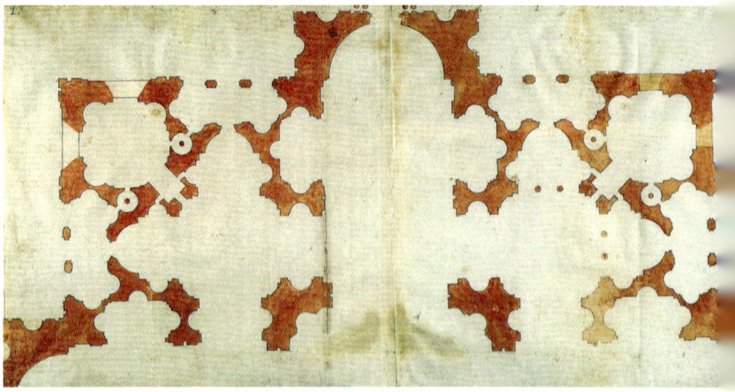

fig...06 伯拉蒙特绘制的圣彼得大教堂平面方案（1506）

正投影法和建筑制图恰在那个时期发展并流行。古典平面的“剖碎”为主体空间服务，大多呈现支离形态，正如伯拉蒙特的平面，主要空间都是圆形或椭圆形，剩余的“负形”就是不规则形态，于是“剖碎”的概念就又跟“零余”“不规则”等意思连在一起，这大概也是最初翻译成“剖碎”的缘由。如果把建筑看作实体方块，在图纸上用黑色表示；设计师从中抠出空间，在图纸上用白色表示，这正是巴黎美院的设计方法——底中抠图（parti et poché）[2]。有意思的是，以同样的方法，建筑师刘阳用黑色的泡沫来制造“太湖石”*fig...07*。

“剖碎”天然具有创造边界、消纳不规则形状的功效，成了巴黎美院造型思维的利器。但“剖碎”概念的狭义化大概是古典主义时期的事情，对于文艺复兴建筑师来说，事情还没那么清晰。按照麦克·杨（Michael Young）的说法，“剖碎”跟建筑剖面图和人体解剖图的发展息息相关[8]。在剖面图的演化过程中，平行透视正投影法的出现已经是很晚的事情，它基本上可以看作“数学的图示化”或“图示的数学化”。

有意思的是，在达芬奇绘制的人颅骨剖面中*fig...08*，完美几何空腔是没有的。似乎大自然并不偏爱完形。颅骨展示了一种有别于古典建筑的空间范式，它没有轴线，没有对称，也不能简化为有限的几张剖面图，因为它的实体与空腔本身就不是规则几何体，又连续变化。相比之下，古典主义只是依照某种特定的“格律”或“方言”来使用“剖碎”方法。颅骨更像是洞穴或湖石，是大自然塑造三维空间的方案。它映射着一种更加复杂、难以简化的图底关系。当时的建筑师看到这些解剖图的时候，一定大受震撼，同时意识到它们与建筑剖面图的某种关联。

剖面图实际上也是一种解剖图。剖面图的发展与人们对古代废墟*fig...09*的观察有很大关系，建筑一旦成了废墟，隐藏的内在结构就暴露在外，给人一个观看剖面的视角。废墟和未建成结构其实就是建筑的骨头，格外受建筑师青睐。

fig...07 大料建筑作品“一摸黑”

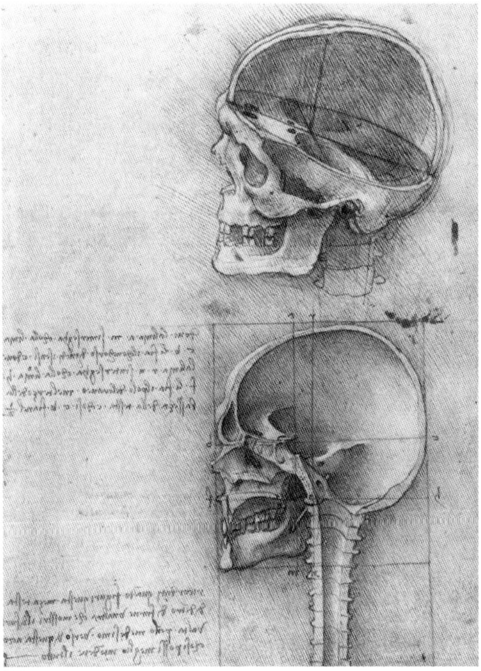

fig...08 达芬奇绘制的人颅骨剖面

之四

「剖碎」概念的现代发展

既然“剖碎”是空间虚实相生的一般法则，就必然可以应用于现代建筑。跟古典建筑一样，现代建筑也发展出一套“格律”或“方言”，只是用“效率”取代了“神性”，规则的矩形平面从此主宰了建筑图纸。这样一来，平面上的“零余”被清除了，“剖碎”缩减为极限化的支撑结构（通过结构计算获得），平面上的“黑疙瘩”成为框架柱。

霍伊斯里曾试图打通古典建筑和现代建筑中的“剖碎”，他把修道院平面与蒙德里安（Piet Cornelies Mondrian，1872—1944）的绘画进行对比，说：“剖碎就好像碎石墙中石头与砖块之间的灰泥抹缝”[6]118 *fig...10*。与古典建筑不同，现代建筑的图底关系中“黑疙瘩”不见了，它们化为连续线性的黑色条状物，被霍伊斯里称作“关节”或图的“枢纽部分”，充当毗邻方盒子空间的“中间部分”，并说“节点既可能是实体也可能是空间，既可能是实也可能是虚”[6]119。显然，霍伊斯里已经清楚地认识到“剖碎”离开了古典主义之后依然具有空间意义，以及它的现代等价物是什么。

把不同尺度的立方体盒子看作基本空间单元，连接方式可以有以下几种：①彼此分离，分散布置；②彼此毗邻，形成线性边界；③彼此咬合，形成立方体的“交叠部分”；④彼此嵌套，你中有我。第一种模式，可参见彼得·卒姆托（Peter Zumthor，1943—）设计的瓦尔斯温泉浴场（The Therme Vals，1986—1996，瑞士瓦尔斯）平面 *fig...11*，其淋浴室部分作为巨柱撑起屋面，彼此分散布置，内部也有空间；或西泽立卫的森山邸（Moriyama House，2002—2005，日本东京）*fig...12*。第二种模式，就是蒙德里安的绘画 *fig...13* 和一般功能性建筑的平面。第三种可参见赖特（Frank Lloyd Wright，1867—1959）橡树园自宅（Home and

fig...09 卡帕多西亚的12世纪岩石切割教堂，屋顶，地板和整个侧墙都从中脱落

Studio，美国橡树园）fig...14 连接四个房间的龛室，和巴拉干（Luis Barragan，1925—1988）加尔维斯住宅（Antonio Gálvez House，1955，墨西哥墨西哥城）fig...15 的玄关。第四种可参见藤本壮介的 House N（2008，日本大分市）fig...16。可以说，现代建筑师对空间复杂性的探索已经超过以往，他们把目光投向曾经被忽略的聚落和废墟，拓展了空间营造的类型，通往颅骨、洞穴等自然造型。巴塞罗那德国馆（Barcelona Pavilion，1929，西班牙巴塞罗那）那样的“流动空间”，若以“透明性”原理⑨来分析，其实存在着很多交叠或嵌套的部分，是为非实体的“剖碎”，它们有隐藏的边界，在图纸上可以是黑也可以是白，分别属于不同的完形区域又可自成一体，模糊地定义着似有实无的完形空间。这种便利，恰恰是现代建筑结构尺寸缩小的结果，它让更丰富的空间想象和更精密的空间操作成为可能。

无论古典平面还是现代平面，都是三维空间镂刻的局部投影，对应的“剖碎”部分，一个是平面上的“黑疙瘩”，一个是连续的粗黑线。如果不遵守轴线对称也不在意单元形态，就同构于颅骨或洞穴，可以命名为“湖石”型空间。“湖石”几乎打破了空间虚实相生的一切人为规则，包括二维投影面、空间单元形态、轴线和对称性的限制，但在本质上，它与古典平面依然分享同一个规则。在任意位置剖切投影，双线交圈和内部填充的画法依然适用，只是从平面上的黑疙瘩真正变成三维空间中的水煮蛋。骨骼或湖石，本身就像是空间赖以生成的“体积”，所以医学上的CT影片⑩，可以看作是一系列人体内部构造的“剖面”，叠加皮肤、肌肉、膜体、器官、空腔和体液，共同形成了有机生命的空间支撑。

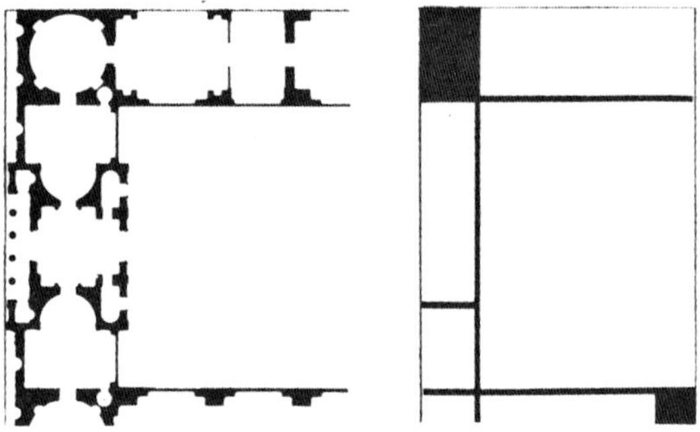

fig...10 霍伊斯里的对比图

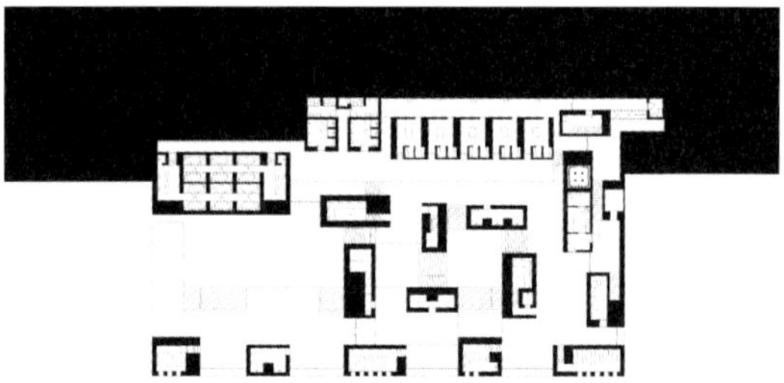

fig...11 瓦尔斯温泉浴场一层平面形

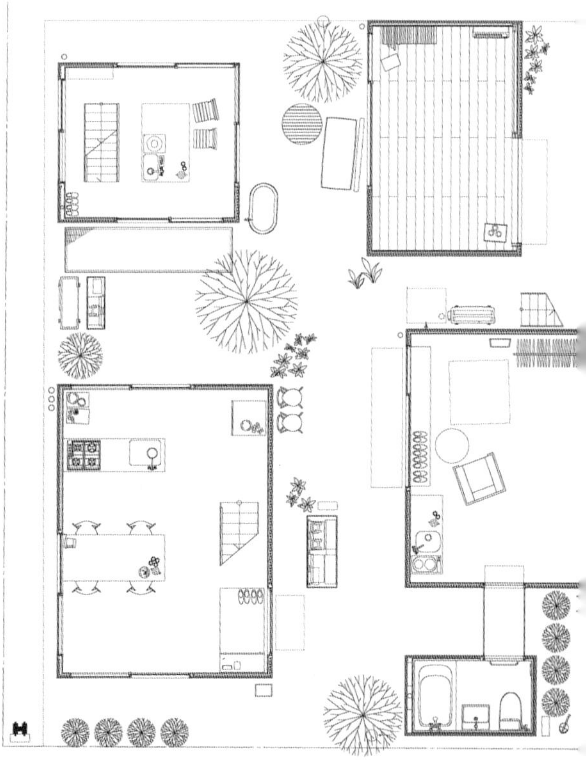

fig...12 森山邸一层平面

⑨ 柯林·罗的《透明性》（*Transparency*）将“透明性”理论引入建筑学，并分类为“字面透明性”（literal transparency）和“现象透明性”（phenomenal transparency）。参见参考文献 [6]。

⑩ CT（computed tomography），即电子计算机断层扫描。

fig...13 蒙德里安的绘画（1921）

fig...14 橡树园赖特自宅

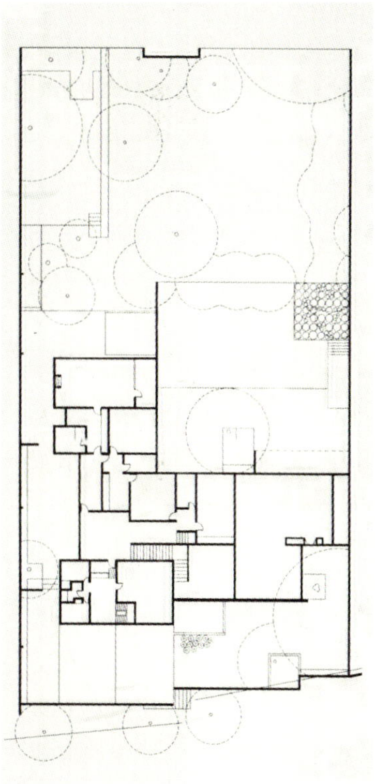

fig...15 加尔维斯住宅

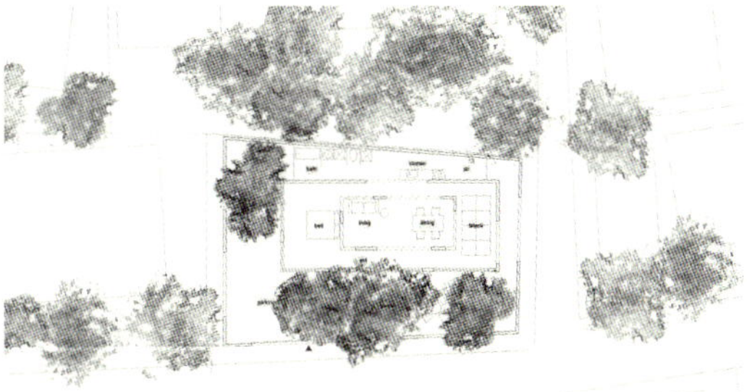

fig...16 House N

之五

「剖碎」与「湖石」的空间同构关系

通过对路斯住宅的研究，我们认识到，通常以为是三维的人造空间，其实不到三维[9]。人类的聪明才智，体现在以各种方法将低维的形式映射到高维。真正的三维物品，无论湖石、洞穴还是颅骨，都无法通过有限数目的投影来降维处理，其空间信息量一般要高于人造环境。如果路斯用空间体积规划设计出来的那些盒子堆叠的小房子，所有房间都拓扑成柔软的卵形，再发生联通、融合、镂刻和嵌套，将会怎样？

古典建筑的厚柱围合出核心空间。柱体本身可看作剖碎，中部挖空成为龛室，此时剖碎已不是单纯的实体，而是包裹着空间的实体。试想极端情况下不断以更小直径的圆柱体切挖实体部分，无论所剩实体多薄，仍可以有更小直径的“空”从中作出，直至实体无限趋近于无，成为空腔相互挤压而成的“海绵”，对外依然保有实体形态。这说明，只要刚度足够，空间体积仅需极少的“实”的部分即可成立。

如果这种切挖不仅在垂直方向进行，而且以不同尺度空腔从各方向吞噬实体，一块湖石就出现了。实际上，在肉眼不可见的层级上，实体依然充满了大大小小无数孔隙，世界上本没有绝对意义上的“实体”，剖碎和湖石，本质上是同构的。

为了证明这一点，我们通过计算机模拟来做个小实验，来让古典平面演变为湖石。当然，我们这里所谓的湖石是一种近似模型，真实世界中湖石的生成受到多种环境变量的影响，是非常复杂的。

我们先来看一下古代建筑使用“剖碎”的规则。以 1559 年米开朗琪罗（Michelangelo di Lodovico Buonarroti Simoni，1475—1564）绘制的圣乔瓦尼教堂（San Giovanni de' Fiorentini）方案手稿 fig...17a 为例，平面清晰呈现四条轴线的中心式布局 fig...17b。围绕轴线布置了三个层级的圆，尺度越大数量越少。将建筑外边界与这些圆的差集涂黑，成为“剖碎”。这里我们可以清晰看到轴线对称和等级关系，可以说，这些法则的确立尽管有教义影响，但不可忽视的一个原因是它方便操作，容易理解。究其根源，在于对称结构相对于非对称结构更简单、信息量更小。实际上，不管是在研究模拟还是在日常生活中，具有低复杂性的高对称结构都比具有低对称性的高复杂结构多得多。而且，对称的事物有内聚倾向，与周围环境剥离开来。不对称的事物向外扩张，彼此发生联系。从古典平面向湖石推演，首先要删除对称性。

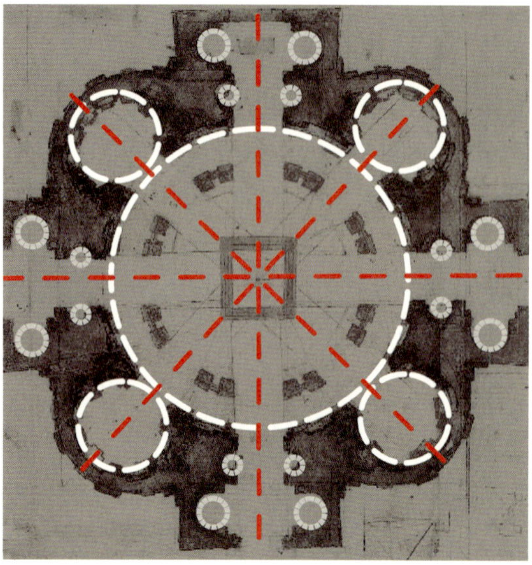

fig...17a 圣乔瓦尼教堂手稿

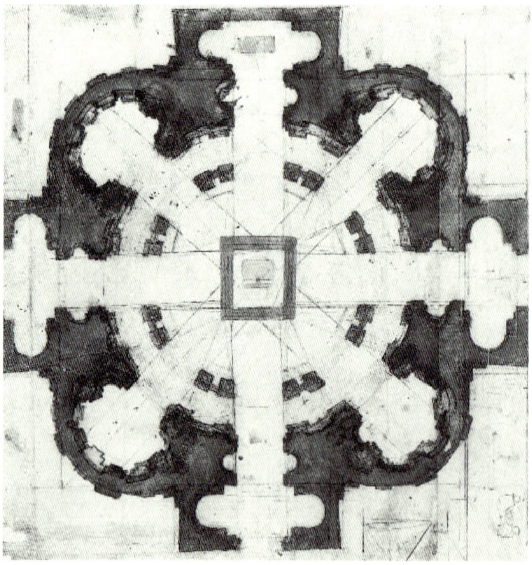

fig...17b 圣乔瓦尼教堂平面布局

塞利奥（Sebastiano Serlio，1475—1554）在《建筑五书》（*Sebastiano Serlio on Architecture*）中叙述了几何学与透视的画法，绘制了大量古代遗迹的平面，提出了集中式神庙平面的12种基本形状，书中大量平面图采用文艺复兴画法，将实体部分涂黑。在有关集中式神庙平面类型的讨论中，塞利奥认为圆形最完美，12种形状中9种是从方与圆演化出来，平面中存在多条对称轴线，虽然最外侧轮廓不同，进行切分的基础形状都是不同大小的圆形[10]。

顺着塞利奥的思路，参考文艺复兴时期建筑平面的集中式布局特征，通过布尔运算在方形平面的基础上模拟剖碎的生成，具体方法如下fig...18：

（1）在平面中设定通过中心的4条对称轴；

（2）规定产生圆形的位置关系（d1、d2、d3相切）；

（3）以生成的圆形对初始图形进行差集，保留剩余部分；

（4）将进行差集的圆形分为3个等级，进行尺寸上的迭代。

首先生成层级较高的大圆（核心空间），对实体进行差集，再生成次一级圆形，并对剩余部分进行差集。使用泊松盘控制最小间距来调节剩余实体形状，就制造出接近教堂平面的二维图形。通过调节单元形式与位置，平面有无限可能。

如前所述，古典建筑空间其实大多是二维图形在z轴上直线拉伸的结果，如此一来，平面生成的逻辑在剖面中并不适用。但可以在软件模拟过程中将之加诸z轴上，以获得更高维度的空间形态。平面上以剖碎获得空间的方式是用不同尺度的圆形切挖实心方形，那么对应到三维，就是用不同尺度的球体去切挖实心立方体。将原始平面在z轴方向保持一定间隔复制100份，将球体在空间中进行矩阵分布，与所有平面进行差集后，可以得到如图所示的结果fig...19。

接下来删除轴线对称属性，让形体从内聚转向外扩，实现实体和空腔的自然随机分布。为此，通过引入噪波，对球体位置和表面形态进行干扰，设定合适的干扰强度，立方体内部已经出现了类似于自然状态下的湖石孔窍分布形态。以同样的思路，将扰动施加到外轮廓的整体形态和表面形态上，在视觉上，三维剖碎空间就很接近湖石的形态了fig...20。这样，在去除对称性及施加表面噪波干扰后，古典建筑空间形态与湖石空间形态实现了一种条件式的转换。

需要说明的是，这样的转换只能一定程度上说明不同形态的空间之间存在相互转化的可能，并不是严谨的数学分析。事实上，古典建筑平面的生成规则是复杂多元的，自然条件下湖石的形态也难以用简单规则模拟。当然在人体尺度上，空间建造是多种条件的综合，比如结构性能、预算造价、人体工学和空间效能等，不大可能像显微镜下的细胞一样以挤压密排的方式来获得体积，但实与虚的辩证关系可见一斑。概括地说，一切实体都可看成是边界包裹的空间，并充当其他空间的边界。

在任何层级上，空间都可以是平滑的，也可以拥有无穷层叠和褶皱，人类的感官作为大自然的产物，很容易分辨哪种空间形态维度更高、信息量更大。人的建造，其实就是在虚空中通过剖碎引入层叠和褶皱，让隐藏的维度显现出来。离开实体的限定，空间本身是没有信息价值的。

fig...18 a 设定对称轴后结果

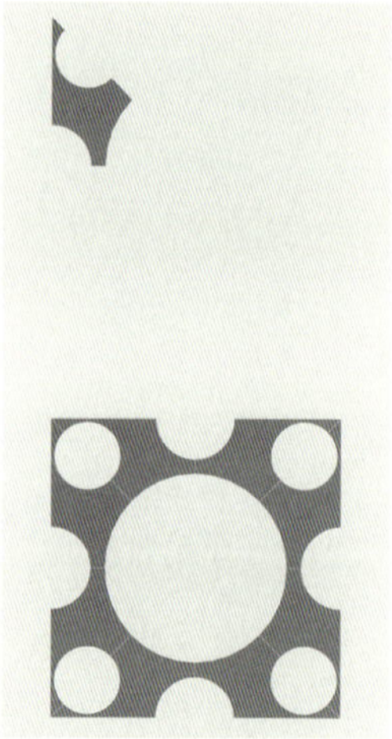
fig...18 b 第一次迭代后结果

fig...18 c 第二次迭代后结果

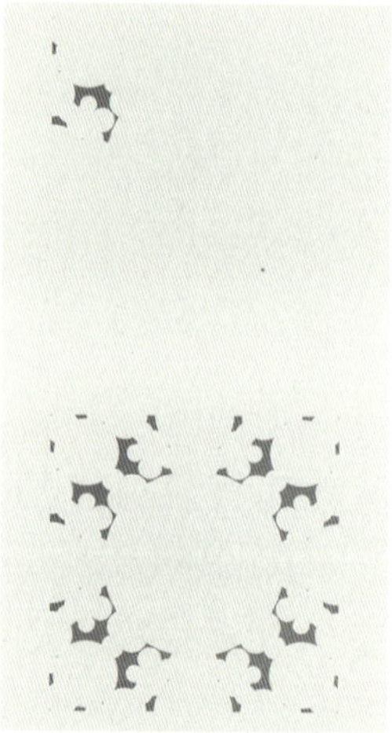
fig...18 d 第三次迭代后结果

fig...19 a 二维平面直接拉伸后结果

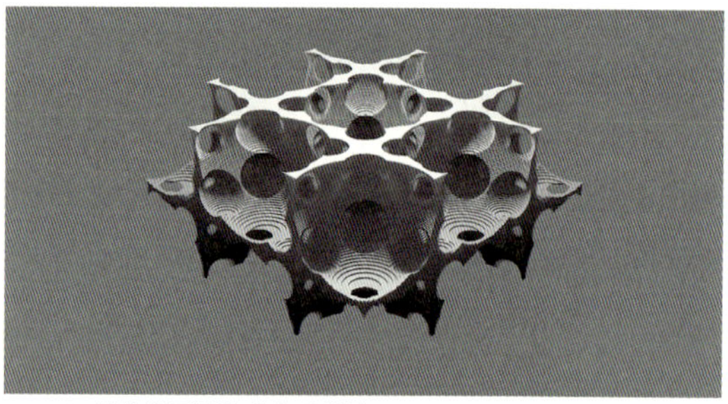
fig...19 b 球体位置矩阵分布后结果

fig...19 c 球体位置干扰后结果

fig...19 d 球体位置、表面形态干扰后结果

fig...20 a 实体、空腔的虚实关系

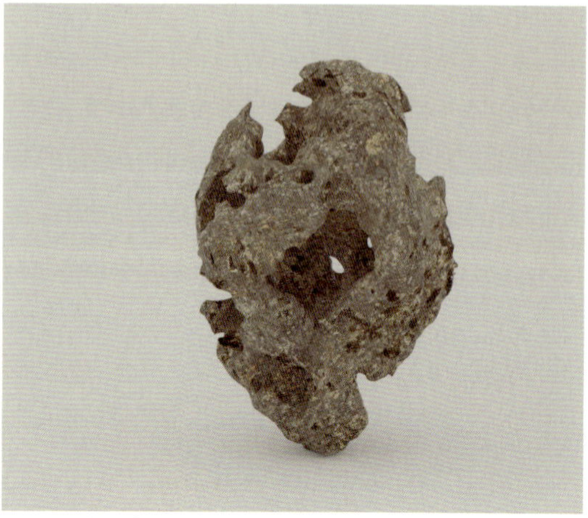
fig...20 b 实体赋予材质后的渲染结果

之六

「剖碎」概念的扩展

但人除了是自然的造物，也是文化的产物。对空间复杂性的认识，除了从维度等空间的“褶子”中读取信息，还能从隐喻等符号的“纹样”中读取信息。

文丘里大概是剖碎概念的招魂者。在《建筑的复杂性与矛盾性》第9章导言部分，他引用辛诺特（Edmund W. Sinnott，1888—1968）《有机形式问题》（*The Problem of Organic Form*）中的话来说明建筑室内外空间的矛盾⑪。一个简单的外表下可以容纳繁复的内部，与文丘里想要表达的“复杂性”主题密切相关，这种复杂性会随着系统的扩展而成倍增加，于是文丘里注意到城市中实与虚的反复嵌套⑫。在这里，文丘里实现了一次尺度跨越，把建筑单体和城市关联考虑，认为建筑师用“剖碎”⑬来解决建筑内外之间的矛盾，并把它分为“开口”和“闭口”两种[7]80。他在这一章末尾处说：“建筑就产生于室内外功能和空间的交接之处。”[7]86 意思是：建筑产生于特定的功能需求，它一旦出现，空间就分出内外。

柯林·罗在《拼贴城市》中对“剖碎”的关注直接来自文丘里的启发⑭。他顺着文丘里的观点，指出剖碎在城市空间塑造方面的重要作用，是将建筑的主要空间相互隔开⑮。他举博尔盖塞宫（Palazzo Borghese，1560—1673，意大利罗马）的例子来说明从不完美的城市连续空间中获取完形庭院（cortile）的方式，并将其与勒·柯布西耶的萨伏伊别墅（The Villa Savoye，1928—1931，法国巴黎）进行比较，指出柯布的建筑概念是孤立的、实体的，而博尔盖塞宫则是连续城市肌理中不可分割的一部分[11]151-155。在这里，作者显然是将图底关系中涂黑的部分看作“剖碎”，并提出了“城市剖碎”（urban poché）的概念⑯。这里已经明确说出连续空间中实体与虚空的相对属性和转换可能。在撰写《拼贴城市》的时候，柯林·罗已经无法抑制在书中倾泻大量政治议论的冲动，他让古代城市与现代城市截然对立。他虽然也意识到萨伏伊别墅是复杂的内外嵌套，但依然对现代表示悲观⑰。

文丘里为了驳斥经典现代主义，回想起剖碎在空间转换中的作用，柯林·罗更进一步，将城市中的建筑整体看成剖碎，并指出城市图底中虚实关系的相对性。当人们把目光投向城市，剖碎就已脱离古典成为更普适的空间概念。古典建筑关心的是如何从不定形中抽取完形，而城市和现代建筑的案例说明，在空间游戏中，虚实两方都可能是不定形，也都可能是完形，视具体情况而定。文丘里看到了剖碎空间的多层嵌套的可能性，柯林·罗强调了剖碎空间中虚实关系的相对性，两人都对传统意义上的剖碎概念进行了扩展。

两人似乎都还是基于平面图底关系去讨论剖碎的空间作用，没意识到黑白图底互相叠加的可能性。这一情况发生在柯林·罗身上让人费解，因为当年在《透明性》（*Transparency*）中，他实际上已经指出，更有意味的空间形态介于黑白之间⑱。透明性问题的基础是三维空间的二维投影，当黑与白都是复杂的三维嵌套形体，任何方向上单一的投影都不足以描述；透明性的引入，更像是在讨论单一方向上不同空间深度投影的二维叠加，好像建筑肌体的CT照影。在医学影像领域，实体与空间的三维透视叠合投影是常见的诊疗手段。与传统建筑相比，现代建筑典型的流动空间很难映射为单一方向黑白分明的二维投影。

童明认为，柯林·罗在《拼贴城市》一书中进一步探讨了实体与虚空图形之间的模糊性[11]113。但是，这种模糊性更多体现在城市尺度中虚实转换的可能性，而不是连续城市空间中的透明性。也许是出于对“昨日之我”的扬弃，柯林·罗对透明性概念只字未提。而霍伊斯里20世纪80年代在“透明性补遗”中对剖碎的讨论，却难免受到柯林·罗的影响。他强调的是，在现代空间中，因为实体与空间、中心与周边的界限模糊了，核心空间消失，空间各部分变得匀质、外扩，结果，“透明性与剖碎通过相反的方式发生关联”，但二者本质上是等价的⑲。

几位理论家都模糊地意识到透明性空间与剖碎

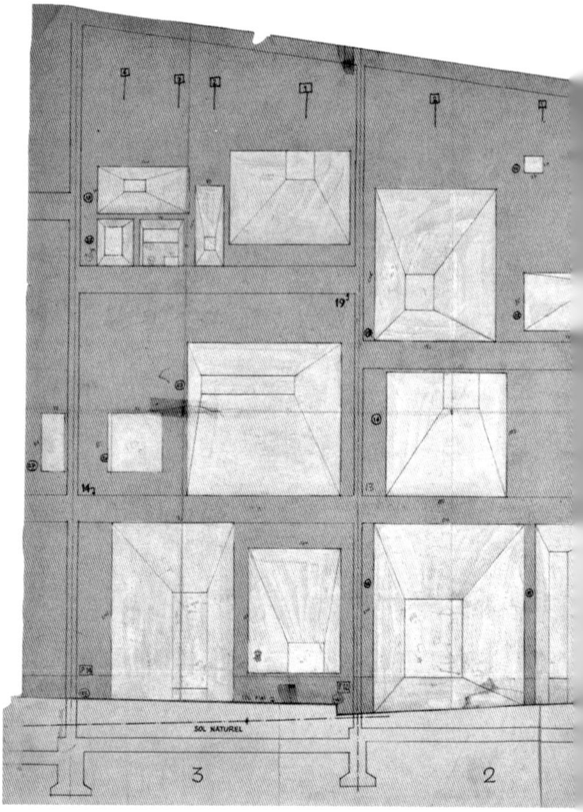

fig...21 朗香教堂的剖面

之间存在某种关联。在那一时期，更重要的案例其实是勒·柯布西耶的朗香教堂（Ronchamp Chapel，1954，法国朗香）[fig...21] 和飞利浦馆（Philips Pavilion，1958，比利时布鲁塞尔）[fig...22]，或许还有小沙里宁（Eero Saarinen，1910—1961）那些非线性的造型[fig...23]。可惜当时的理论对于纠缠的湖石型空间无从下手，所以对这些例子只字未谈。一直到一部分解构主义建筑师将曲线造型和拓扑空间引入设计领域之后，传统空间理论的危机才真正来临。然而这种危机与其说是理论自身的危机，不如说是思维框架上的危机，因为 20 世纪 50 年代的理论家们已经在建筑与城市、单体与系统之间努力寻找关联。客观而言，柯布在 20 年代提出的空间概念，已经将这个问题抛在世人面前，虽然理论家对白色住宅的兴趣远高于朗香教堂，但二者之间的关系显然比表面上深刻得多。在柯布晚年的探索中，建筑实体有一种洞穴化的倾向，像朗香教堂外墙那样“计实为空”的操作非常常见，空间多孔多窍的形态，与早年的白色住宅如出一辙[fig...24-26]。

《透明性》一书对设计方法的讨论，可以浓缩为一句话：“将立面切开，挖去一些部分，再把其他部件插入留下来的空位中”[6]40。为什么是立面？因为这本书是从二维投影来讨论三维空间的。其实切去的和插入的部分都是实体，与切除后的空腔错位布置。这样空腔就成了一个“拐弯”的空腔，也就无法在立面上通过单一投影来表达，黑白叠合，透明性出现了。

---

⑪ 辛诺特说：“外部体形经常十分简单，但是包装在有机体内部的是极为复杂的各种结构，它们一直是解剖学家的兴趣所在。”参见参考文献 [7]，第 70 页。

⑫ 他借老沙里宁（Eliel Saarinen，1873—1950）之口来阐述这个观点：“在空间中组织空间，社区是如此，城市也是如此。”只要是连续的空间营造，就必然会产生边角余料，文丘里称之为“残余空间”（residual space），并与路易·康的“服务空间”联系起来。参见参考文献 [7]，第 70 页。

⑬ 中文版的译者把它翻译成“空腔”。

⑭ “坦率而言，我们已经忘记了这个词，或将它降格列入过时类别；直到最近，经由罗伯特·文丘里的提醒我们才想起它的用途。”参见参考文献 [11]，第 156 页。

⑮ “基于感知领域，一座建筑物本身就可能成为一种‘剖碎’。为了某些目的，一个实体可以帮助相邻的虚空呈现出来。”参见参考文献 [11]，第 156 页。

⑯ “剖碎的总体用途似乎就在于它作为一种实体，去咬合相邻的虚空或被相邻的虚空所咬合，根据必要性或环境需要而成为图形或者图底。”参见参考文献 [11]，第 158 页。

⑰ “然而在现代建筑的城市中，这种互换当然既不可能，也不被预期。”参见参考文献 [11]，第 158 页。

⑱ “空间维度上的两难……互相渗透，同时保证视觉上不存在彼此破坏的情形。”参见参考文献 [6]，第 25 页。

⑲ “剖碎是物质的，透明性是空间的——尽管存在状态截然相反，二者却都表现出同样的作用。”参见参考文献 [6]，第 119 页。

fig...22 飞利浦馆

fig...23 TWA 候机楼

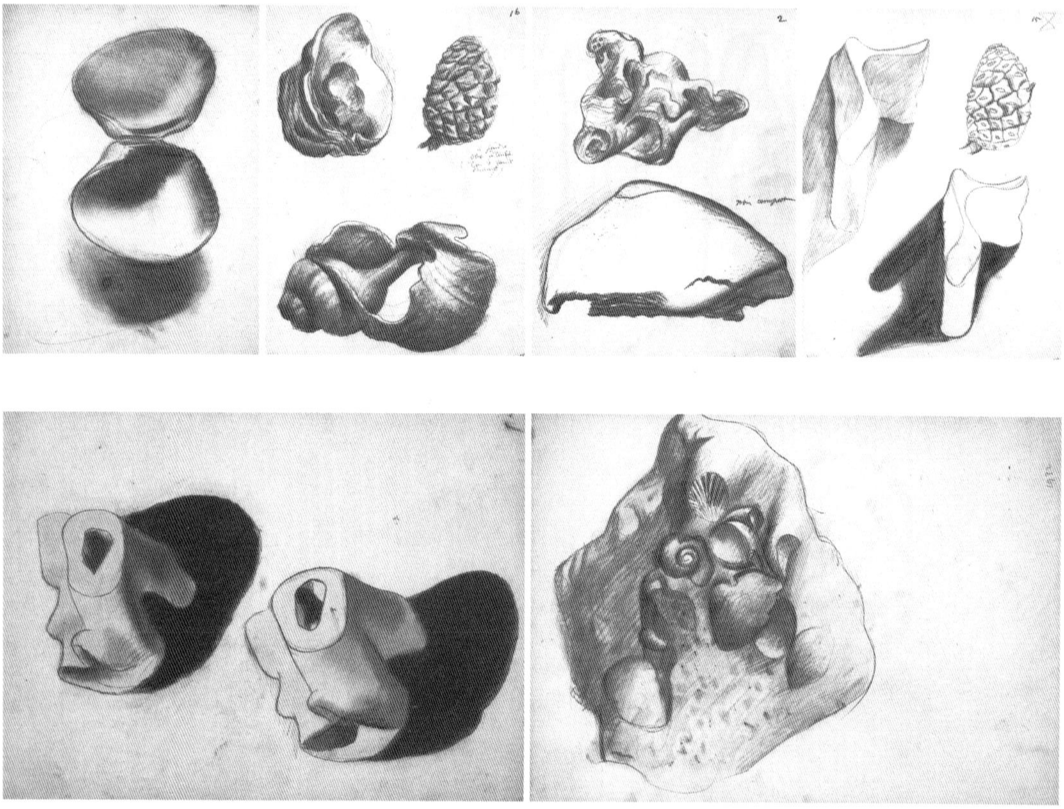

fig...25 贝壳素描

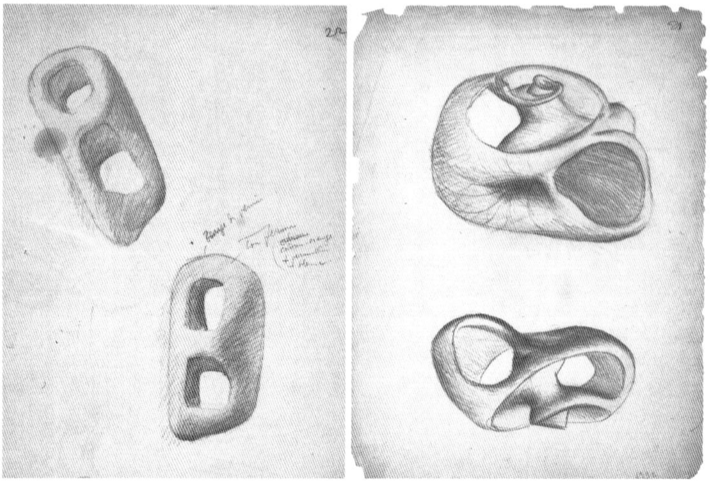

fig...24 柯布西耶晚年的雕塑

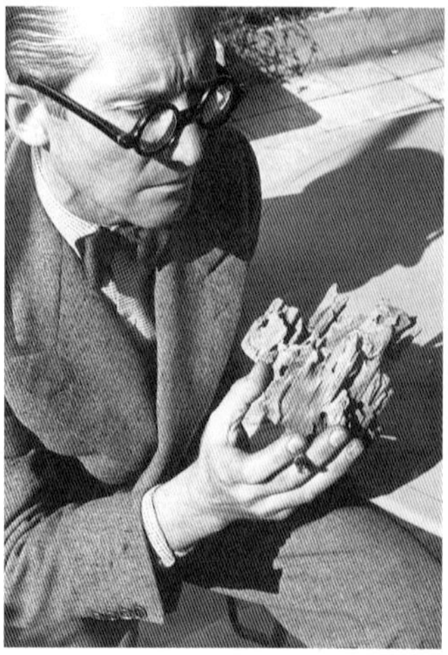

fig...26 柯布西耶手持漂流木的照片

之七

结语 三维空间的复杂性问题

人体感官能够接收和处理空间信息，这也是一切空间感知的原点。审美只是空间感知的派生物。

实体与空间的共生关系在传统投影制图法中表达为黑白图底。实体是人获得空间的手段，即老子所说“当其无，有室之用”[20]。受人体解剖图影响，建筑中的实体部分在投影图中表达为双线交圈及其内部填充，这就是“剖碎”的由来。“剖碎”的不同形态，无论是古典建筑中的异形碎片，还是现代建筑中的正交线段，都是选择不同“格律”或“方言”的结果。

剖碎的物质形态决定了它内部依然可以容纳空腔，有闭口和开口两种（文丘里），是空间虚实关系在二维上的拓展。当剖碎沿非正交方向进行非线性放样，实体之间交叠、嵌入、融合，剖面就呈现出颅骨或湖石一样的形态，迭代下去，空间逐渐逼近真三维，此时实体部分表现为剖碎的一般形态，形成湖石型空间，在任何轴向上都无法通过单一或有限的投影图来表达。用放射线对其照影，得到一张叠合的剖面图，不是黑白两色，而是深浅相间的灰度图像，可以看作三维空间在二维平面上的共时性投影，也可以看作二维平面切割三维空间的历时性叠加。可以推测，当用三维空间切割四维形体，将看到连续变化的三维形态，当它瞬间凝聚，留下体积的碎片，便不仅是剖碎本身，也是更大尺度上空间单元彼此交叠、嵌入、融合的见证，实体随时间移动的残留，非空非非空。就是三维透明性问题，我们借它来幻想更高维度的空间信息。

作为空间虚实转换的机制，湖石、古典平面或现代流动空间，都是三维透明性问题的特例。这种更具普遍意义的透明性来自非空非非空的“剖碎”，它打通了建筑和城市空间的边界，三维物质空间以此为复杂性的极限，能触发异常丰富的感受。“复杂性”因此成为空间环境丰富体验的物质基础。

---

⑳ 原文及出处参见注释 4。

参考文献

[1] 童寯．美国本雪文亚大学建筑系简述 [M]// 童隽．童寯文集第一卷．北京：中国建筑工业出版社，2006:224.

[2] Ruan X. What can be taught in architectural design?—parti, poché, and felt qualities[J]. Frontiers of Architecture and Civil Engineering in China, 2010, 4(4): 450-455.

[3] Bhaba H, Kapoor A. Homi Bhabha and Anish Kapoor: A Conversation [EB/OL]. (1993-06-01)[2021-03-15]. https://anishkapoor.com/976/homi-bhaba-and-anish-kapoor-a-conversation.

[4] 李静波，戴志中．Poché：内外之间的“厚性”陈述 [J]. 新建筑，2014(06): 94-97.

[5] 冯纪忠．组景刍议 [J]. 同济大学学报，1979(04): 1-5.

[6] 柯林·罗，罗伯特·斯拉茨基．透明性 [M]. 金秋野，王又佳，译，北京：中国建筑工业出版社，2008.

[7] Venturi R, Stierli M, Brownlee D B. Complexity and Contradiction in Architecture[M]. New York: The Museum of Modern Art, 1977.

[8] Young M. Paradigms in the Poché[C]//107th ACSA Annual Meeting Proceedings, Black Box. ASCA, 2019: 190-195.

[9] 金秋野．截取造化一片山——阿道夫·路斯住宅设计的空间复杂性问题 [J]. 建筑学报，2019(09): 110-117.

[10] 塞巴斯蒂亚诺·塞利奥．塞利奥建筑五书 [M]. 刘畅，李倩怡，孙闯，译．北京：中国建筑工业出版社，2014: 423.

[11] 柯林·罗，弗瑞德·科特．拼贴城市 [M]. 童明，译．上海：同济大学出版社，2021.

作品 WORKS

隙间庭记*

董豫赣

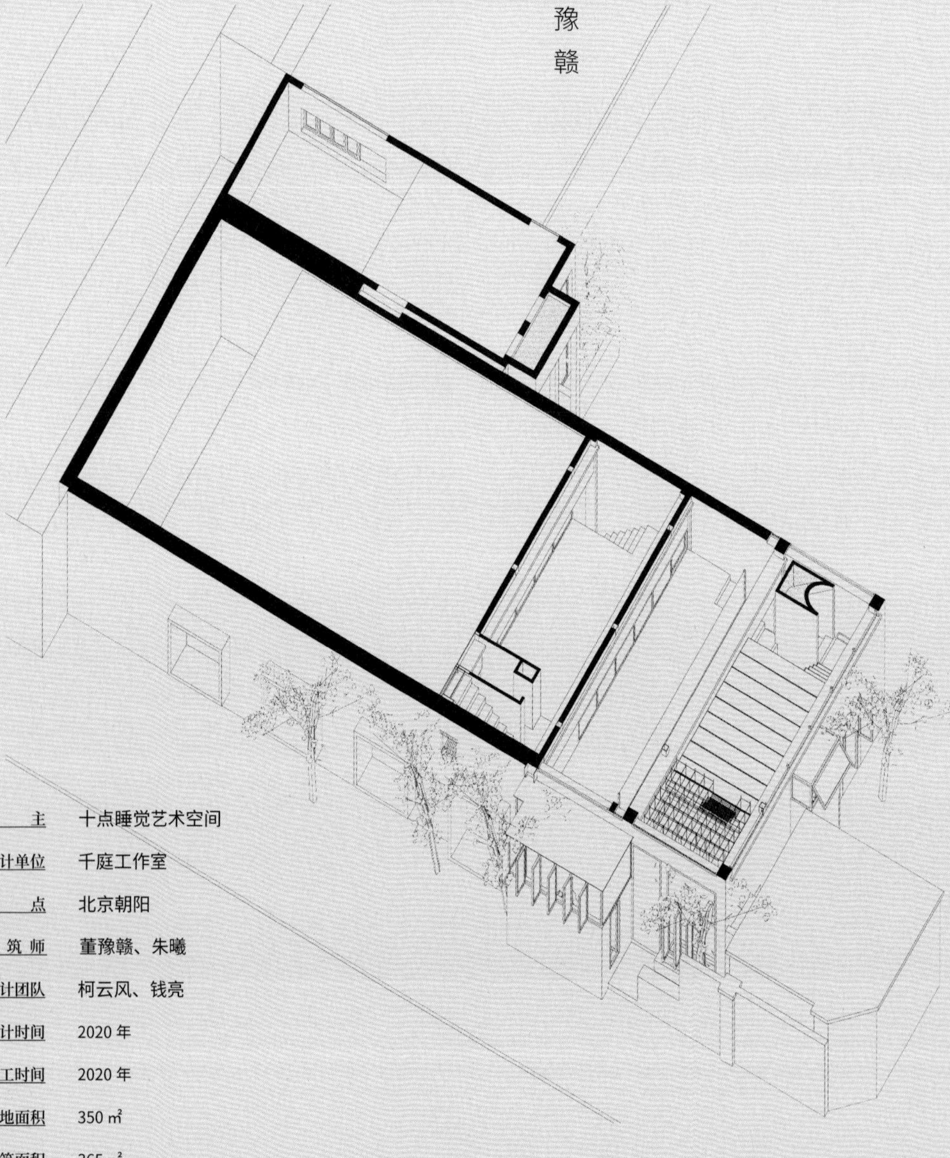

业　主	十点睡觉艺术空间
设计单位	千庭工作室
地　点	北京朝阳
建筑师	董豫赣、朱曦
设计团队	柯云风、钱亮
设计时间	2020年
竣工时间	2020年
基地面积	350 m²
建筑面积	365 m²
结构形式	钢结构

*本文原题目为《隙间作庭——山中天艺术中心设计》，原文刊载于《建筑学报》2020年第9期（总第623期）。本书收录时略有修改。

之一

二十年前，我在《时代建筑》上撰写《隙间》一文，以阐释我设计的一座画家住宅，文章以徐渭的青藤书屋开头：

雨间，绍兴“青藤书屋”被雨隔成四间：屋两间，天井两间。

三堵白墙，两屏格窗，从南向北排成：墙、窗、墙、窗、墙。

那时，我还不能区分天井与庭园，我对庭园的诠释，还附着在建筑的窗、墙间，我对庭园景深的理解，也只是瓦当的滴雨，能否撑开窗墙间黏着的深度。此刻重审那篇文字，我在用地宽裕的设计中，专注于窗墙间的隙地讨论，大概是意欲作庭又无能造景的遁词；我对基地内 34 棵柿子树，虽有数字记录，却将建筑与林木间的避让关系，视为即景经营；我对园林隙间的丛竹、青藤美景，虽有形态描述，却错将庭园门窗开启的灵活性，当成庭景生动的观念性赝品。

那时，我以为，青藤书屋两侧宽仅几米的天井隙地，已是作庭的最小用地。后来，在巴瓦自宅中，我才见识到何为“隙间作庭”。从车库进入客厅的玄关，其间所嵌四处池景，不但比日本坪庭还小，也无坪庭的中心意象；它们散置在空间边角，三个植物池，分别镶嵌在车库尽端、凸出于玄关中段、凹入拱下壁龛 fig...01, 02，另外一方浅水，藏在玄关尽端的柱列背后 fig...03。

巴瓦以这几处占地极少的边角池景，不但维持了庭景生动的不同意象，还为空间经营出可感的庭园氛围。若与留园一样狭长的玄关相比，留园前序的行游感知，像是在狭弄中的街巷穿行；而巴瓦自宅的这处玄关，却兼有废墟与洞窟这两种内庭意象。

fig...1 巴瓦自宅车库植物池

fig...02 巴瓦自宅玄关中段两个植物池

fig...03 巴瓦自宅柱列背后水池

其废墟意象，在于建筑与池景的对比经营：玄关光滑而纯白的抽象面貌，使得池沿材料的粗砺与深色，像是被自然侵蚀的风化结果，而池中被天光照亮的植物或池面，也像是废墟常有的植物蔓延与屋漏积水，它们在白色与原色、粗砺与光滑、幽暗与明亮的对仗间，彰显出人工与自然有别的可感特征。

其洞窟意象，由两处空间带出：车库近旁螺旋楼梯的洞窟般体验 *fig...04*，以及中段拱顶与远处柱廊叠加出的洞窟意象。巴瓦这座楼梯，无论是连接屋顶花园的功能，还是螺旋梯段的工艺处理，与柯布在巴黎自住公寓的那座楼梯 *fig...05* 都很类似；与后者意欲成为空间视觉焦点不同，巴瓦旨在梯内攀爬的空间体验，抹成圆角的梯壁，已有洞穴意味，梯段隔墙上仅有的一个踏下洞口 *fig...06*，也颇有洞窟间的壁透意象。而玄关被甬道中段拱起的洞窟意象，从图纸看，几难察觉，那截被筒拱低覆的甬道，与远处台口般的四柱三间立面，它们在空间中既不连续，也不对位，或是甬道被植物池所挤的路径偏折，在身体移动中，甬道偶然正对其中两间的中柱时 *fig...07*，忽然就叠加出哥特教堂中柱门廊的意象，或许是那边柱列被天光照亮的远明近暗，或许是那边柱列被裁出的门廊意象，从甬道这边望向那边，从玄关通往客厅的进入序列，竟有即将出洞的感知。

之二

这截玄关的内庭意象，得自于巴瓦对内外界面的刻意模糊，车库与甬道层高间的横幅洞口，被密排的宝瓶所模糊；车库尽端的植物天窗，因身体被榻所阻，难以仰视天窗的玻璃界面 *fig...01*；而甬道旁的植物天窗，则被与身体平行的密肋藤架所掩；凹龛内那个树池的挤迫姿态，也无从探究其外部情形 *fig...02*；嵌在柱列背后的尽端浅池，也以藤架与洞口遮蔽外景 *fig...03*；即便客厅所对较大池庭 *fig...08*，因屋顶几乎压至视高，也无一般庭院豁然见天的外部意象。

fig...04 巴瓦自宅楼梯

fig...05 柯布西耶，巴黎莫利托公寓螺旋楼梯

fig...06 巴瓦自宅楼梯内空

fig...08 巴瓦自宅客厅与庭院

fig...07 巴瓦自宅拱洞与柱列对位关系

之三

我在屋顶花园，试图窥视内庭在屋顶上的天窗秘密 fig...09，它们却颇为杂乱，有块扣在洞口上的玻璃构造，几近简陋，它们与一旁邻居的屋顶 fig...10，都有增建常有的杂乱外观。以搭建来扩充面积的人类欲望，比筱原一男要让房子看起来大的建筑学愿望，还要更原始、更真实，也更普遍，在这种经常造就贫民窟的普遍条件下，将巴瓦自宅庭园的特殊品质，仅仅归功于其不断加建的条件，就像是对巴瓦作庭天赋的否定。

鸟瞰这座住宅，它几乎挤满了基地，它甚至还有一幢三层小楼，其密度之高，还能不失庭园的生动感知，既让我惊讶，也让我惭愧。当初，我对自己首次建成的膝语庭，曾有规模与位置的两种自得：它占地仅有一分（约 66.7 平方米）的规模，让我得意于它比残粒园还小的用地；它位于十七层楼顶的位置 fig...11，曾被我视作对《园冶》六种庭地的第七种扩展。而巴瓦这座自宅，却将庭园设计的普适性，几乎拓展到室内设计领域，即便没有余地作庭，哪怕是室内改造，也有带入庭园意象的可能。

我为此在电脑里专门设置的两个文档，密度庭园与内庭园，很快改变了我接手项目的条件，在此之前，一位朋友向我咨询白塔寺一座小院的改造时，我以为，那条宽仅米许的宅间隙地，不可能兼作通道与庭园，并打消了他邀我设计的念头。去年春天，一位甲方向我咨询 798 附近一座旧房是否值得改造，尽管没有任何露天场地供我作庭，我还是前往现场勘探，其涂鸦的西面外观，虽破败不堪，但其沿街南侧的几株桑树 fig...12，却颇具奇姿；内部由框架架构的空间 fig...13，虽平淡无奇，南墙上的一个钢板凸龛 fig...14，却让我遐想它的庭景潜力，我决定接手这个项目，以考验自己内向作庭的能力。

fig...09 巴瓦自宅玄关屋顶部分

fig...10 巴瓦自宅与邻居屋顶部分

fig...11 十七层屋顶上的膝语庭

fig...12 山中天美术馆原有涂鸦外观与桑树

fig...13 山中天旧有框架结构

fig...14 山中天南墙旧有凸龛

之四

这座占地 400 平方米的建筑，由东西两幢构成，西部临街的主楼，本为底层七间、楼上五间的两层架构，楼上北侧的两间露台，被钢板瓦顶封成室内（见 fig...12）；藏在主楼东部小区内的配楼，贴建在主楼北部三间背后 fig...15。甲方想将它们改造为一座小型美术馆，作为我为他设计的另一座大型美术馆的预热项目，他要求这座总面积 800 平方米的建筑，能容纳美术馆展厅、艺术品商店、艺术家工作室、报告厅、咖啡厅、办公室、冥想间等多种功能，以为那座名为藤本庭的美术馆，培训不同部门的员工技能。

这些年，我用白居易以“舟车器异，杞梓材殊”归纳出的成器法，应对老建筑改造，已轻车熟路，我将待改的旧有空间，视为待裁的空间材料，而将项目的新型功能，视为待成之器，我审视它们之间可能匹配的部分，而将设计的精力，聚焦于它们不能匹配的难点。那座占地 60 平方米的配楼，因有从小区内进入的入口，正可满足两套工作室独立的要求；沿街这座主楼的靠北三间，东部被配楼阻塞，北侧被刀削面馆所挤 fig...16，仅余朝西开敞的窗户也被封闭的现状，正合展厅的内向性需求。若能掀开最北一间楼板，不但能为展厅构造一间通高的坡顶空间，楼上越过刀削面棚屋的几扇北窗，还能为美术馆导入理想的北向高光；主楼南侧的另四间，尽管被小区门房局部遮挡，大致都有两面或三面朝外，它们不但能为内部作庭，提供充足光线，几株姿态奇伟的桑树，以及那个凸龛，也都在这边可供资庭。基于展厅面积最大化的要求，我将东西通透的当心间，调给美术馆，而将南侧这三间，掀开楼板，并以梁间新的布置，容纳门厅、接待、咖啡厅、小商店、办公室、厕所、楼梯等功能，并借助其功能在空间叠加中的交通复杂性，调试它们在内庭间的可游品质。

主楼两层预制楼板构造的空间，层高完全一样，板底虽都有 4 米净高，刨开梁高，梁底皆不足 3.2 米，拆板不拆梁的改造条件，就无法加建一间以上的像样阁楼，地面 40 厘米下就有的人防屋顶，也限制了向地面挖掘空间的可能，我只能借助地面几个 30 厘米深的现有浅坑，展开空间的垂向设计。

fig...15 山中天旧有东部配楼

fig...16 山中天旧有主楼北侧现状

fig...17 山中天第一轮方案办公空间与老梁间缝隙

之五

预制板构造的楼面，不但拆板容易，还能保持梁面完整。花篮梁的T形断面，让我兴起以梁为台的家具愿望，而深梁具备的隔墙特点，让我以两种标高的阁楼，分别表现梁的家具与隔墙功用，北侧两间自承重的阁楼地面，距离老梁梁底的桌高设计，使得在这两间阁楼里的坐立，视线皆被两侧梁身遮蔽，朝北那间展廊，可将小型画作悬挂在视高的梁身上，而相邻那间办公室，在两道深梁间可获得私密，只是为了俯瞰南边的内庭场景，我才刻意将其楼板稍微北退，以与南侧高梁，错开一条缝隙 *fig...17*；南侧尽端那间商店的阁楼地面，则以钢梁固定在老梁两侧，这个空间，就能将梁上表面，当成展卖台面。

在设计这三间阁楼的交通时，我既不舍得拿出一间设置楼梯，也不愿为每间阁楼设计爬梯，受限于梁底3.2米的限高，我先在最南一间向东直跑几步，在梁将碰头之际，往南北分流折返阁楼的节省路线 *fig...18*，却意外得到两种品质的阁楼，北边尽端式的那间，正能满足办公所需的私密，南边通过性的那间，也有商店想要的人流 *fig...19*。地面最高的商店阁楼，借由西南通高空间中悬垂的藤间梯段，可与顶层展厅与报告厅相通；美术馆从底层东南角向南攀爬的梯台，虽与隔壁办公室的梯段相通，却被高梁所阻，往西折入那间阁楼画廊，继而在门厅之上，以向北的半跑楼梯，通达楼上北侧的三间展厅。顶层南侧报告厅三间跌落地面，由底层跌落的两种阁楼屋顶自然形成，并与藤架内的梯段环通 *fig...20*。

朱曦以一间极小展厅置换梯旁栏杆的设计，深得我与甲方喜爱，在这间隐秘的小间内，一截越过楼梯上方的空腔，与一旁凹入转角的玻璃窗，都是朱曦对外部桑树的即景反应。甲方要求的冥想间，则被我安置在主楼与配楼间20厘米宽的狭缝间，借助墙柱间的厚度差异，我剔出了一条可供独座的天光冥想处 *fig...21, 22*。缝隙间夏日可见屋顶空调机冷凝水的滴落庭景，则得自王宝珍在椭圆内那条冷凝水线溪的启示，我极喜这类以日常生活废料为庭景的想法。

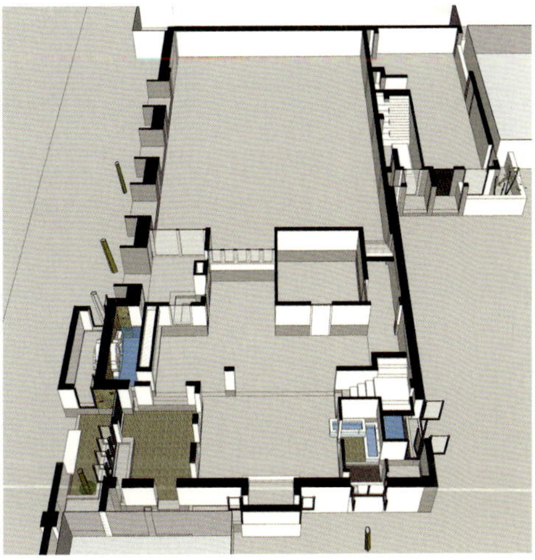

fig...18 山中天第一轮方案首层模型

fig...19 山中天第一轮方案阁楼层模型

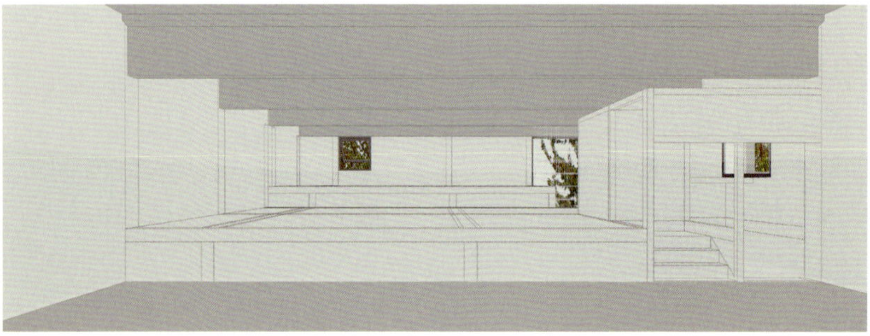

fig...20 山中天第一轮方案顶层模型导图

fig...21 狭缝间的冥想室

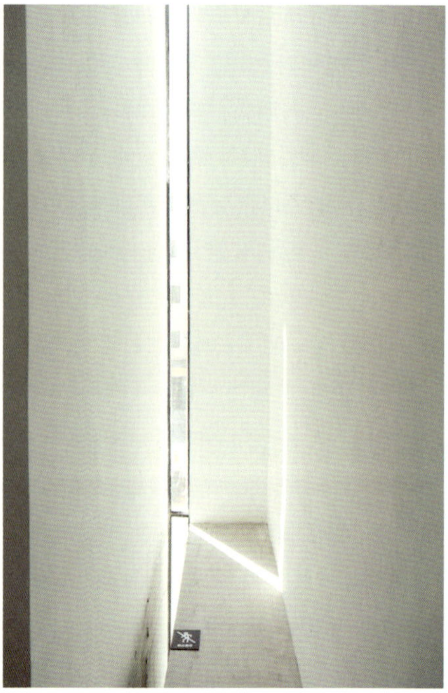

fig...22 冥想室所见狭缝

之六

我曾检视庭园建筑一说，发现并无园林建筑的特殊构造，那些开阖灵活的门窗装折，与当时住宅的门窗并无不同，其生动之处，不在构造的特殊，而在即景应变的精巧；我在日本庭园所见庭景材料，也一样普通，在露地上铺石防泥，只是民家常用，庭园的草书铺地，只是剔除石道冗余后，仅剩脚踏矴步的庭石做法，建筑木柱必需的防水石础，也以庭园即景的应变姿态 fig...23，构造出日本庭石日常而自然的即景姿态。

我也希望利用日常功能之物，在与周遭环境的关系中，构造出可感的内庭意象。我将厕所与楼梯安置在东南一角，既希望它们能屏蔽小区停车场的杂乱观瞻，还希望以它们与窗间的缝隙，将外部充足的光线，导入梯下浅池，梯龛下一方就光的植物池，还能为其藏露出些许林泉意象（见 fig...18）。朱曦在深化这处楼梯中段的拱洞时，还将斜拱上部的余量，包裹成一个深浅不一的植物池（见 fig...19），借助二楼充足的阳光，有机会将迎春之类的植物，向底部浅池悬垂；朝南那个钢板凸龛，我只需模拟巴瓦自宅的藤池做法；旧有门楼凸出的体量，被我南挪一间，并以毛石厚墙重砌，以嵌入一块我从红砖美术馆相中的涡旋奇石，作为对甲方为美术馆所取山中天之名的应对，这方嵌于桌池间的巨石，借助背墙与办公阁楼上的光线与植物，将它映照成山中窥天的石池意象（见 fig...18）；最艰难的决定，是如何对东南角外那棵桑树，做出内庭反应，这两株交织对生的桑树，从西向南的绕窗树冠，从楼上西南两扇窗看，都很动人，而其在底部的对生树干，也颇为可观。我将楼上东南角两堵墙壁，打成仅余独柱的转角空框，以应对那株桑树的绕角茂密，为模糊大玻璃的内外边界，我以钢筋方格构造的近乎方体的藤架，从二楼楼顶悬挂到内庭上空 fig...24，并以悬挂其间的梯段，将人带近窗外树冠，并构造出接通顶部报告厅的一条藤中游径；真正难以模糊内庭边界的，是对树干的底层反应，我为此特意在东南角以矮墙围成一角内院，同时以两个夹窗植物池，试图以攀爬藤架的藤萝，模糊窗户界面，以将户外枝干与室内庭植混成一团。

fig...23 日本京都桂离宫飞石

fig...24 山中天第一轮方案阁楼层

之七

甲方对方案很满意，立刻找来施工方配合完成施工图，同时报批了施工准许证，就在工人即将进场之际，798 园区领导忽然更换，原有设计的报批条件，重新归零。这座本不属于 798 园区厂房的普通建筑，才因园区扩大而临时划归到 798 园区，如今却要按园区工业遗产的条例审核，既不能扩改立面门窗，也不许拆改梁板，只在加建楼梯处，才允许拆除一间楼板。我以为，那就只剩贴面抹墙之事，我真诚希望甲方另请高明，他一直沉默不应，他承诺可以协调掀掉两块楼板，作为补偿，他还计划将隔壁的刀削面馆一并租赁下来，供我这次重新设计。

我和朱曦商议，既然东南角的内庭意象不能实现，不如将其繁复的空间跌落，挪到西北，它既可与刀削面馆的扩建保持就近联系，还能挖掘与配楼间的东西深度；既然均匀的窗洞立面，使得对景桑树变成说辞，不如考察北部露台上两间旧有棚屋，看看有无敞开可能。朱曦检查其棚架结构时，发现它几近危屋 fig...25，外部窗洞，也颇虚假，我建议甲方以钢结构重建它们，以将户外两棵国槐行道树的茂密枝冠，框入此间。工人在拆除其中一间楼板时，发现其作为露台时的朽烂，就将这两间楼板一并拆除，加上楼梯间，我就又有了三间楼板可供拆改，将南部三间跌落的阁楼，镜像到北侧这边，无太多障碍 fig...26-29。

前年带朱曦设计小岞美术馆时，我发现他既有钢结构的设计天赋，也有推敲细部的才华，就将深化设计及整个工地监督，都交给他，以锻炼他即将独立的能力。我为这处阁楼，绘制了不同标高的平面图，我对其坡顶的意象要求，是日本带有长押的御上明造 fig...30-32。我自己则将主要精力，放在挖掘东西向的空间深度上，督造中途，朱曦告诉我，工人浇筑配楼楼板错位，导致楼梯缺了一步，我建议在完工的踏面上，以工字钢续接一步 fig...33。

fig...25 山中天原有阁楼屋架

fig...26 山中天顶层平面图

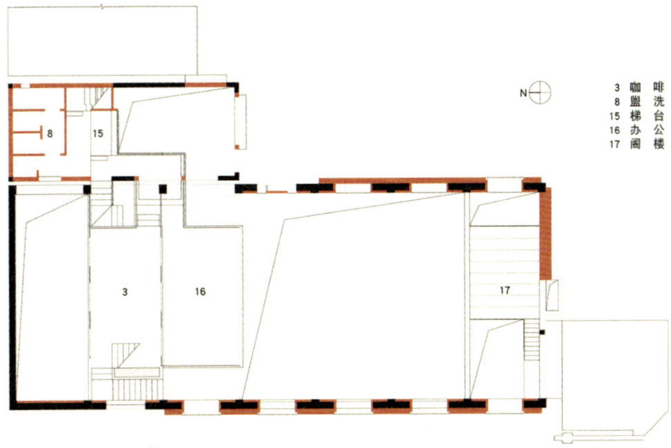

fig...27 山中天阁楼层平面图

fig...28 山中天一层平面图

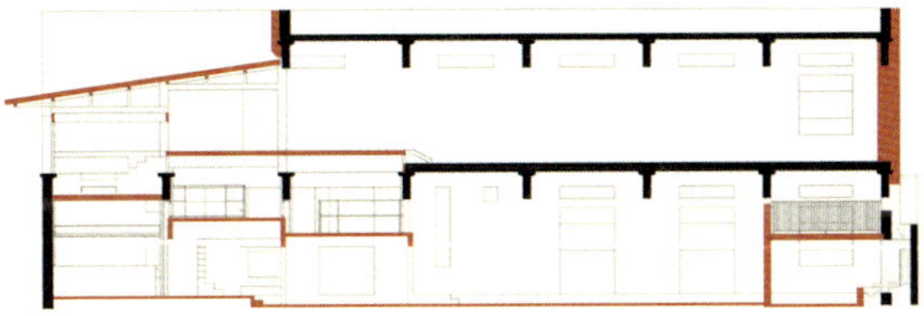

fig...29 山中天剖面图

fig...30 商店阁楼屋架与老梁关系

fig...31 阁楼屋架与老梁关系

fig...32 阁楼屋架与老梁关系

fig...33 通往小展厅楼梯所接一步

之八

南北三间的功能互换，带来的功能调整，导致展厅原本东侧楼梯与配楼冲突，它被我挪到沿街西侧，它所带来的明暗变化，立竿见影，单面向外的这三间，虽有三扇不能扩改的西窗，一间作为入口，一间被楼梯所挡，只有最北的西窗，才能照亮咖啡厅。尽管我设计了一方高窗与一方浅池在上下补光 fig...34，咖啡厅还是阴翳幽暗。这也并非全是坏事，早年我对拆除预制板剔缝后的漏光着迷，与我在斯卡帕的古堡博物馆所见的钢板嵌石的横缝构造，在此结合为阁楼的透光构造（见 fig...30），在上明下暗的对比中，它们才得以呈现。

与咖啡厅明亮的西北角相对，远处配楼东南角也格外明亮，我试图以这两处对角的明亮，比对中段的幽暗 fig...35, 36，为打通这条对角视线，我在主配楼间两堵墙上所开洞口，开始彰显出两墙间那条狭缝，除原本嵌入墙间的冥想室外，这一次，我计划打通狭缝南北光线与天光，它们在幽暗的中段间，不但能照亮吧台背墙，我还希望在这条天光明亮的狭缝间，展现更多日常活动的场景 fig...37。那座原本直跑双分的楼梯，也意外获得更多游径，借助配楼为楼梯平台，在隙间穿行的梯段，不但有两条被中柱中分的折返栈道 fig...38, 39，往配楼那边上行几步，可去一旁盥洗室，或继续上行，还可折入配楼顶层的小展厅 fig...40, 41，继而与主楼大展厅循环 fig...42。在这条缝隙东侧，我设计了两处不同高度的散座 fig...43，在这条狭缝中间，我曾试图嵌入盥洗室的洗手盆，虽因有碍视线贯通而放弃，但我在这条缝隙间栽种植物的意愿，被斯多格书乡的曹先生帮我实现。

fig...34 咖啡厅窗前浅池

fig...35 西北角咖啡厅望向东南角配楼

fig...38 被中柱双分的两间阁楼

fig...36 东南角配楼望向西北角咖啡厅

fig...39 路过式阁楼

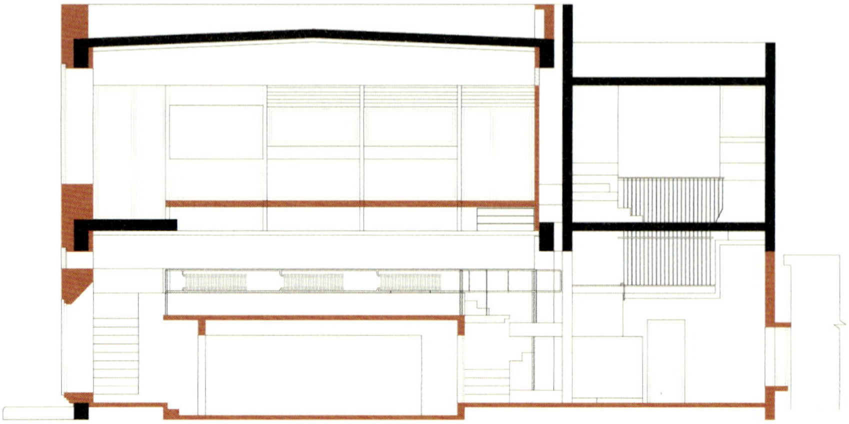

fig...37 主配楼狭缝间 b-b 剖面

fig...40 通往盥洗室与顶层
展厅的通道

fig...41 配楼顶层小展厅

fig...42 顶层展厅

fig...43 狭缝东侧散座

之九

就在我们被新冠“禁足”期间，曹先生独自打点庭植，但他为外立面栽种的花木，虽让我不知如何评价，他为梯窗间摆设的一盆南天竺 fig...44，我很是喜爱，他从底层牵往二楼藤架间的那株紫藤，有着不可思议的奇姿 fig...45，他在冥想间下的接水池中所种紫藤，也有外张隙间的巧态 fig...46，我在东部窗墙间所留的极狭植物池，本以为只种得下爬墙虎，以爬往室内洞口，他却艰难地植入了一棵紫藤 fig...47, 48，以待来年攀爬绿意。

如今位于工作室内的那方凸龛池景，颇费周折，先前按巴瓦以密肋挂藤的方式，觉得有碍紫藤往阁楼上攀爬，年前就拆除了木梁；后来，为应对 798 园区欢迎光临的门限噪声，我希望能将它改造为流泉跌落，以混淆户外杂音。新冠期间，曹先生找来的石臼与石槽，我都很喜爱，但对它们架起的落水装置 fig...49，颇为踌躇，这是日式泉池的做法之一，它所展示的是流水器物的精美，若按池潭的自然意象而言，我更希望石臼能没于水草低洼处，他重新以草坡掩池的高下形态，我已觉满意，只是池潭被植物遮掩过密，我在现场移走了几盆铁线蕨，又挪动了一块石头，它如今的意象 fig...50, 51，才让我稍觉心安。

但这几处池景，尚不足以为山中天带来充沛的庭景意象，那两条对角与狭缝的景深，也还不足以表达庭园深远不尽的愿景。甲方最近不但将刀削面馆租了下来，还从其更北侧小楼里，租来几间远离街道的房间，用作美术教室与工坊，在我们刚刚完成的二期设计里，除开主配楼间那条狭缝更为剔透外，配楼与门房间的那条 40 厘米狭弄，可以增加另一条环通的景深；隐藏在工坊深处的一处高窗，被刻意设计成能视穿的深廊；而刀削面东侧尽端一条窄深的野生竹林，还能为这座建筑，带来自然景物的天然景深；我坚持要将刀削面馆靠近竹林的一间，掀开屋顶，以敞开一座 10 平方米左右的小庭 fig...52，并保留了在竹林与行道树间的屋顶平台，以让山中天的隙间作庭，不至于落空为徒具观念的庭园说辞，待那些池景茂密之际，如今临时摆设过多的盆景，也可以全部撤离。

fig...44 **梯间南天竹**

fig...45 从底层梯间植物池牵上阁楼藤架的紫藤

fig...46 冥想间底部接水池植物

fig...47 窗墙间植物池

fig...48 底层报告厅兼展厅右上角两个待藤洞口

fig...49 凸龛内跌水装置

fig...50 池潭现状

fig...51 凸龛内石池修正

fig...52 2020 年 5 月瀚的扩建设计

千人共座，卧游桴槎

记园林装置「渡去博古园畴」*

王欣

在中国，「山水」并非原生自然，也不是原生自然的直接摹写。行之成熟的「山水」，是以自然作为载体的人世叙事，我谓之「人文的自然化表达」。

今为北美渡去一片「中国山水」，我名之曰「渡去博古园畴」。*fig.01*

这是一个看似奇怪的复合词，词义的复合叠摞，即是一种山水与园林的新形式的探索。说起「园林」二字，我的脑海里不是我们所熟习的古典园林之遗构，而是有关山水的模式化生活之全部——躬耕，溪渔，金阙，松风，华灯，夜宴，诗酒，文会，鲸背，桴槎，方壶，瀛洲，瑞鹤听琴，重屏会棋，清暑殿，广寒宫，樵风，渔火，拂石待煎茶，展席俯长流，东山捷报，云中取月……这无数残影碎忆之总和叠像。

新形式的产生，源于这些山水生活片段之重叠媾和。我试图用一种新形式，来描述有关园林的时间之积淀，大小之跨度，身体之记忆……它是一种重影叠透的表达，带着似曾相识的恍惚感，坐卧于历史的层层画意之上，与故人共座，与故去的时光共座。

渡去博古园畴，是一种叠像形式，一种残忆形式，大致为四段残像叠合而生。

作品名	渡去博古园畴
作品所属展览	哲匠之道——中国美术学院旧金山特展 (From / To: The Frontier of Chinese Art Education)
展览地点	美国旧金山美术学院
设计单位	中国美术学院建筑艺术学院、造园工作室
建筑师	王欣、孙昱
制作团队	杭州日兴家具有限公司
作品完成时间	2018 年 8 月 30 日
展览时间	2018 年 11 月 16 日—12 月 9 日

* 本文原载于《模山范水》第 49 — 61 页，东华大学出版社，2021 年 3 月。

fig...01 “渡去博古园畴”设计图一

残像一 阡陌平畴

阡陌纵横，田园平畴，是格构化的风景，是山水文化的农耕根基，是园林之初光，是一个大写的“圃”字，带着田间的烟火气息。农耕景象的结构之美，无遮无碍，一横一竖一斜，一笔一笔向远处织去。“陌上花开，可缓缓归矣”，在阡陌之上建立起一个平远辽阔的视野：观采桑往还，荷锄早晚，村童征逐，爱人归来。*fig...02*

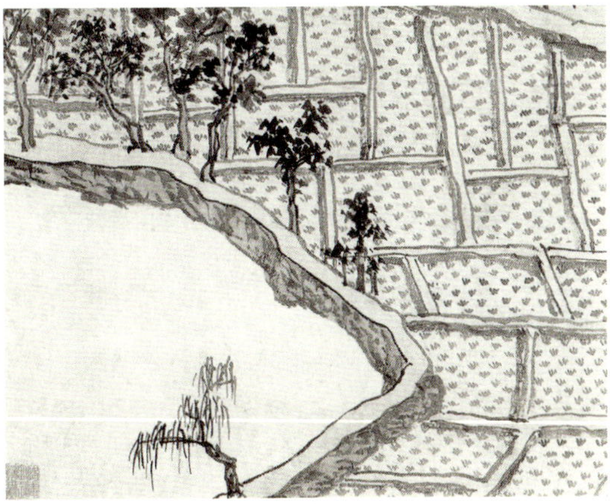

fig...02 阡陌，格构化的风景

残像二

博古院格

博古架的倒地，便是院落群的顿然升起。一组微缩的院城，如桌案般俯身可亲可进，可坐可卧。多宝格子，是多样性的簇集。人的各种格间活动，是多样性的收藏与并举。二楼眺去，博古架以地景式呈现，似传统“院城”的戏剧化摘要：中庭及巷中事皆可见。*fig...03*

fig...03 院城母体的局部摘要

残像三

卧游高床

一片基础脚群，是魏晋高床建筑之残余。高床，是建筑的起始面。我们可以认为，那时的建筑起始于一张巨大的床，一张可以承托所有活动的平面，它是我们传统中的第一件家具，也是最大的一件。在这张巨大的可以无限延伸的家具上，宗炳谈了山水的“卧游”。以高床作为人文坐标与观想基面的卧游思想，标志着山水画的创作迈入了自觉。高床，代表了卧游坐望之观。*fig...04*

fig...04 《北齐校书图卷》中的高床，宋摹本 / 波士顿美术馆藏

残像四 屏风广座

我们所熟悉的南官帽椅，其基因可以概括为“高床”与“屏风”。“凳子”的部分是高台，源自席面之高抬，如高榻、壶门床。背靠部分，则是席上屏风与凭几之复合。南官帽椅即是“屏风广座”之凝集式，因此虽为家具，但总带着建筑的格局与气象。这是一张巨大的南官帽椅，是对其基因的形式追现。五代之后，中国人渐渐不再同席而坐，今期望以巨大的海墁式座位，重现千人共座之盛景。因此，它另有一名，谓之“千人座”。*fig...05-07*

园林渡去北美，若上古之“仙人桴槎”，像一座带着自然意态的浮筏方舟，驶向彼岸世界，送去中国美院“孤山平湖，浩然明净”的湖山精神，送去中国山水的观法。

与故人故时共座，与另一个世界的人共座。*fig...08-18*

fig...06 凭几加高床，官帽椅的基因

fig...05 南官帽椅

fig...07 屏风与广座的合体

fig...08 《渡去博古园畴》设计图二

fig...09 《渡去博古园畴》设计图三

fig...10 “千人座”坐落于旧金山美术学院切斯特纳街校区展厅

fig...11 卧游广座环视周遭山水

fig...12 高朋满座，济济一堂

fig...13 空座之阡陌格构

fig...14 座内座外的时空差

fig...15 依舷而坐

fig...16 渡海桴槎

fig...17 坐仰巨嶂山水

fig...18 广座舒长卷

人世断片之交遇

虎美术的屋下造园*

王欣

山水画画的是一个世界，这个「世界」是什么意思？一张画是囊括不了世界之大的。这是「观」的界限，画不全世界，人也一样看不全世界。我想说，世界的意思存在于世界的十字街口，在这个十字街口，万千事物在此不期而遇。

作品名	虎美术（艺术工作室）
作品地点	杭州
设计单位	造园工作室、中国美术学院建筑艺术学院
建筑师	王欣、孙昱
设计团队	林文健、李欣怡
施工团队	汪忠平团队
完成时间	2019 年 1 月 15 日

* 本文原载于《模山范水》第 85 — 99 页，东华大学出版社，2021 年 3 月。

虎美术，袖阁与街亭之间

之一 同框交遇

fig...01 十字交遇（[北宋] 郭熙《早春图》）

山水画之胸怀，不是包揽，而是对事物相遇的框取，是关系的集萃。苏州环秀山庄大假山庭院，即是一个世界的十字街口。因为用地小，所有的事物皆自边界向内生长，从而交遇再交合：山，只是一山脚，与墙之截断痕迹分明；谷亦是半截谷，止数步之纵深，借廊房屈曲以增其奥；廊，依墙扣角而围观；阁楼，探出界墙而悬瞰，取峦头。西北与东南对角两处“雨天瀑布”汇之中央……三边事物皆向中心涌来，形成溪谷之观，终收之月台回廊，再收之南大厅。十数种事物在此同框，山、谷、溪、廊、房、台、桥、雨泉……形态少全，大多作残缺状态。残缺代表了其各自背后蕴藏的无尽体量，累累乎墙外矣。残缺为一种姿态，代表了相遇的意愿，残部是“势锋”，是敏感的线头。*fig...02*

虎美术艺术工作室，是一个一百多平方米的室内设计。造园不分室内外，屋下正可以自设天地时空。将“天地”的观念引入室内，室内当作室外，所谓“屋下之天地”。于是，视野与手段陡然变得宽广，房子看作院子，房子四周的墙，不是边界，不是尽头，而

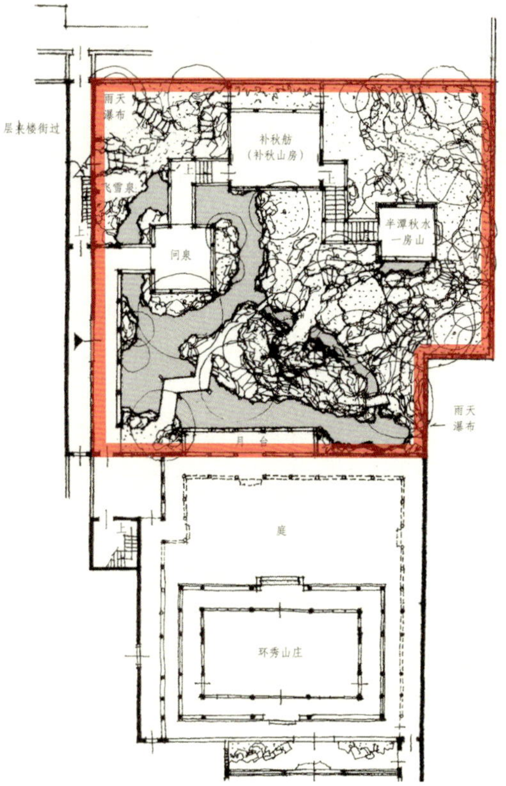

fig...02 十数种事物在此汇聚同框（苏州环秀山庄复原平面图）

是八方世界汇聚在此的“截面”，截了各个世界的衣角，在此“同框”。如斯，对房子的理解发生了颠覆——房子，即是一个容纳相遇的时刻之框。一百平方米，可以做多个世界交遇之“十字街口”。

“十字街口”不是形态上的。“街口”含汇聚之意，“十字”喻时空之交遇，古今之遇，想象与现实之遇，平生离奇之遇……譬如《十字坡》，譬如《三岔口》。时空的交遇，即是发生在时空被切剖的“断片”之上。“断片”是“际遇”之际，是门槛，是破窗，是残垣断壁之当口，是洞开之时。

之二 断片

德勒兹说：“没有同一种类的时间，时间过程被性质不同的事物所终断，因而时间不是连续的过程，总有偶然性的裂口，把时间弄碎。”我从来不相信所谓的“完形”，完形只存在于那个观念化的彼岸世界里。在日常生活的维度里，完整与完形并不存在，人世间日常都是琐碎的，片段的，间歇性的，看不全的，也一直在被打断。“断片”是真实的存在方式，是我们的所见之限度，所思之常态。但断片无损于意义的关联与延伸，限度并不阻碍想象，对于造园而言，追求完与全，反而有害。

断片的意识，首先要承认“不纯粹”。这是一个纷杂的世界，是万事万物交织的世界。其次要认同不完整，生活就是琐碎的，我们一直深陷其中，无法超验，难有高维度的作为。枯藤，老树，昏鸦，古道，西风，瘦马……不是我们不会构造完形，而是我们选择以断片的方式来诗性地连类万千事物。断片，作为一种价值观与方法论，即思与作不离人世间。“道不远人”，我坚持以人的角度与维度来叙事和再现“人世间”。

屋下营园，建筑是经营位置的主体。建筑是“景”本身，也是景的观看方式。这里引入了九个“建筑”——街亭、待合[①]、团扇亭榻、折扇袖阁、夜洞、衣襟洞、镜洞、幛子屋、街角——当然，也可以说它们只是一些建筑或言情境的“断片”*fig...03*。它们各自属于墙外的不同的世界，在此汇聚，探首对峙的同时，又指看了不同的方向。

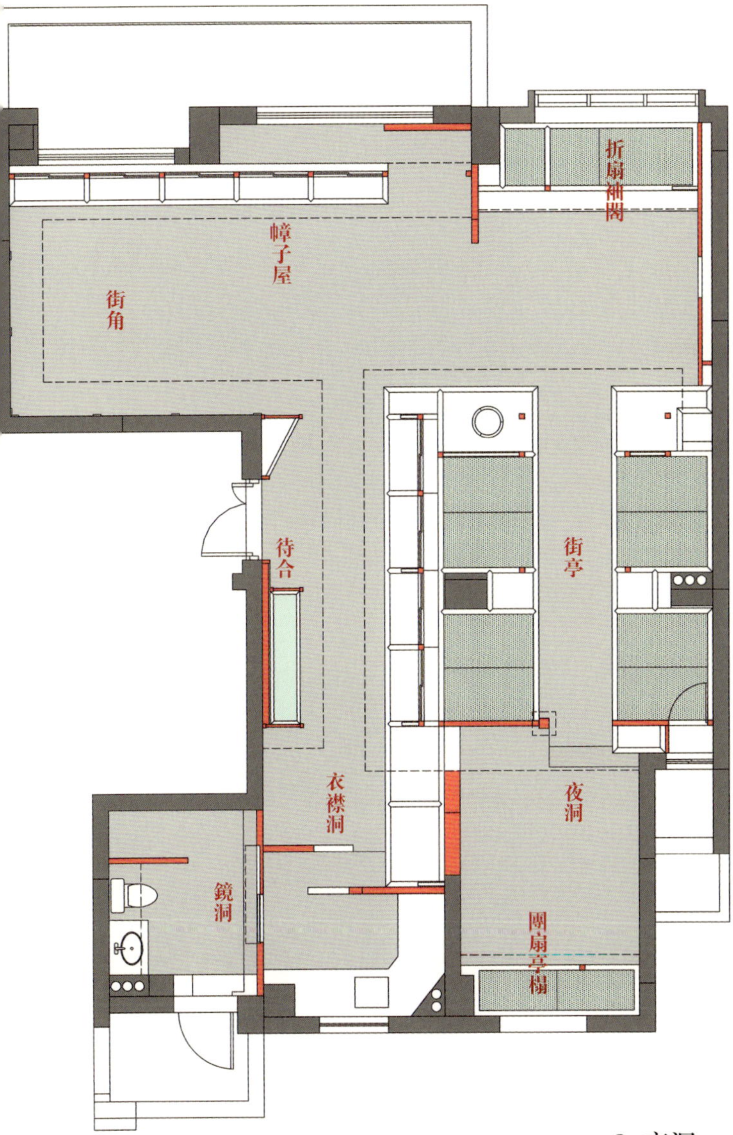

fig...03 九个断片的交遇（虎美术平面图）

1. 街亭

一个园子里，须有一个舞者。接天地，通四方，搅扰气氛，观定格局。在十字街口，须有一个亭子，聚路人在此歇脚、聊天、闲眺、打盹。街亭是核心，它要对四面之景：与待合，形成小街一段；与袖楼，开林荫之怀；中通山路，指向幽冥的“夜洞”；对角是幛子屋与街角；斜睥睨衣襟洞。因此，街亭的形态是各向异形的，体积松解：一面带着完整的幛子门立面，一面却是剖面，可直接观视内部，一面依墙，一面是巨洞。两条道在街亭内外南北并行，一条是街，一条是山路，形成相互伴行的观看。待合，代表着外面的世界，有旭日之升起。街亭，代表着内部的纷繁熙攘。四张高床沿路布置，是山里茶铺的意象，也是城市里“过街旅店”的残忆。街亭，是一张巨大的床，在这高床之上，环摄四周之景，是“卧游”的本义。*fig...04*

2. 待合

待合，即等待相会的小亭子。它是一个厚度仅有四十厘米的薄片房子，与街亭相扣而成街。待合仅容一人角座，或二人比肩共座，与青天旭日同框。*fig...05*

3. 夜洞

街亭山路向北，指向夜色弥漫的山洞。以扎染之色喻夜之幽冥，传说妖精所经营之洞天，精雅温暖，洞中嵌套了一个以团扇支撑的小亭子，为卧美人而设。夜洞中反眺街亭，几如隔世之眺，窥到人间之鲜艳繁密。街亭与夜洞的叠合，可称之为“林屋洞”。*fig...06*

4. 团扇亭榻

传统中国所言“洞”，是“天”的一种存在方式，故唤作洞天。洞深处置一亭以示自有乾坤，亭因卧

---

① 为日本造园名词。

fig...04 街亭

fig...05 待合

fig...06 夜洞

fig...07 团扇亭榻

fig...08 折扇袖阁

榻而升起，亭柱为一长柄团扇，卧榻与团扇，皆为洞中美人而设。无人的情境，是等待，也是邀请，我称之为“空楼叙事”。*fig...07*

5. 折扇袖阁

街亭之南仰观，有一红色小楼，框守南窗，占据光之通道。左右伸出两片“袖垣”，分别为松窗之袖、石榴窗之袖，呈抱迎之态，与街亭之敞怀相对。一小一大，一俯一仰，似挽袖共舞。以折扇为柱，是柱之情态化，仿佛邀人执扇共坐。因为折扇柱，我们看到，一个建筑居然可以被人所秉持。*fig...08*

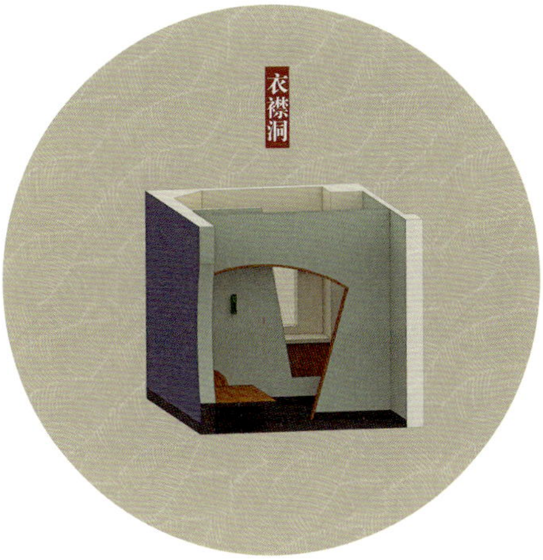

fig...09 衣襟洞

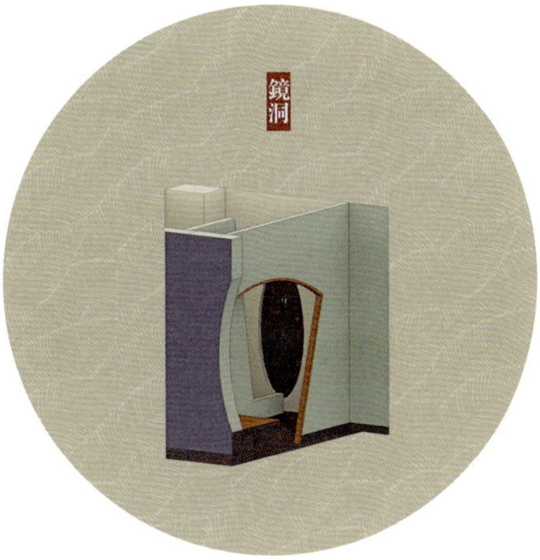

fig...10 镜洞

6. 衣襟洞

洞，不只是山中独有，日常皆有，也意味着对深邃未知之将启。层叠衣襟的渐次剥离，折扇画的缓缓打开，皆是一种“洞开”。街亭与待合相夹之街道纵深的指向，恰似衣襟与折扇的交叠，是对深远的渐开。*fig...09*

7. 镜洞

洞，要有无尽的套叠。套叠是带着方向的转折，暗示了斜向的观看。镜子，亦是一种洞观。打开镜子，再生出别壶天地，那里是卫生间，带着逃逸状的隐秘，是洞之连环。*fig...10*

fig...11 幛子屋

8. 幛子屋

街亭对角，须有临街大屋与其相峙，而室内已到边界，故以一面长长的幛子门檐象征大屋，以松花玻璃柔化南来阳光，形成一条光街，昼夜景象截然不同。绕过幛子门檐，可去向室外。*fig...11*

fig...12 街角

9. 街角

街口总有看似无用的角隅，那里背风迎阳，是劳作和摆摊儿的好地方。*fig...12*

fig...13 推门见到的茂密

这些断片来自不同的时空，或在书中，或取自画中，或是想象，或是街头所见。不同的断片不仅有着形态上的差异，更代表了境遇时间的差异，但在此地交织了，相互打断，产生了难遇之“景”。因为它们在时空交叉断裂之处呈现，所以才“惊为天人”。fig...13-30

类似地，这件山水地景红袍上，园林也以断片角隅的形式同存于茫茫宇宙之中，一个断片即是一个星球，亦是一个念想，一段梦境，存于漫漫思绪之中。这件衣袍，饱含了对断片价值的认同与热爱，也许制作者正是对此恋恋不舍，才将它们日日背负在身上。fig...31, 32

在传统中国的世界里，一角桌椅、一片乱石杂树、一处汀渚、一断残忆皆能自主，有着独立的时空与价值；断片虽自主，但并不自足。它的断与不完整，皆是在告诉我们：它在寻遇。

断片，是一种东方化的“松散几何”。

园林不一定要造一个世界，但一定要造出不同世界事物的遇见，遇见即会出现一个世界。我想起十五年前与王澍老师同游拙政园，王澍老师对着一处铺地材料的“相遇”驻足良久，我跟随拍下那一刻。事物不期而遇的诗意，在此呈现为“十字之坡”，充满了生气。fig...33

fig...14 斜见折扇袖阁

fig...15 剖面化的街亭

fig...16 双道伴行，各自向洞

fig...17 自衣襟洞口外窥看

fig...18 过街高床

fig...19 夜洞观人间

fig...20 自街亭观待合旭日

fig...21 双袖

fig...22 石榴窗为鹦鹉设

fig...23 自镜洞向外窥看

fig...24 自夜洞口观镜洞

fig...25 自小街窥见夜洞瓢窗

fig...26 小街一段

fig...27 虹门收来繁华

fig...28 如隔世观

fig...29 折扇袖阁

fig...30 夜洞劈视

fig...31 清代山水地景绛丝红袍

fig...32 断片角隅

fig...33 多种材料的交遇

掇石方寸间

苏州微小庭院理景二例*

钱晓冬，沈旸

杨鸿勋先生在『江南园林论』中对苏州园林的规模大小有个粗略的划分：不足1000平方米的园林称为「小型」；1000至3000平方米左右的，称为「中型」；大于3000平方米的，可称为「大型」。[1] 典型的苏州小型园林理景有王洗马巷7号宅东南部书斋庭院（200平方米左右）、壶园（300平方米左右）、畅园（900平方米左右）等[1]，而残粒园景象一直以来公认最佳，140平方米内的营造，掇山理水，花木亭台皆自然生趣。fig...01

根据陈从周先生『苏州旧住宅』的记录，苏州其实有许多类似这样尺度的小型庭院，可惜如今大多已损毁或拆除[2]。不过仔细对比20世纪五六十年代与现今的住宅密度，会发现仍然保留古城肌理宅院的尺度在逐渐缩小，住宅逐渐被切分，庭院也就顺带被随机分割、划拨。所以，现今的微小庭院营造尺度，意味着需要新的一套营造策略去再现自然。

亦即：找寻尘世一方天地，属于自己；感知自然，身体周遭山水笼罩。

委托方	私人业主
项目地址	江苏省苏州市
项目规模	湖石掇山庭院面积为19㎡，黄石掇山庭院面积为12㎡
主创团队	钱晓冬、沈旸
设计时间	2020年10—11月
建成时间	2021年10月

* 本文原载《城市环境设计》2022年02期（总第135期），349-354页。
本书收录时略有修改。

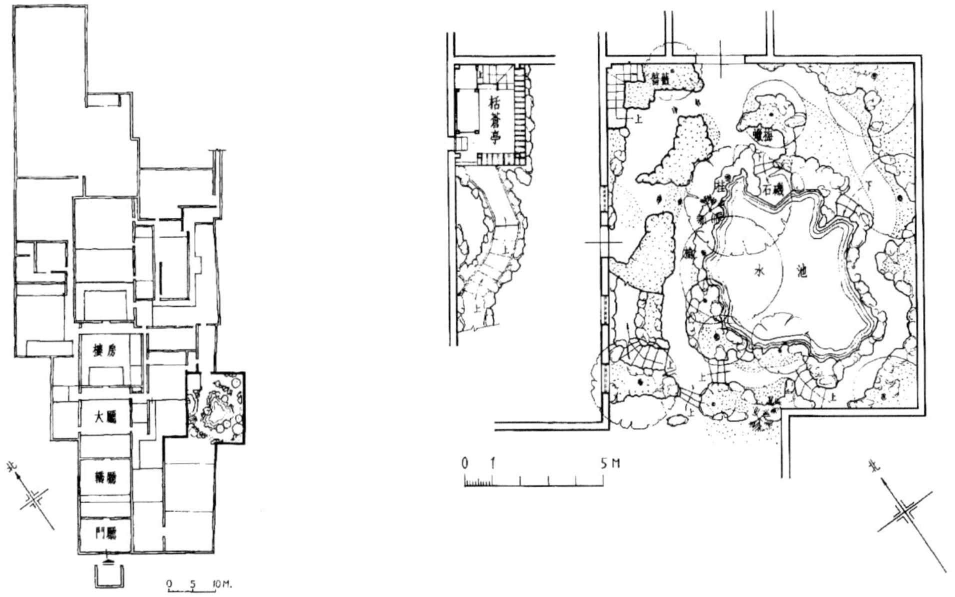

fig...01 残粒园平面图

之一 好山无数

此庭院位于苏州古城内申时行故居旁，世界文化遗产艺圃附近，为陶艺人好友几年前购置的宅地。闲置了几年后便预想对其进行改造，作为自己在古城区的住宅来使用。

宅院为四进三院，院落的最后一进楼房是茶室，面积仅约 20 平方米。设计讨论时便一致决定掇山营造来附和其茶室的院景。可惜，古城区建筑自发性生长的生命力和改造力，使得院中还有其他三户人家的窗扇，这为营造院景造成了些许困扰。*fig...02*

最终妥协割让一方窗井，给自己也留一份清净。所以院中以两片弧云墙来进行分割。一则为避免邻家窗户的视线干扰，二则也把原本方形的庭院拉成景深更远的对角曲形空间形态。而那山水的意象也便藏在这端头。也许这正是通往艺圃的秘密入口。*fig...03*

掇山之始，传统的做法会先作山水之画，来勾勒心之所往的自然之势。当然，若心中已具丘壑，亦可现场直接指导匠人掇叠。传统文人或者能主之人的营造思考以及与主人之间的彼此信任，在当下不一定能够延续。所以，营造之初也会用类似样式雷烫样的比例模型做法来进行设计探讨。之后，也有用煤渣染色来模拟湖石，进行较真实的比例堆叠，以此作为参照来指导掇山。*fig...04*

这些模型的制作材料不断优化更替至今，有盆景石、聚苯乙烯、橡皮泥、石膏、水泥，甚至纸张等。按自己个人的喜好，以捏塑泥山模型来指导现场选石和叠石。其中选用较多的材料为陶瓷黏土，其性质稳定且比较容易塑形，利于快速造势，便于与匠人师傅顺利交流并及时讨论修改。缺点是需隔绝空气封闭保存，否则时间一久，则干裂收缩。

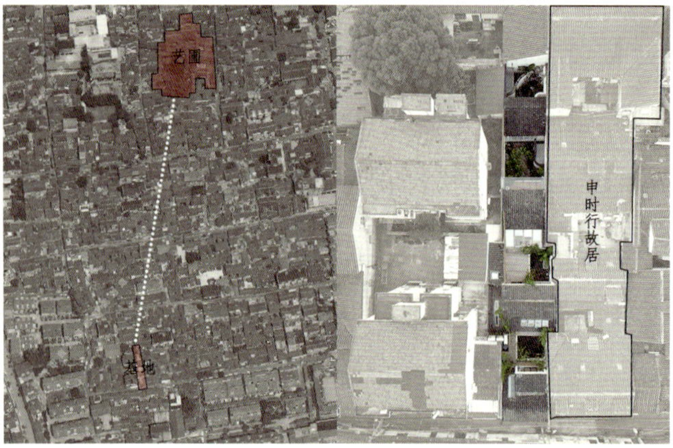

fig...02 庭院区位及与周边关系

fig...03 庭院改造前（左）与改造后（右）

fig...05 庭院设计的泥山模型

fig...06 从云墙内窥壁洞

踏勘场地后，心中已然有山水涌现，黏土的极柔与稳定则便于快速造势。手指的捏塑比任何工具都来得直接，指尖划过的是山峦的层叠，指纹留住的是洞壑的氤氲。泥山不仅造势极易，也可略带皴法。指甲的抠戳划拉可分皱透，指面的揉搓剥离可拉远近。其实泥山捏塑所用的模型制作时间不长，可能也就个把小时即成一具象山水，不过也许因人而异 *fig...05*。所以，重要的仍是选石与掇技。

由于预算限制，掇山石料为广西湖石，洞多难理，石质也较脆。又因小石居多，为吨料算就，所以也难挑石理皴选型，只能就材重技。

理一壁洞，是为这通幽曲径的四进三院更增一份桃源世外的念想。利用最后一进的转角空间掇一券洞遮蔽，因遮蔽而得的阴影在水池隔岸的距离中，形成一种视觉欺骗。人不可及但视线模糊延伸，空间随即扩张。*fig...06*

掇三层山，是为那琴静茶寂的方寸斗室营造一份自然山水的向往。山腰飘松，云后藏蕉。原本设计利用湖石肌理，将仅有的进深分了层次，有点类似贝聿铭先生在苏博置石的手法，近有皴而远无皴，从而让进深从视觉上得以拉伸，但因广西湖石的特性及选石的限制并未得以实现，仅靠现有的物理空间实难分出层次，只能寄托于日后的植物裹附来充当山间云雾。*fig...07*

一层茶室的框视可观大山一麓之联想，清琴横床，浊酒半壶；二层卧室的躺瞥则可感云石缠绕之浮想，松前月下，魂牵梦萦。*fig...08* 其实相对于一层的视角，二层的侧躺框景更重情趣，平视山峦而“好山无数”①。一层及二层视角叠合不也正是一幅完整的山水立轴？

---

① 名称取自北宋米友仁（1074—1153）的山水画作品《好山无数图》。

fig...04 煤渣染色假山模型（左）与冷雪峰老师制作的纸假山模型（右）

fig...07 从茶室内望层山（山间植物未养成）

fig...08 二层卧室的躺瞥（上）及一层茶室的闲琴（下）

之二 月出天山

此庭院位于苏州姑苏区学士街附近，相比“好山无数”的茶室庭院空间更小，面积只有 12 平方米，严格来说更像是苏州人眼中的蟹眼天井。若也掇石，便可能是苏州最小的掇山庭院。庆幸此院虽与邻共墙，但无视线干扰。

宅院为一进，前街后院，临街设门。改造时取消了临街入户，改为侧巷后院入宅。先进庭院然后入室内，临街则避免了人流干扰，这样所有的生活场景都将围绕庭院展开。*fig...09*

既然庭院已是极小，想获得心理上的空间反差，则应塞入一个尺度极大的参照——掇山。石料则采用块面性更强的黄石，因为空间尺度虽已无法模糊，但材料尺度却可以幻化念想。小尺度放大，或者大尺度缩小后坠入庭院，其实就是非正常尺度的处理，从视觉及心理的双重层面使得作为容器的庭院尺度放大。视觉是因为场景多且不明，心理是因为记忆尺度的叠加——庭院极小而量度无数②。*fig...10*

由于空间限定，掇山体量也并不大，所以有机会逐一选石。巧合于匠人师傅库存了一批黄石老料，为其他园子拆除时购得，便挑选了几块带主面之石，皮壳已然有岁月痕迹，然后间杂一些新料作为辅助。其实，因为采石不易，好石难得，古时园林也多有如此腾挪用石之举，较晚期建造的园林尤其如此，苏州怡园就是典型的案例。植物的果酸沁成黄石表面的红黑斑纹，饭后的汤余促成附着之上的青苔绿皮，用已有岁月养护并退了火气的石料会更添自然意趣。

黄石的掇叠，作为极小庭院二层空中一柱楼阁的非结构支撑，既满足了心理安全的需要，又赋予二层楼阁以浮云之上的美境，掇法以明末清初画僧弘仁③之斧劈皴法藏掩飞瀑，至内潭后流出绕至楼阁下黄石掇理的座台，类似迷你型的虎丘千人座 *fig...11, 12*。其实这份尺度模糊带来的空间扩张并非最重要的视觉期待，而是炎炎夏日之时，那楼阁庇护、溪水萦绕的黄石座台所带来的消暑卧躺与静心盘坐的身体期待 *fig...13-15*。《游园惊梦》中杜丽娘与柳梦梅的“日下胭脂雨上鲜”④，一定是有湖石依附才顺势发生的吧。[3]

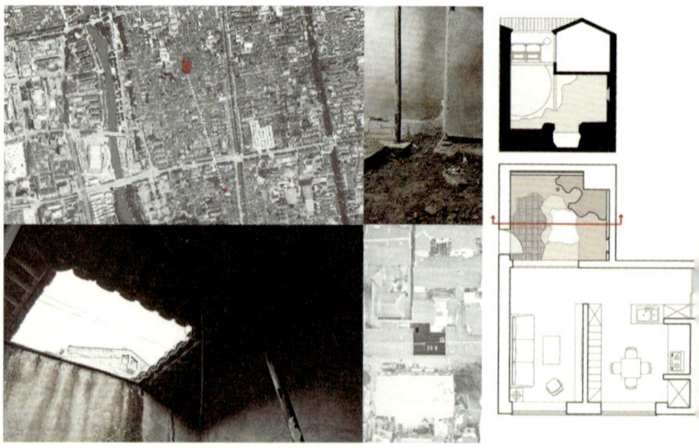

fig...09 庭院区位及改造前（左）与改造后图纸（右）

② 查尔斯·穆尔（Charles Willard Moore，1925—1994）在《建筑量度论——建筑中的空间、形状和尺度》（*Dimensions: Space, Shape & Scale in Architecture*）一书中提出的“量度（dimension）无数”的概念。建筑设计涉及无数量度，所以影响设计的是多维量度元素。

③ 弘仁（1610—1664），明末清初著名画家。擅画山水，尤好绘黄山松石，晚年得法于倪瓒。

④ 昆曲《牡丹亭·游园惊梦》中描写男女鱼水之欢的唱词。

fig...10 庭院改造后（左）及设计示意图（右）

fig...11 古画中的虎丘千人座

fig...12 虎丘千人座

fig...13　溪边

fig...14　座台

掇叠时，先将挑选的老石在峰脚、座台、驳岸及余脉处的主面定位，预留好理洞及飞瀑的叠加之石，便开始搭配新石现场掇理。此庭院并没有制作泥山模型来辅助指导掇叠，乃因庭院本身可掇山面积已是极小，大致的架构体系也基本有了方向。部分老料黄石也已选就，须定位后来综合考虑，即现场的观察勾勒及思考构架需要作出准确合理的判断。[fig...16]

关于黄石的掇叠，最关键的是掇叠后的镶石勾缝，这一点往往会被忽视。湖石的勾缝可以利用石料本身的天然形态去规避掩藏，但黄石由于切面的形态较方正，不易通过自身的形态去掩藏勾缝，需要在掇理时就考虑视线的掩藏及石料的搭接关系。所以，镶石的安放及勾缝的方式成了黄石掇叠收尾呈现的关键步骤。传统勾缝会用糯米制浆，现在基本用水泥砂浆来作为勾缝材料。当然，能依靠石料本身及刹片来完美衔接过渡是最理想的方式，例如，此庭院在营造之初选石时，特意留了自带凹口及上大下小切面的黄石作为座台的主料，一方面能满足卧躺时近视的自然之观，另一方面也能为水潭驳岸营造深邃之感[fig...17]。但很多假山的掇叠，仍需后期的镶石勾缝去理顺脉络皴纹及预想态势。

现场勾缝时，几个膀粗腰圆、掌大指糙的师傅拿着刮刀毛刷，快刀乱麻地用水泥勾嵌，总觉得有种不协调，怎么都达不到预想的效果，稍不叮嘱，师傅便在勾缝处染上了铁红。后来，与他们的聊天攀谈带来了启发："想要这活做得好，得带上些女工们，用'绣

fig...16　选石就位

花针'般的功夫去完成。女工们首先在旁辅助师傅们干完大活掇叠，然后由师傅们在旁指导女工们做小活勾缝。"想想也是个理，早期的印第安人便是男人负责采石伐木，而女性负责涂灰抹泥。回想在建筑学院的"理壁掇山"课程中，学生们用英石模拟真实掇叠，最后用软泥碎石做勾缝镶石时，确实是女生们的嵌法让假山更为浑然一体。[fig...18]

两处微小庭院的掇理在技巧与用石上仍然秉承了传统的技艺方式，但在呈现方式上与苏州大部分小型庭院的可游或者贴壁的图像山水意境略有不同，更多的是在建筑学角度上，解决空间尺度与营造空间想象的山水情境掇理。

湖石"好山无数"的景深层次以及黄石"月出天山"的尺度营造都试图在打破本身微小的尺度概念，来满足视觉及心理的自然期待。

fig...15 月下

fig...17 溪渠（左）及水口（右）的掇埋

fig...18 勾缝

结语 之三

微小庭院的山水营造，能够在极小的空间场所内营造出量度无数的自然想象及生活意趣。当然，这个方向只是其中的一种类型。传统城市肌理被挤压后自发生成的庭院，面临当下对生活的复杂理解，会承担各种诉求类型，而要想再现自然的生活内在，永远应该让身体去感知自然——“好山无数”“月出天山”两处微小庭院的营造实践，以掇山为主的方式作为切入点，尝试探讨了这一类型的表达方式。

湖石庭院掇山的不慎在于材料选石，黄石庭院掇山的不足在于镶石勾缝。虽然两处微小庭院的掇山都存在些许遗憾，但在其本身极小尺度的营造上试图尝试了一种途径。不论是身体还是心理的这份经历，都是为了寻找那一瞬的颅内高潮，更是为了实现心中的那一份质感。

微小庭院中除山水营造外，更需花木亭台的配合互存。多类型的呈现需更多的实践探讨，来满足城区中微小庭院再现自然与生活方式的当下情趣。

参考文献

[1] 杨鸿勋．江南园林论 [M]．北京：中国建筑工业出版社，2011.

[2] 陈从周．苏州旧住宅 [M]．上海：同济大学出版社，2018.

[3] 钱晓冬，沈旸．静心斋（静清斋）掇山有感三则 [J]．建筑学报，2021，11:23-28.

居室亦园林

金秋野

「居室亦园林」是金秋野建筑工作室在2018—2021年期间完成的7个住宅设计实验。在设计过程中，充分考虑业主的实际需求和户型的限制条件，利用居室的「日常性」和「身体性」，创造出「多孔多窍」的内部空间和丰富多义的使用体验。通过适当阻隔而不是全部打开，让房间的各部分互相掩映，处处有景。这一系列实践旨在探讨园林的「内蕴视野」在日常空间中实施的可能性。

fig...01 “叠宅”炕间轴测图（起居室方向）

之一 叠宅 高老师家1#

项目团队	金秋野、王瑶、张迪、常涛
业主	高老师
建成状态	建成
设计时间	2018年11月
建设时间	2018年12月—2019年8月
建筑面积	121.25 m^2

因为特殊的家庭人口构成，除主卧外，还要为小朋友们准备三张独立的小床，和相对独立的寝卧空间。我想，为每人辟出一个房间，面积小、效率低，成本高。不如根据实际情况，将两个使用频率较低的小床整合在一起，成为一个空间尺度的“大家具”。大家具有多重空间含义，功能上则承担了枢纽作用。高老师家的这个枢纽空间要复杂得多，它连通了居室的四个区域，本身也包含上中下三个层次。原来的套型，入口没有玄关，左手边是一个衣帽间。现在衣帽间保留，加了一道隔墙，从右手边进入家庭室，这样就出现了玄关。小床就架在这道隔墙上方，与衣帽间对齐，从家庭室进入，向玄关打开一个角部。向衣帽间悬挑的部分，下方嵌入一组衣柜；向起居室悬挑的部分，正好成为茶室的“阁楼”。茶室塞在房间正中央，传统意义上以客厅为中心的居室格局瓦解了。这个项目继续探讨“以炕为中心的居室空间”，以及直立和坐卧相结合的活动模式。通过一系列水平和垂直方向上的“分隔”，空间多出了许多“褶子”，家庭的基本功能分布在褶子的实体部分，余下层层套叠的空间，在视觉上创造了很多远近上下，将房间的物理尺寸延长。好像旅行之前，把衣服叠好塞进旅行箱。无论去多远的地方旅行，我都只带一个小登机箱，它的容纳潜力似乎是无穷的。家庭生活的功能和细节，也可以理清楚、叠整齐，这样空出来的部分，正是家庭空间中有意的留白。

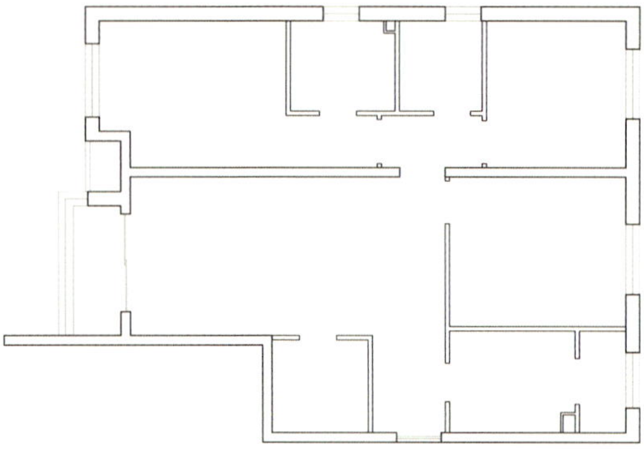

fig...02 “叠宅”改造前平面图

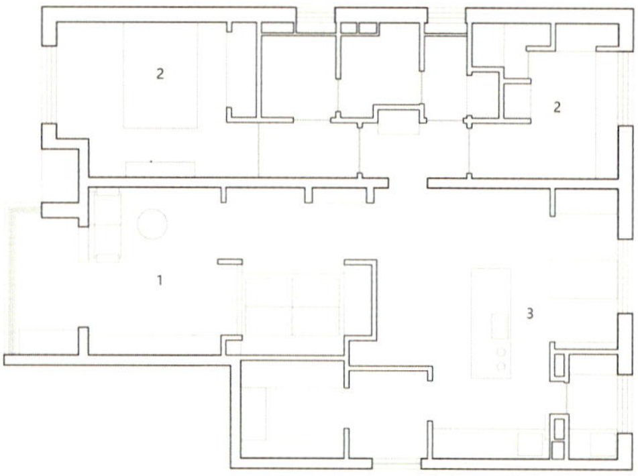

fig...03 “叠宅”改造后平面图

1 起居室
2 卧室
3 餐厅

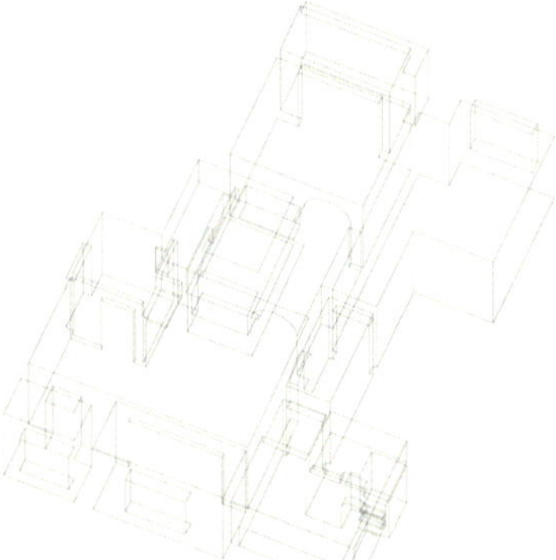

fig...04 “叠宅”空间关系轴测图

fig...05 叠宅的炕间和朝向开放式厨房的磨砂窗

fig...06 叠炕间上层小床的爬梯和主照明灯

fig...07 从卧室走廊看炕间

fig...08 从玄关看衣帽间

fig...09 “棱镜宅”整体轴测

之二
棱镜宅
翟女士家

设计的问题，大有大的做法，小有小的意思。大与小，条件不同，“小”并没有先天的合理性，也不一定是“大”的基础。即便是极小的空间设计，它所讨论的问题、所承载的思考，都可以不那么小。设计的意思，跟规模无关。设想空间中有看不见的“棱镜”，用以描述它的抓手，就是那些交叠而成的界面上弯折的洞口。好比为了看见墙外的景物，我们要在墙上开窗，这个窗是二维的，窗外的景物是三维的。当这道墙本身就是三维的空间，那墙上的窗也相应获得深度，这个深度不是指窗框的厚度，因为厚度是实心的，可以塌缩到二维；三维的窗则永远有一个空的内部。在翟女士家入口右手边，通往起居室的洞口处，我添了一根圆柱。它的表层功能是限定和引导，深层功能是充当棱镜的边。故而，它的位置暧昧，不在墙面洞口边缘，而在莫须有的空间转折处。由于它的存在，一组连续延展的、看不见的棱镜空间，以洞口上下边缘隔空对位、时断时连的深色勾边反复提示，内外交错，让小空间释放出无限深度。世界成为镜中世界，人也成了镜中人。

项目团队	金秋野、王瑶、于遨坤
业主	翟女士
建成状态	建成
设计时间	2019年6月
建设时间	2019年8月—2020年4月
建筑面积	29 m^2

fig...10 炕间一角

fig...11 客厅和架空小床

fig...15 炕间看餐厅

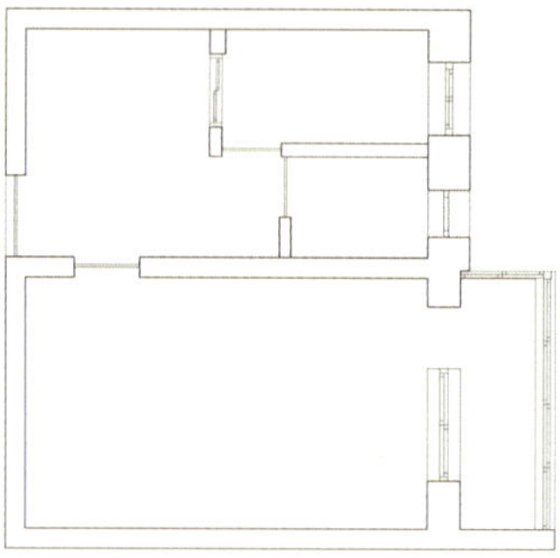

fig...12 “棱镜宅”改造前平面图

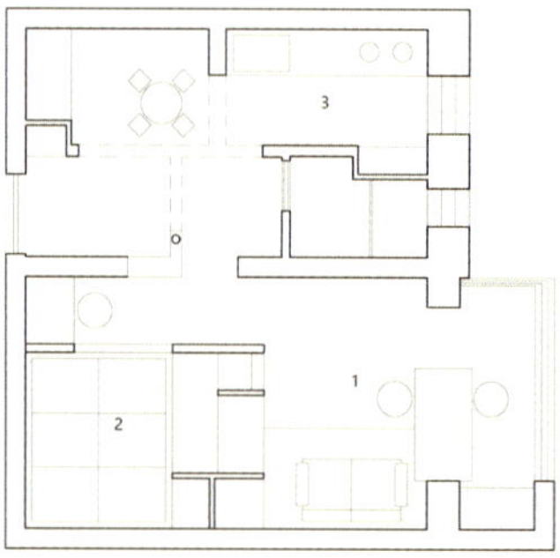

1 起居室
2 卧室
3 餐厅

fig...13 “棱镜宅”改造后平面图

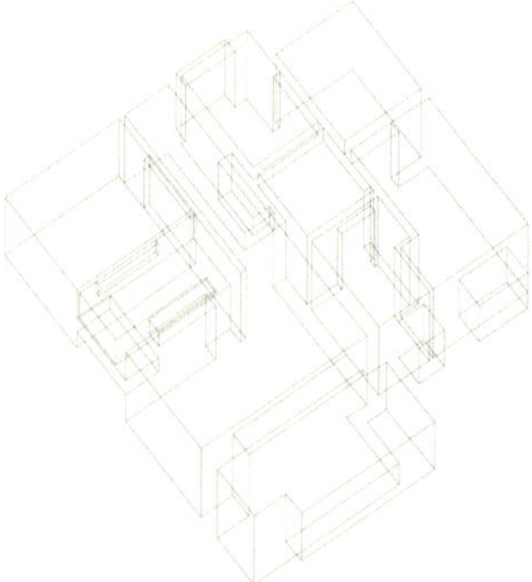

fig...14 “棱镜宅”空间关系轴测图

fig...16 从玄关看起居室一角

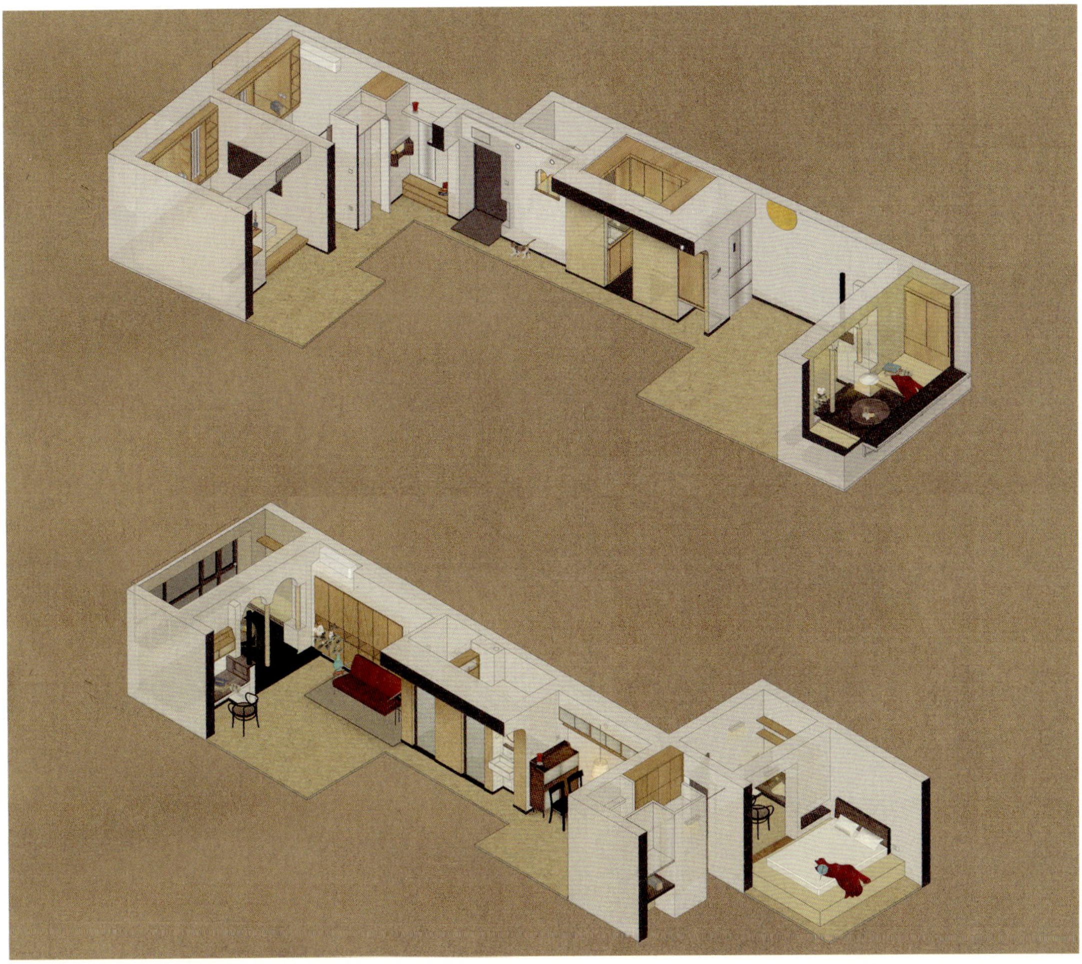

fig...17 “小大宅”整体轴测图

之三 小大宅 李医生家

项目团队	金秋野、王瑶、施聪聪
业　　主	李医生
建成状态	建成
设计时间	2019 年 5 月
建设时间	2019 年 6—12 月
建筑面积	70 m^2

现当代的居室布局，一个房间对应一个或一个以上的功能。面积大则浪费，面积小则必须一室多用。客厅里摆一张床、餐厅里放一台洗衣机、阳台上搁一个电脑桌。这样的做法混淆了不同空间的等级，破坏了生活的仪式感。我更喜欢把功能一一单列出来，各自占据一个空间、创造一个角落、塑造一种氛围，无论多小，无论是不是闭合的，都有各自的色彩和光线。写字有写字的光，发呆有发呆的光，房间是被“行为”照亮的，人到哪里，双眼和双手所向，哪里就被一团光线笼罩。“小大”两个字没有表面上那么随意。因为，猫的宅和人的宅一小一大，是同构的。猫的房间该长什么样子呢？为了公平起见，不如跟人的房间一样，做成一个缩尺的翻版客厅吧。从走廊向其中望去，好像从阳台往客厅里望过去的样子，也有一道拱廊，里面也是坡屋顶，还带一个里间和一扇窗，莫名幽深的样子。房间漆成暖黄，跟主人家一个调子。李医生家的改造工作是在严格控制造价的条件下完成的。由于空间格局的限制，无法在视觉丰富性方面有更多选择，所以采用了线性的、场景化的处理方式。但是归根结底，依然是功能至上的设计思路，好用第一。

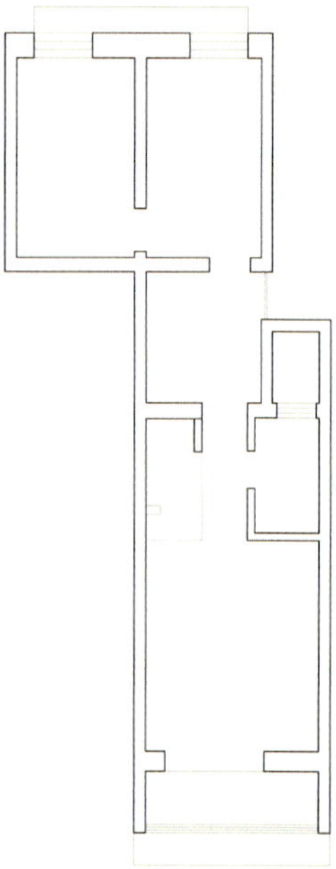

fig...18 “小大宅”改造前平面图

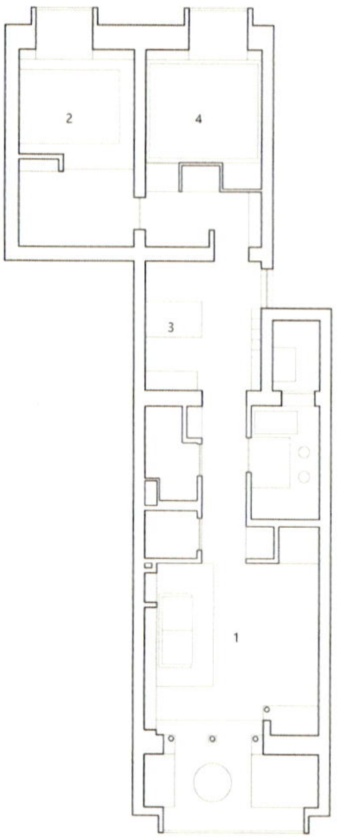

fig...19 “小大宅”改造后平面图

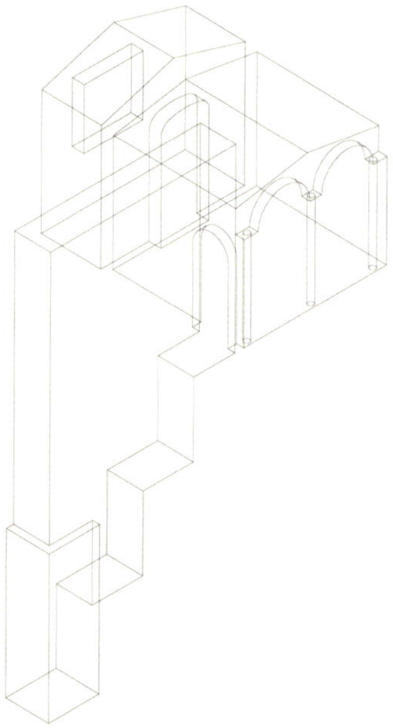

fig...20 “小大宅”猫窝部分空间关系轴测图

fig...21 猫窝和灰泥走廊洞口

fig...22 小大宅起居室正面

fig...23 从餐厅看小走廊

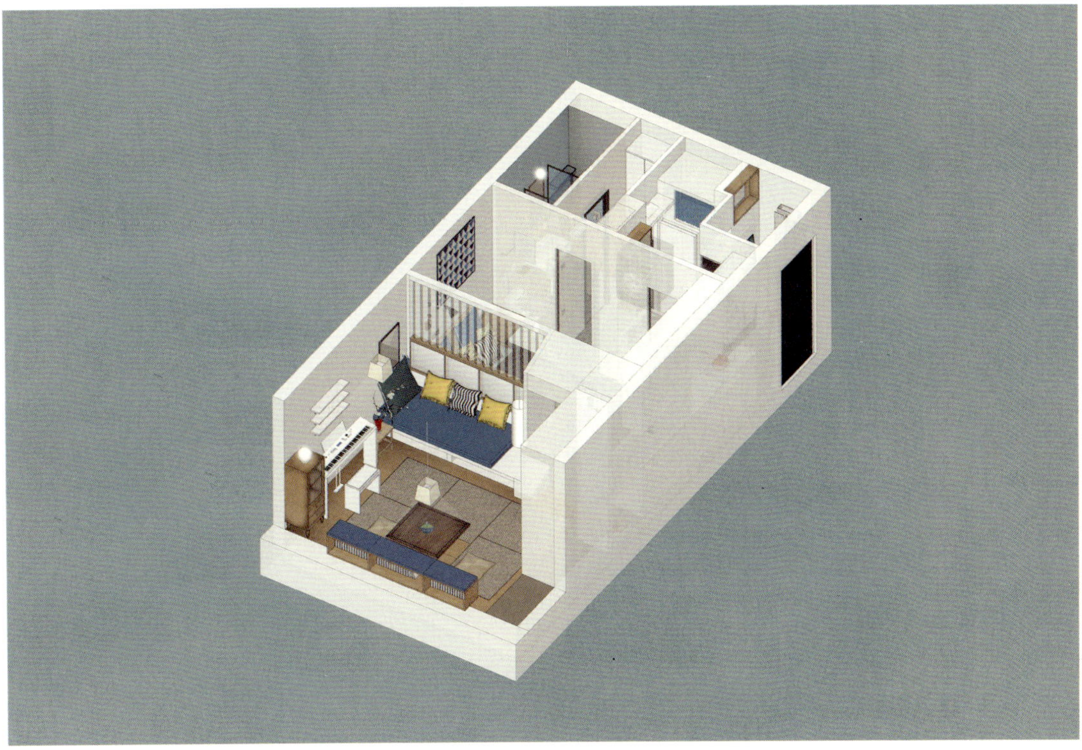

fig...24 “高低宅”轴测图（起居室方向）

之四 高低宅 高老师家 2#

沿着空间纵深方向，把功能严格划分为三个区域。靠近外侧入口是厨卫储藏等生活服务区；靠近内侧大窗，是家庭生活的核心——起居室，我们把它抬高三步（45厘米），做成了榻榻米房间；中间半明半暗的区域是主人的卧室。卧室和起居室之间的隔断，下部是实墙，中部是磨砂玻璃的固定隔扇窗，上面空开以保证空气和视线的流通，但以百叶纱帘来阻隔。隔扇窗的高度，正好让内部和外部的人站立无法对视，以区分房间。连通两个区域的是一个矩形的门洞，一面墙倾斜，以描述空间由亮到暗的过渡，强调两个区域的反差。人通过这个体量感很强的洞口，要踏上三步台阶，从暗到明、从简单到丰富、从直立到坐卧皆宜，会产生明显的“输送”感。这里原本只设计了隔扇，孤零零的，好像“碧纱橱”，加上一根柱子，限定了起居室中小床的位置。考虑到那样太开敞了，不适合安睡，故做出上述调整。

项目团队	金秋野、王瑶、徐大辉、秦鸿昕
业主	高老师
建成状态	建成
设计时间	2019年9月
建设时间	2019年10月—2020年8月
建筑面积	39.8 m^2
使用面积	30.4 m^2

fig...25 从卧室看起居室的三步台阶

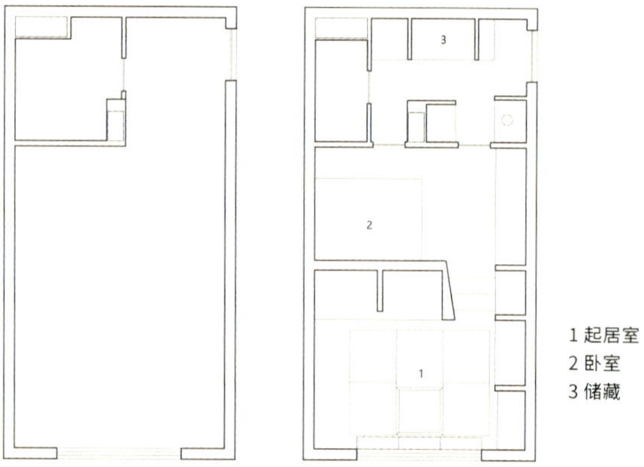

fig...27 "高低宅"改造前平面图 fig...28 "高低宅"改造后平面图

fig...26 从起居室看软隔断

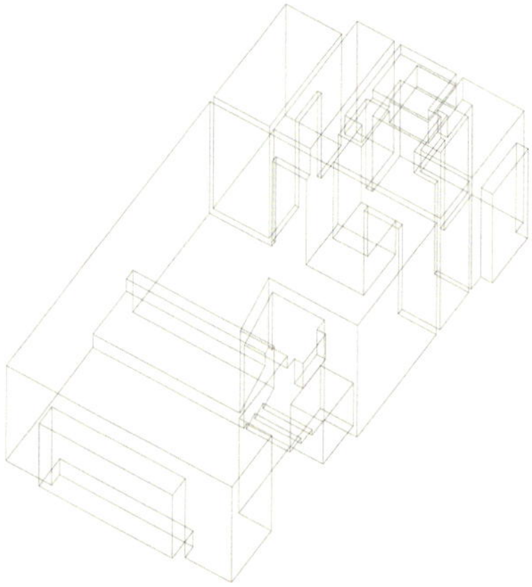

fig...29 "高低宅"空间关系轴测图

fig...30 主人卧室

fig...31 卧室中抽拉小桌板

fig...32 “小山宅”轴测展开图

之五 小山宅 李先生家

房子是一长条，中部置入“大家具”，两侧两个出入口，剖面上形成了一次起伏。人在这条路径中行走，上去再下来。除了北墙上的圆洞，向西侧走廊留有一条高窗，与外界声气相通，兼作置物架。向南，最主要的朝向，是一扇大大的外凸的采光窗，从瑜伽房里看去，形成视线上的俯仰，增加了空间趣味。人在这条路径中行走，上去再下来，像爬一座小山，故名“小山宅”。

项目团队　金秋野、刘力源、刘楚瑶
业　　主　李先生一家
建成状态　建成
设计时间　2020 年 8 月
建设时间　2020 年 10 月—2021 年 3 月
建筑面积　54.4 m^2
使用面积　42.6 m^2

fig...33 小山宅墙上的兔子洞

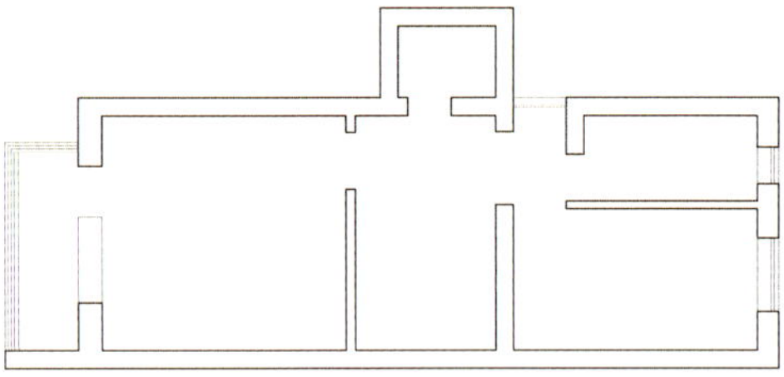

fig...34 “小山宅”改造前平面图

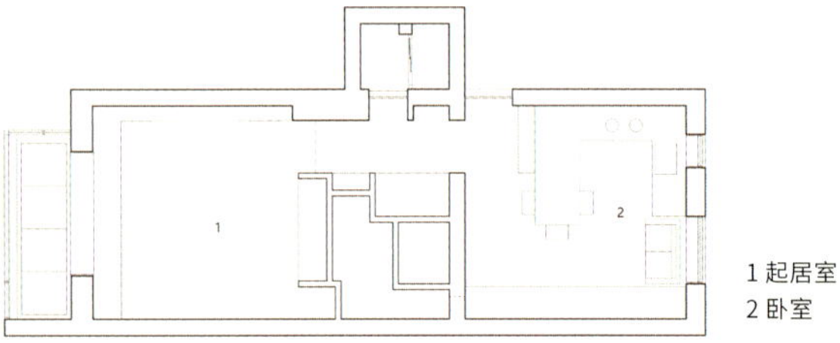

fig...35 “小山宅”改造后平面图

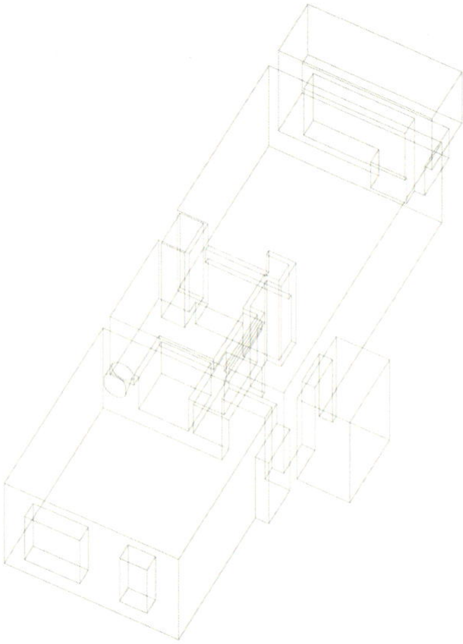

fig...36 “小山宅”空间关系轴测图

fig...37 从瑜伽房看女儿房的灯光

fig...38 女儿房横向内景

fig...39 从餐桌看通往瑜伽室的走廊和兔子洞

fig...40 体量堆叠

之六 大山宅

张女士家

保留原有格局，将住宅一分为二，西侧是卧室群，属于夜晚；东侧是起居室、餐厅和厨房，属于白天。这样，房子里就出现了三个主要标高和六个相对独立的区域，说是房间又不是，彼此似断似连，视线相通。这正是我们一直探索的空间手段——打破原有的空间格局，让房间家具化，制造隔断，容纳使用功能，将空间释放出来。不过这样一来，大于“家具”而小于“房间”的新分隔，就取代了以往规格化的“房间”，屋子里出现了很多“孔窍”，像太湖石的内部。不同的“孔窍”间似断似连，可以对望，彼此充当对方的“景”。一半是山路弯弯，不仅上上下下，还要左左右右，早已迷失了方位，身在此山中；另一半是山谷，段落分明，各尽其用。山中无日月，要向两侧凿壁偷光——辅以人工光。有人喜欢住在平地，光风霁月，宽宽敞敞。有人喜欢住在山里，峰回路转，风光无限。每种不同的生活追求，都带来不同的空间样式和日常风景。

项目团队	金秋野、高蕾蕾、刘力源、许曦幻、康艺欢
业主	张女士一家
建成状态	建成
设计时间	2021 年 1 月
建设时间	2021 年 3—11 月
建筑面积	93.88 m^2
使用面积	94 m^2（改造后）

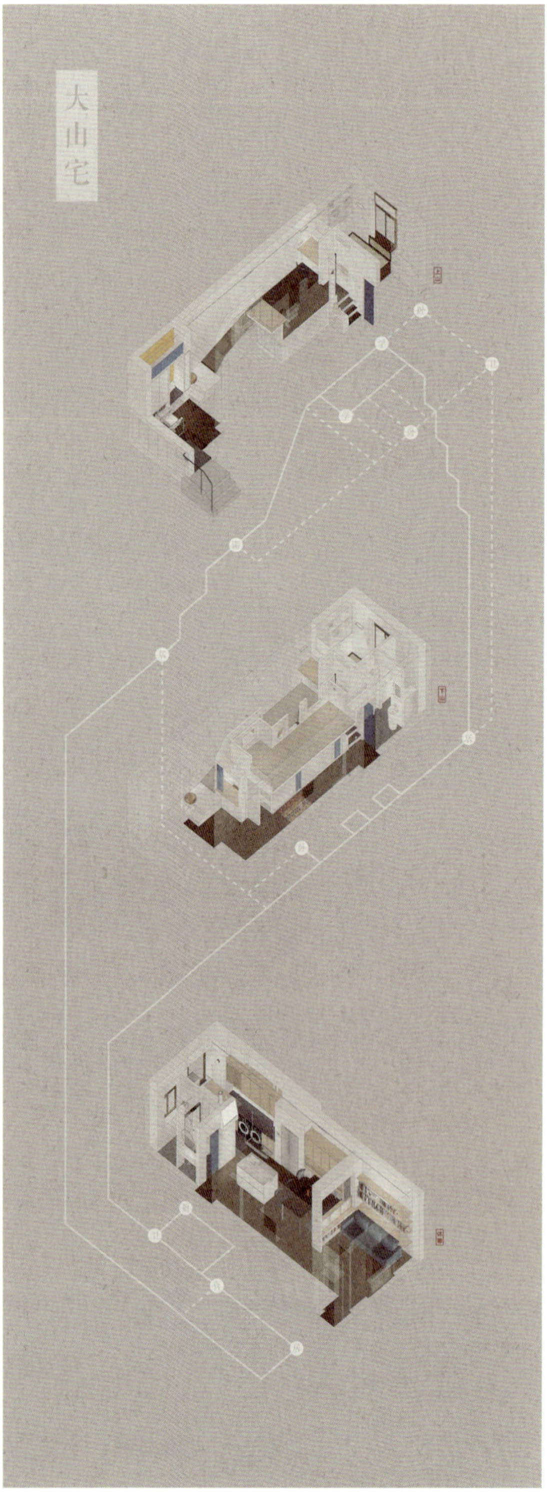

fig...41 “大山宅”立轴轴测

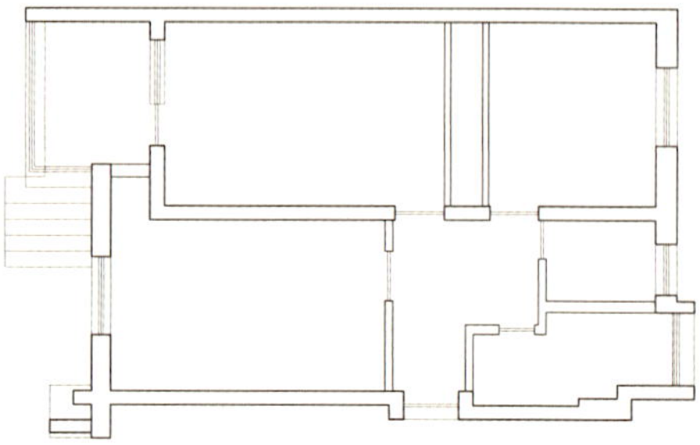

fig...42 “大山宅”改造前平面图

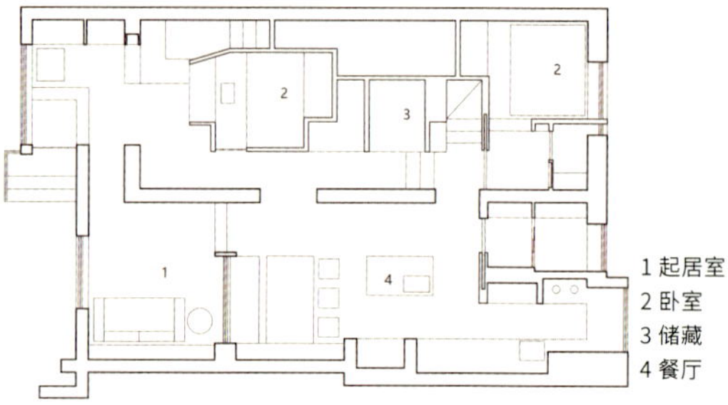

fig...43 “大山宅”改造后一层平面图

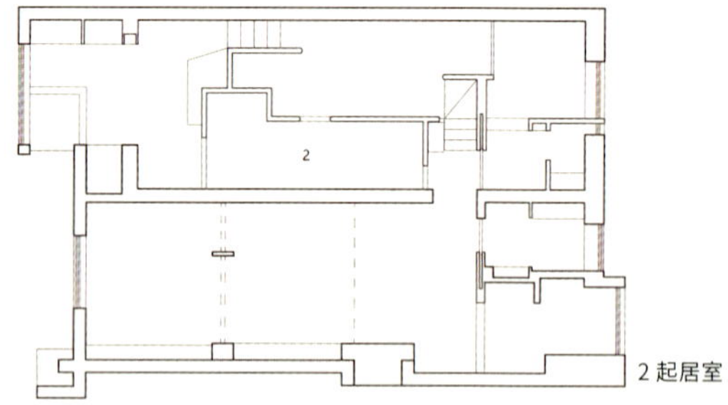

fig...44 “大山宅”改造后二层平面图

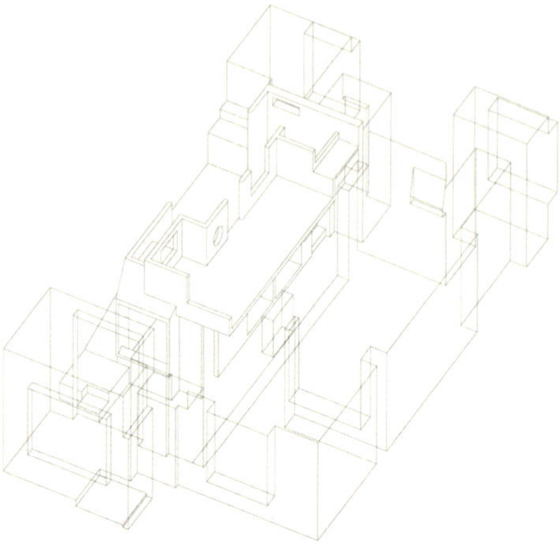

fig...45 “大山宅”空间关系轴测图

fig...46 入口处丰富的空间层次

fig...47 北侧山房入口，转折的台阶

fig...48 从餐厅望向客厅

fig...49 从客厅看烟道餐桌

之七 囱宅

烟道的形态，在坚硬的、到处都是物理分隔的楼体中，居然创造了一个内向的联通空间，虽然秘不可见，但扎扎实实地存在着。它是城市空间无数彼此嵌套的虚实转换的最后一环，好像被蛋壳和蛋清包裹着的蛋黄。让它显现在家庭的核心区域，是多么有意思的一个反转游戏。孤零零地矗立在那里，它就依然是消极的，于是把它用不锈钢包裹成椭圆形，让柱身从 75 厘米高的地方自然流淌下来，成为一个“烟道餐桌”。这是一个关于藤蔓的想象，一个金属的赘生物，承担着日常生活的两个功能——一外一内，一隐一显，都与饮食有关，彼此互为条件。理想状态是使用镜面不锈钢表面，这样人们围绕着柱子在不同的方向吃饭，都可以从柱子上看见自己，而不是对面的人，当然如果偏偏头，也可以互相看见，柱子成了分隔物，但又将整个房间弯曲地映照出来。烟道就这样充当日常生活的映像，即使不会记录下什么，也会让以往被忽略的变得可见，就像烟道本身。

项目团队	金秋野、高蕾蕾、许曦幻、康艺欢
业主	张女士
建成状态	建成
设计时间	2021 年 7 月
建设时间	2021 年 8 月—2022 年 3 月
建筑面积	78 m^2

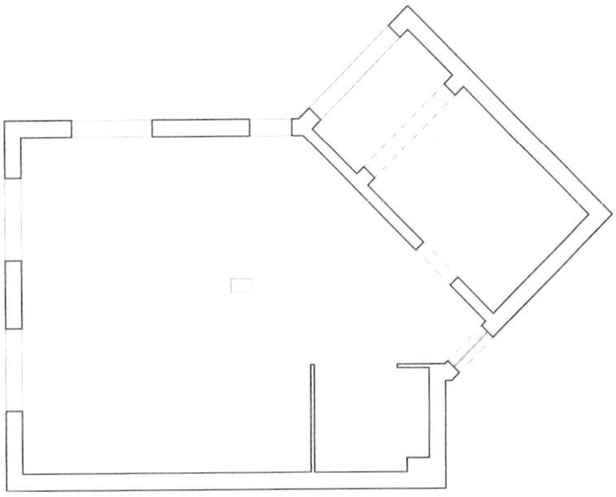

fig...50 “囱宅”改造前平面图

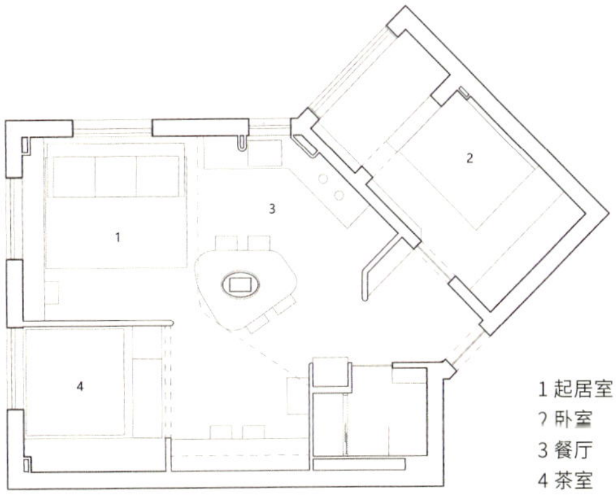

1 起居室
2 卧室
3 餐厅
4 茶室

fig...51 “囱宅”改造后平面图

fig...52 从炕间看书房

fig...53 从厨房看书房

fig...54 从炕间看书房

赏玩

APPRECIATION

之一

研究概述

中式木工刨的近现代发展*

任丛丛，欧玄子

木工刨，木匠多称为刨子，是一种将金属刃具角度固定，以刨底配合刃具出刃来对木材表面进行刨削加工的人力工具。它在木材应用广泛的地区颇为普及，然而世界各地的刨子千差万别，不同的环境和技术传统使得它们在形制、使用方式等方面呈现多元的面貌。一方面，已有不少学者论述了自然环境对工具的影响 [1]，不同地理环境下木材材种不同，物理性能不同，因而加工工具也不同；另一方面，工具的样式根植于本地的技术传统，是文化的也是社会的，甚至难以根据现代国家行政单位来划分①，本文探讨的中式刨应用范围即属于特定的文化社会。中国的木工文化，以鲁班信仰为特色，鲁班早在先秦典籍《世本·作篇》中就被记载为石磨的发明家（公输作硙）[2]，后世又不断将各种木工工具（包括刨）的发明归功于他，晚唐至五代敦煌上梁文中即看到鲁班以木工职业神的身份出现 [3]，明代午荣汇编的《鲁班经》又进一步对鲁班信仰加以规范和强化，辐射范围遍布中原，我们能看到两千年来中国木工共同体对鲁班传说强烈的认同感。本研究暂以中式刨分布所呈现出来的文化圈为讨论范围，研究对象主要是鲁班文化下的中式木工刨。

关于中式刨的研究，学术界主要着眼于其是否为中华民族的“原创”，或者其引进 / 发明的时间，前后有孙机 [4]、何堂坤 [5]、李湞 [6]、赵吴成 [7] 等多位专家学者对此进行了论证。对某一工具发明时间进行研究的现代学术写作最早见于荆三林所著《中国生产工具发展史》，这是主动运用历史唯物主义思想观对作为生产资料的生产工具进行通史性论述的著作，主要论述了工具的发展与社会进步之间的关系。笔者认为，此后关于木工工具的史学研究都受到了这样的历史写作影响。明确“发明”时间固然重要，但是手工工具不同于引发工业革命的那些机械或机器发明，不适合用科技史中对重大发明的研究范式来考察。工具的使用历史悠久，范围极广，

*本文原载于《新美术》2022 年第 6 期（总第 43 卷），第 180-195 页，收录本书时有修改。本文为国家自然科学基金青年科学项目“京畿地区建筑木作手工具近现代发展史研究”（项目批准号：51908543）研究成果之一。

fig...01 现代制净面刨
木器制作：河北省廊坊市香河县古建模型制作技艺传承人谢长青
刨刃制作：河北省邯郸市清凉寺铁匠铺
盖铁由谢长青自制

根植于一时一地的技艺文化土壤之中，它的发展与演化也难以仅用有限的考古资料或文献调查加以证明。而近现代以来，在西方工业文明的冲击下，中式手工工具其实发生了很大的变革，本研究拟从这段历史出发，廓清这一传统技术变迁的源流，并期待推进中式工具未来的发展。

之二

中式刨的结构分析特征与传承

笔者在全国多地的调查表明，虽然各地刨子有细微差别，但是基本构成区别不大，以在河北香河地区考察的净面刨（小光刨）为例 *fig...01*，绘图如下 *fig...02*，并标记相关术语方便后文参考理解②。

中式刨的木器部分一般由木匠自己制作，制作的技艺通过师徒传承，木器制作的尺寸、样式、加工方式靠整套的规矩来指导，这样的规矩通常会限定在师门内继承③。本小节以河北香河地区木匠制作净面刨刨床的规矩为例，介绍通过规矩传承技艺的特点。

刨床制作被称为“掏刨子”，在木器制作中属于较难的工作，通常成为考量一名木匠是否成长为独当一面的师傅的标准。技术难点在于与刨刃接触的斜面角度要精确，斜面本身要平整（斜面位置见图 2 有凹点处，略微下凹是让刨刃与斜面贴合良好的窍门），与刨刃贴合良好，这样使用时不会产生应力集中以致刨刃跳起，同时刨口要很窄，这样刨花不至于堵塞。刨子制作的尺寸有较为严格的规定，借由规矩代代流传。

在中式木工匠作知识语境下，规矩是一套涵盖从材料到制品的技术指导语言，通常以口诀的形式呈现。或书面或口头传承下来的规矩，对于外行而言往往不知所云，因为在口诀中大量内容被省去。继承规矩口诀的主体默认为内行人，对于木工来说是已经通过学徒训练的熟手木工师傅（下称“师傅”），从新手到师傅的训练时间一般在 3 年左右④。师傅对于材料特性、加工技艺、制品的形制都已经熟悉和掌握，口诀只是一种依靠语言形式的辅助记忆。与我们今天熟悉的用设计图来指导形式不一样，其线性的语言描述包含了时间要素，提示了制作的过程和方法。

---

① 双手平推式刨在东南亚许多国家有应用，参见：下田一太，ﾁｬﾝ・ﾋﾞ ﾀﾛﾝ，坂本忠規，中川武．カンボジアの大工道具と伝統木造家屋 [J]. 竹中大工道具館研究紀要，2011: 89-112. 而中国本土也有未使用中式刨的地区，笔者在云南版纳地区观察其传统干栏式民居营造技艺就不使用刨类工具。

② 本研究所使用术语，大部分参考 20 世纪 70 年代《农村木工》一书（上海嘉定家具厂编），此书与同时期及早期一些引进的技术书籍不同，对传统技能进行了不少调研，术语接地气。对于书中未记载的术语，本文主要参考了河北香河地区的木匠用语。

③ 不同门派、家族间规矩是各不相同的，但是通过规矩传承与传播的结构性是广泛存在的。不仅限于工具制作或者木匠行业，规矩存在于各行各业。

④ 一般来说，学徒三年便可出师独立，各地还有不同的规矩，比如京西地区讲究“三年零一节”，即做学徒满三年后，第四年端午节前仍要跟随师父做工，挣的工钱孝敬师傅，参见：刘勇．北京传统民宅与木工匠作 [M]. 北京：科学出版社，2017: 5.

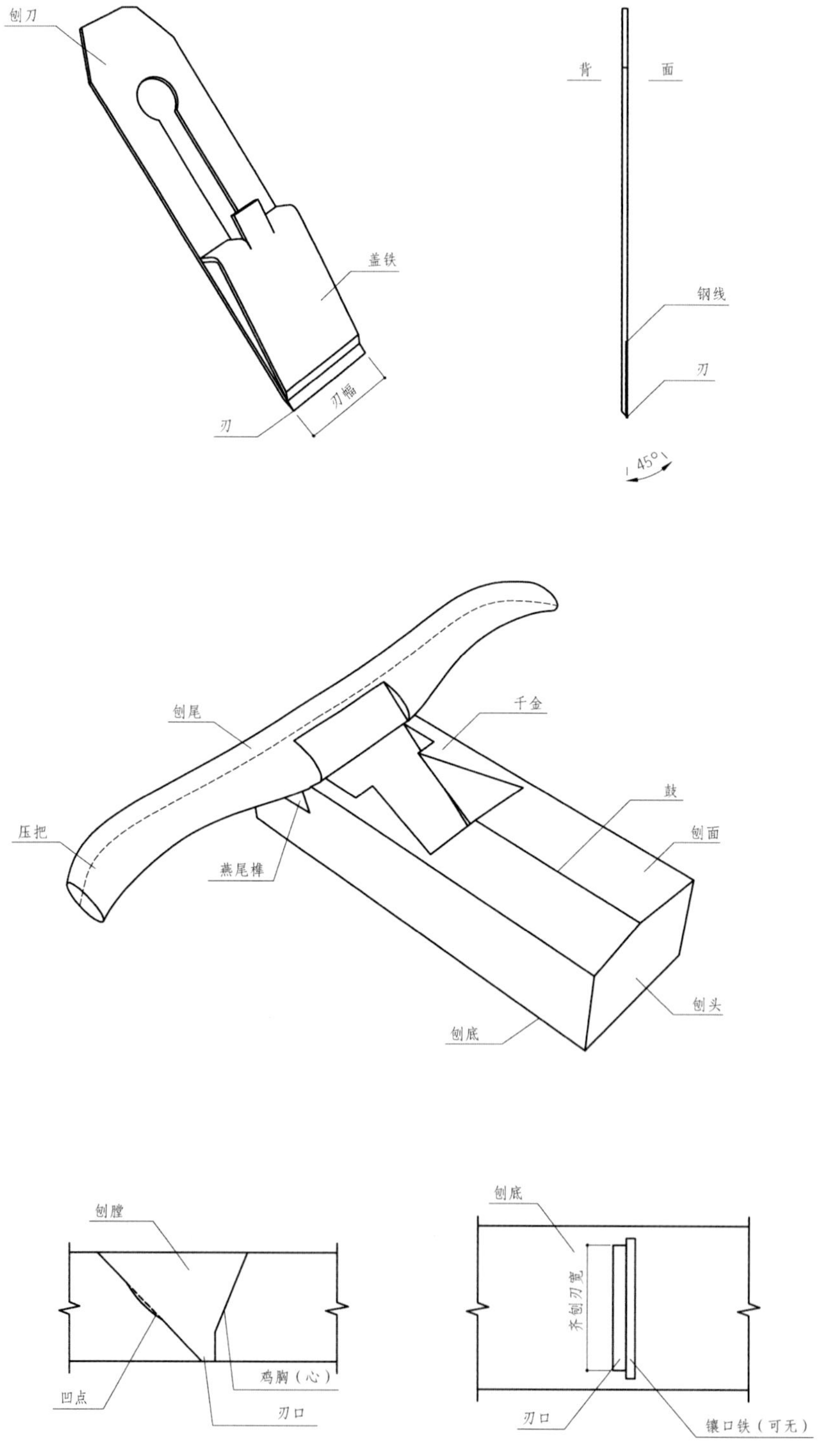

fig...02 中式净面刨的各部分名称

以净面刨的纵剖面制作为例⑤，对河北香河地区木匠的规矩记录如下⑥：长 6 寸（1 寸 =3.33 厘米），厚 1 寸半，刨膛斜面上提 2 分（1 分 =0.33 厘米），刃口 1.5 分，鸡胸抬 4 分，鸡胸斜面上提 4 ~ 6 分，刨头刨尾各提 2 分。这套规矩用现代语言解释是：准备一块长 6 寸、厚 1 寸半的木料；首先在底端找到中点，从中点开始在侧面上引一道 45° 线段到上端，从该线段终点开始向内偏移 2 分，定出未来刨刃贴合的斜面；从中点向内 1.5 分，定出刨刃出刃的窄槽；从槽边向上垂直引线到上端，从该线段终点向一侧偏移 4 ~ 6 分（视刨刃宽窄调整），定出刨膛出花口的边缘位置；从槽边向上垂直到 4 分高度为鸡胸顶点位置（“鸡胸”是木匠术语，称呼刨膛出花口一侧的形状，如鸡脖颈至腹部状，在流传过程中也被称作“鸡心”）；至此，刨膛内部形状（纵剖面部分）已经确立，接下来在刨首尾处制作倾斜面，斜面朝向刨子运动方向，角度为直角三角形锐角对边 2 分长。上述规矩使用铅笔、划线器等工具标记在木料上再进行加工。

我们对上述规矩及其现代转译作了一个图式化呈现 fig-03。规矩的尺寸单位是传统营造尺的单位，现代尺寸是公制（在本例中，营造尺采取 1 尺为 32 厘米⑦）。规矩与图示是两套语言。规矩是面向具有熟练操作技能的师傅的高度情景化的语言；图示则直观地表现了人工品最后呈现的形式，起源于投影法。规矩的文字化特点使其便于记忆，有利于传承，包含身体技术的描述也有利于指导实践，但也容易导致技术传承趋于保守⑧。

制作刨膛还有其他许多依靠规矩传承的技术要点，限于篇幅在此不予展开。接下来对于刨子形式风格的传承进行论述。

中式刨明显有别于富于雕刻装饰的欧式刨和外形几何抽象的日式刨，最突出的两个特征可以总结为刨面的内凹弧面（有时还会做棱）和刨头刨尾的倾斜面，这样的中式刨看起来富于曲线与动势。对于刨子外形的这些处理也源自规矩，根据香河师傅的规矩，刨头刨尾皆用“提二分”来修出斜面，刨面的内凹弧线与棱线用一字刨⑨加工出来，刨面的棱线香河师傅称为“起鼓”。而究其所以然，不同地方的师傅会有不同的解释，香河的师傅认为刨面的鼓，其加工方式和外形都接近建筑构件的斗拱的拱眼，是一种装饰效果，而山东莱芜地区的师傅认为，刨面的起鼓，方便平推使用的时候通过鼓线校正直线，刨子不至于走偏，而通过对前端切削的把握，可以调整刨床的重心，完成个人化的修正⑩。关于刨头刨尾的倾斜，有的师傅认为这同样来源于审美，倾斜有种动势，可以看到刨子欲动未动的形态（同样与工具的拟动物化有关），这种类比思想与工具的二十八星宿 [8] 对应似乎有所关联⑪；也有的师傅认为这同样出于实用的目的，刨尾在紧实与退卸刨

---

⑤ 本文所考察的掏刨子的规矩限于纵剖面部分，即刨膛斜面、鸡胸、刃口和刨头、刨尾的制作，横剖面部分，其实还包括制作千金，限于本文长度和表达已略去。

⑥ 掏刨膛工艺的演示人与规矩讲解人为河北省廊坊市香河县古建模型制作技艺传承人谢长青。调查时间为 2019 年 11 月。调查者为本文作者。

⑦ 谢师傅在访谈中表示，按照香河本地老一辈营造做法，官式建筑的营造尺 1 尺采用 32 厘米，而民居类建筑 1 尺采用 31.5 厘米。

⑧ 本文讨论的规矩仅局限于技术性、物质性的层面，如果我们去考察规矩更广泛的文化含义，比如与禁忌、道德和文化相关的部分，那么其保守的特征会更加明显，从流传至今的成语如“墨守成规”“循规蹈矩”中我们可以品味到对于这一保守趋向的批判意味。

⑨ 一字刨也称鸟刨，刨床很短，刨削时底接触面小，适于刨削不同形状的圆弧和弯曲构件。

⑩ 在长且重的拼缝刨中，这样的调整效果更明显。矮一些的师傅可以增加刨子前端的切削量来使重心后移。

⑪ 在关于刨子的星宿传说中，严缝刨对应箕水豹，二豁头对应牛金牛，小刨子对应房日兔，盖面刨子对应参水猿，单线刨对应柳土獐，偏刨对应觜火猴，双线刨对应轸水蚓，等等。

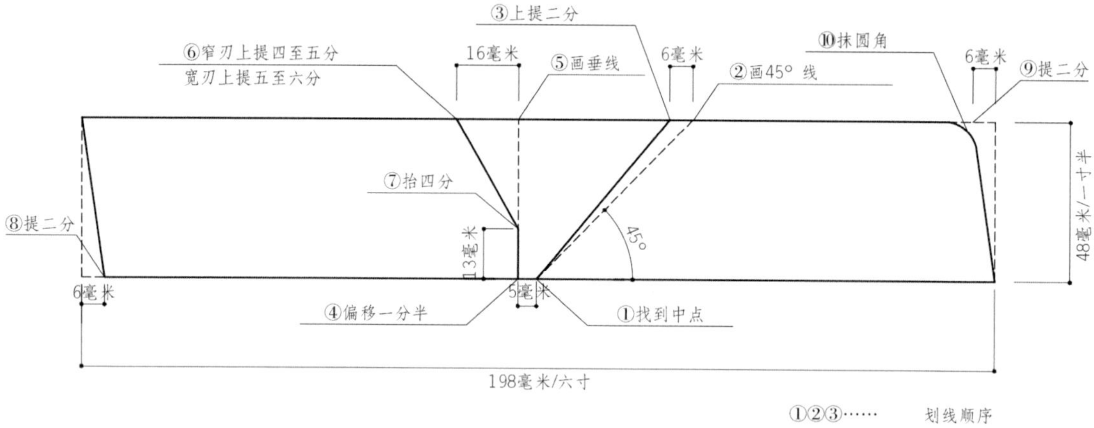

fig...03 刨床制作的规矩

刃时经常受到敲击，有了斜面，自然会敲下方，这样可以保护上方与把手连接的地方，不至于产生裂痕，而前端的斜面同样是出于调整配重的考虑。无论师傅们关于样式来源的认识有何分歧，我们都能看到中式刨子形态的这一特点（明显区别于欧式和日式）确实普遍存在，且在匠人的知识系统中被理论化传承。中式刨欲动非动、富于曲线的形态体现了“势”的传统审美，动势的表现又揭示了工具作为技术物的神话属性。

之三

中式刨的近现代发展交流与变化

1. 西式刨刃的引入

近代以来中式刨最重要的发展体现在刨刃的生产技术上，传统铁匠铺子锻打的嵌钢刨刃式微，西式机制刨刃被引进并开始本土化生产，逐渐占领市场。最早做出描述的是20世纪20年代来华的美国民俗学者霍梅尔⑫。传统刨刃的制作采取的是贴钢锻造工艺，这是一种将钢（高碳钢）贴于铁（低碳钢）之上的复合材料技术，不同部位采用不同性能的钢材，可以达到互补效果：刃口锋利而刃具主体延展性好，易调平。这一技术可以上溯到远古时代[9]，北宋沈括《梦溪笔谈》里即有记述：“古人以剂钢为刃，柔铁为茎干，不尔则多折断。”[10]明宋应星《天工开物》里有更详细的针对不同工具、武器的记述，讲到刀斧时，“凡铁兵薄者为刀剑，背厚而面薄者为斧斤。刀剑绝美者，以百炼钢包裹其外，其中仍用无钢铁为骨，若非钢表铁里，则劲力所施，即成折断。其次寻常刀斧，止嵌钢于其面”。讲到刨时，“凡刨，磨砺嵌钢寸铁，露刃秒忽，斜出木口之面”[11]，这里所说“嵌钢”即贴钢。传统的贴钢刨刃往往比较厚，刃幅也不固定，与西式全钢薄刨刃区别显著。西式刨刃后来在中国的流行导致刨子木质部分也随着刨刃刃幅进行了调整，最后流行的刨刃有两种尺寸，17英寸（4.4厘米）与2英寸（5.1厘米），调研中木匠称为窄刃与宽刃（霍梅尔考察的刨子是窄刃的，上节我们用作例子的净面刨是宽刃的）。下面就西式刨刃推广取代传统刨刃的过程进行考察。

锻打的贴钢技术旧来采用本土冶炼的土铁、土钢，随着近代中国海外贸易的展开，洋钢逐渐代替了土钢，有史料表明，1886年在江苏镇江地区，洋钢进口逐渐增加，已经在逐渐代替土钢，这些洋钢有一部分专门用在工具的刀口之上[12]。由于做精细加工的刨子对刨刃的锋利程度要求很高，进口的洋钢取代土钢是19世纪末的趋势，在西式全钢薄刨刃直接进口并占领市场以后，采用传统技术锻打

fig...04 1918—1919年西德尼·甘博于北京所拍中国木匠。注意红圈处两处刨子的不同，左图为老刨刃，右图为西式刨刃

进口材料的做法应该持续了一段时间。

进入20世纪以来，西式刨刃对市场的占领体现得更加明显，1918—1919年甘博在北京拍摄了两张木匠的照片，外出干活的木匠背着的工具中还能看到使用老式刨刃的刨子，而在木器行拍摄的照片里，墙上挂着的一只刨子就已经装配了西式刨刃了 *fig...04*。20年代以后，这一趋势就更加明显，笔者列出了20世纪20年代以来在上海注册商标的国外公司 *tbl...01*，其中提供刨刃的公司就有十余家。与此同时本地的铁匠铺也在缓慢发展，并尝试仿造国外的刨刃品牌，据《上海二轻工业志》记载，中华人民共和国成立以前，上海已发展出29家生产刨刃的铁铺；40年代开始使用摇钻、刨车、手动压床、脚踏冲床和剪刀车等简陋设备机械化生产改良版西式刨刃⑬。在东北地区，对工具生产的影响来自日本。20世纪30年代，随着伪满洲国的建立，大量日本移民来到东北开拓，带来了日式木工技术与工具。从一份昭和10年（1935）的伪满洲工厂名簿[13]来看，满人（该工厂名簿将工厂按照所有权分为日人工厂与满人工厂，此处满人当指本地的中国人）经营的木材业工厂有5家（称为木厂），木制品制造业有40家，多以字号加木铺为名，生产和洋家具居多。而日本人经营的木材业工厂（称为制材所）多达38家，木制品制造业有35家，以工厂、工作部、木工部为名，生产家具、容器，以及一些日式器具等。可见在原材料的经营（木材业）上，日本人占据了主导地位，木制品行业也与当地传统行业平分市场。在同一份工厂名簿里也能看到金属

⑫ 霍梅尔的名著《手艺中国》中写道，“图354展示了一个典型的多用途刨子。底面或‘刨底’面积为7.5英寸×2.25英寸。由外国制造的刨刃（注意其中的孔在中国刨子中没有任何用处）长7英寸，宽1.75英寸，厚0.125英寸。照片展示的刨子托的开口，直通底部一个1.75英寸×0.25英寸的狭槽。刨刃和挡板（刨刃前方的楔子铁板）被刨子开口紧缩的两肩卡住。横卧的柄长10.5英寸，插入一个紧靠刨刃背部的凹槽。在刨刃伸出的狭槽前沿嵌有一个铁边，当刨子工作时，刨花从刨刃和铁边中间穿过”。霍梅尔考察的木工刨属于槽式刨膛，牛角式压把安装，刨刃采用前楔，出花口心形，刨面内凹起鼓，刨首刨尾倾斜，样式非常经典。霍梅尔说它是多用途刨子，结合刨刃较大的倾斜角度来推测，该刨应该是用于粗加工的二豁头刨子。霍梅尔没有介绍考察这只刨子的具体地点，结合上下文描述，可能是江西一带，根据霍梅尔的考察可以看到，西式的机制刨刃在20世纪20年代已经流传到江西这样的内陆地区。参见：鲁道夫·P.霍梅尔.手艺中国：中国手工业调查图录[M].戴吾三，等，译.北京：北京理工大学出版社，2012: 260.

⑬ 20世纪40年代义祥机刀厂参照法国“松鼠牌”刨刃，运用嵌钢工艺，采用部分机械加工，改进了刨刃的内在质量和外观，参见：《上海二轻工业志》编纂委员会.上海二轻工业志[M].上海：上海社会科学院出版社，1997: 239.

tbl...01 商标公告中含木工刨的品牌一览

商标名称	时间	商品名	国家
史泰来脱公司（L. S. Starrett Company.）	1926	刨平器	美国
史丹莱厂（The Stanley Works, New Britain, Connecticut, U.S.）	1927	刨	美国
铁锚牌（Anker）	1930	刨	德国
地球牌（GLOBE）	1930	刨	德国
狮子图（Gesellschaft für elektrische Unternehmungen, Berlin, Germany）	1934	刨	德国
GRESCENT	1934	刨	美国
蛋壳婴孩	1935	刨	德国
三角中人圈	1935	刨	德国
Grown M	1941	刨	德国
锚（附有双蛇翼）图	1941	刨	德国
神鹰（Eagle）	1946	刨刀	英国
奇姆可（GEMOC）	1947	刨	美国

精炼业全为日本人所有，大连、鞍山、本溪建立了14家生产包括精钢在内各类金属精炼产品的工厂。在金属加工领域，日本人与满人的工厂和铺子是并存的，数量也基本相当。木加工技术，特别是家具、器具类加工等会用到手工操作的地方，日式木工具一定有大量的需求，虽然名簿中没有直接记载日式工具的生产，但是我们可以推测，从30年代开始，本地应该建立了日式工具的生产链。中华人民共和国成立后，该地区也保留了日式工具特别是刃具的生产单位，例如大连“旅刃”品牌 *tbl...02*，到今天都在国内享有声誉。

中华人民共和国成立以后，各地传统的家庭作坊式打铁铺子进一步被并入合作社。合作社时期，传统的锻造技术与舶来的机械化生产技术进一步融合，各地都出现了比较知名的刨刀品牌，其中最知名的当属1952年由上海多家传统打铁作坊统一注册的商标“金兔牌”⑭。通过对二手市场上流传刨刃商标的不完全统计 *tbl...02*，可以看到20世纪40年代开始出现合作社生产的商标，60年代以后，伴随着各地的村办工厂企业发展出现了更多品牌，然而随着手工工具使用的减少，80年代以后几乎就没有什么新的品牌创立了。

2. 盖铁拿戗技术的引入和本土化

使用盖铁拿戗技术不仅是近代以来中式刨生产最大的一个改进点，也是世界范围内近代以来手工刨发展的一个方向。拿戗是一个木匠专用术语，即“拿住戗茬使之不产生”的意思。在刨子向前行进对木料进行表面切削平整的过程中，如果遇到木纹不顺的情况，刨刃会切入木纤维并使之翘起，导致表面不平整，拿戗就是在戗茬形成之前将木丝折断，这一技术通过在刨刃上方加阻挡改变角度即可实现。西式盖铁拿戗技术由19世纪中期美国工具制造专家莱昂纳德·贝利（Leonard Bailey）发明，它之所以被发明出来是因为全钢薄刨刃的使用，薄刨刃与

tbl...02 20 世纪不同时期创立的国产刨刃品牌一览

省份	20 世纪 30 年代	20 世纪 40—60 年代	20 世纪 60—80 年代
黑龙江	–	哈铁社、哈供生社、兴安岭*	前水六
吉林	–	金星、长白山*	–
辽宁	手、双王*、旅刃*	三顺、梅花、鹰、兴*、红旗*	鹿、海鸥
河北	–	玉田县	工、燕山
天津	环球鹰	–	狼、金鱼、四工具厂
北京	–	–	永久、金鹿、北京工具厂
山东	新胜、红星	金马、工农、建农	红星、象
江苏	–	金虎、铁锚	晨光
上海	飞虎、双斧	金兔、光荣、和平、铁锚、生字	金鸡、光明

注：带*品牌为日式拉刨刨刃

传统厚刨刃相比容易震颤，将金属盖铁用螺栓固定其上能有效减轻震颤，而盖铁下端的弧形拱背可以达到改变纤维方向的目的，从而拿戗。贝利的发明经由美国知名工具制造品牌史丹莱（Stanley）广泛推广，至迟在 20 世纪进入中国。

在中国，木制品经加工后直接裸露的审美不是主流，大木建造的木材表面会油饰抹灰，小木作的家具上大漆的技术也很发达，拿戗的应用并不是非常广泛和必要。这一技术的传统做法是将两块刨刃相对叠放安装在刨膛上，上一块刨刃可完成对下一块刨刃的拿戗，这被称为“双刃刨”。这种技巧在 1937 年出版的《木工》一书中有所介绍 [14]，这是民国时期出版的职业教育教材，也是木工技术用书第一次得到印刷传播，这种技术书的出版当是受到日本影响，书中许多的术语直接沿袭自日语⑮。同时期出版的《初中木工教育》中，也介绍了西式的盖铁（书中称“护铁”），那么它为何在《木工》一书中未出现呢？笔者认为，30 年代西式盖铁的使用尚未普及，而盖铁刨刃的使用比较简便，比较适合新手使用，所以反而是在面向初学者的技术书中率先介绍。

20 世纪 60 年代开始，国外木工技术用书开始被引进 [15]，其中从苏联引进的木工书对盖铁拿戗技术从原理上介绍得尤为详细，国内也开始有组织地编纂木工技术书。值得注意的是，60—70 年代国

⑭ 《上海二轻工业志》载，1956 年社会主义改造高潮后，上海刨刀业进行裁并改组，成立义祥、秦义兴和戴成兴等 3 家中心厂，同时对产品进行调整。1957 年，3 家中心厂再合并为义祥机刀厂（1967 年和 1972 年先后改名为红卫工具厂和上海人民工具二厂），1958 年，刨刀产量增加到 47.5 万片。“金兔牌”一直为全国同行业之首。1962 年，上海刨刀生产机械化程度达到 55%，全国有 30 多家刨刀生产厂来上海学习。20 世纪 70—80 年代，上海“金兔牌”刨刀持续改良其工艺，1979 年获轻工业部优质产品证书，1980 年被评为上海市著名商标，并获上海市优质产品证书，1988 年，获轻工业部优秀出口产品银质奖。参见：《上海二轻工业志》编纂委员会 . 上海二轻工业志 , 1997: 239.

⑮ 如刨刃被称为“刨身”，刨刃的背面和表面称为“表”“里”，刨底称为“诱导面”等，这些都是由日语汉字直接翻译而来。

内编纂的木工技术书从结构上借鉴了引进木工用书，但同时对本土、本行业的木工技术有消化吸收，是传统手工技能知识书面化、系统化的重要时期。在这一时期，各行业、各地区针对生产需要开始大量出版技术类用书，这类用书一方面参考了国外相应的资料，另一方面总结了很多本地的经验，但是与国外相对成熟的技术知识相比，对于技术原理缺乏系统、科学的表述，更注重实际操作的经验的介绍。这对于一时一地的某种特定工作有较好的指导性，但是可扩展性与可传播性还很不足，换句话说，此时本土编纂的技术用书对于传统工具还没有自主开展科学化研究。

3. 全球视野下中国与日本刃具发展的特殊性

利用固定切削角度的刃具平木是一种全球范围内木材加工的技术趋势⑯（technology tendency），从史前到今天都在使用，木工刨作为技术物（technology fact）的应用在不同国家和地区各有早晚。在西方，罗马时代就有使用单手平推刨的记载；在中国，双手平推刨至迟到13世纪开始流行；在日本，拉刨从15世纪开始出现，16世纪定型[16]。不论开始使用的早晚，这三种刨在所使用地区都传承到了现在，分别形成了欧式推刨、中式推刨、日式拉刨体系。

19世纪以前，刨的刃具生产技术在全球范围内都没有多大的差别。但伴随着19世纪后半叶冶金技术的大幅度发展，西方刃具的生产逐渐走向机械化大规模生产，螺丝固定盖铁薄刨刃的发明使其开始形成全球范围内的垄断。但是这一技术的应用是针对机械化发展的西式刨的，在传入东方面对有着不同使用习惯的中式推刨和日式拉刨时，情况起了变化。在中国和日本，技术的移植向着不同的方向进行。

在日本，西式盖铁刨刃技术于明治初期传入，很快被本土消化吸收，催生了二枚刨的发明和广泛应用。船曳悦子的研究表明[17]，从《大工刀具商报》上可以看到，明治35年（1902）就有商店开始销售二枚刨的“里金”（盖铁），到昭和初期，二枚刨的商品销售广告更加普及。她的研究还表明，初期二枚刨的盖铁生产大量使用了废弃的烟草庖丁作为原料⑰，揭示了日本在同样原材料较匮乏的情况下商业的灵活应对。另一方面，日本传统刨刃的生产并没有受到西式刨刃的冲击。在洋钢进入的初期，传统铁匠针对新的原料积极地进行了调试，诞生了如千代鶴是秀等大批优秀匠人[18]，他们将传统锻造技术与进口材料融合，研发了特色的刃具，直到今天在世界范围内都有一定的市场。

反观中国，西式刃具的冲击是更加深刻的，彻底改变了中式刨的面貌，中华人民共和国成立以后，西式刨刃生产线作为后殖民时代的技术仍然保留，在本土化初期，旧有的锻造行业在合作化、工厂化初期，尚有匠人进入生产领域，发挥了一定作用，锻造技术与工厂技术尚有一段融合的时期（此时期生产的刨刃到今天都口碑不错），此后无论是对材料的研发还是对传统工艺的传承都出现了断档，今天的中国刃具生产处于严峻的境地。

---

⑯ 技术趋势与技术物的理论来自法国技术人类学者安·勒儒瓦高汉。参见：Leroi-Gourhan, A. Milieu et Techinique[M]. Paris: Éditions Albin Michel，1945.

⑰ 明治37年（1904）日本颁布烟草专卖法，从此烟草的生产与售卖权归国家所有，此前从属于私人的烟草切割机被大量收缴，切割机的刃刃钢由于轻薄且富有弹性，非常适合做二枚刨盖铁，被大量改制、销售。机械切割机刀刃上特有的孔洞也被保留在许多的二枚刨盖铁上，成为那段历史的印证。

之四

总结

在传统社会中，木匠的工作性质与今天十分不同，他们首先是手艺人，工具中的木器部分都靠自己制作，工具的好坏直接反映了自身水平的高低，因而他们很珍视自己的工具，不存在仅仅将工具看作生产资料进行购买和使用，或者依靠出卖劳力积累财富的情况。木匠制作工具的本事，也是习自流传下来的规矩，木匠出师的标准往往是能够自己制作一套工具。中国幅员辽阔，不同的门派之间规矩有差别，反映在工具上便是很多形制上的差别。但是无论差别多大，中国的木工共同体都笼罩在鲁班文化之下，双手平推刨的使用深深植根于此，在些微的差别之上，更多的是用法、逻辑、审美上的一致性。而工具的铁器部分，依照传统一直是本地铁匠锻造，中国早熟发达的嵌钢技术和铁匠的中式锻造技艺从古代社会以来一直可以满足木匠对于工具的需要，但是当代表了更先进的冶金技术的西方工具被引入时，传统刃具就失去了竞争力。从较早开埠的上海与日本侵略下的东北地区开始，传统锻造行业渐渐让位于日式、西式金属加工业，进入了技术移植、仿制的阶段。中华人民共和国成立以后，作为后殖民时代的遗留，这些行业依然延续了下来，在初期尚能接纳一部分从传统打铁业转移过来的匠人，后期就彻底转入机器化大生产了。然而由于缺乏对工业原料的开发以及对本土生产工艺的学习，中国刃具生产在今天仍然面临着严峻的考验。

附记：本文写作中所需的大量工匠知识得自几位木匠与铁匠师傅的传授与教导，他们是：河北省香河县古建模型技艺传承人谢长青师傅、河北省秦皇岛市孟令国师傅，以及山东省济南市郝氏铁匠铺亓振师傅。本文在图纸绘制、资料收集方面得到过中国科学院大学研究生杨金娣、靳柳同学，以及北京建筑大学研究生谭鑫鑫同学的帮助。本文的部分研究内容曾在故宫博物院古建部做过汇报，得到了故宫博物院高级工程师夏荣祥的意见和建议。谨致谢忱！

参考文献

[1] 渡边晶．大工道具の文明史 [M]．東京：吉川弘文館，2014: 1-18.

[2] 宋衷．世本八种 [M]．秦嘉谟，等，辑．北京：商务印书馆，1957: 364.

[3] 高国藩．敦煌民俗学 [M]．上海：上海文艺出版社，1989: 30.

[4] 孙机．我国古代的平木工具 [J]．文物，1987(10): 70-76.

[5] 何堂坤．平木用刨考 [J]．文物，1996(7): 91-92.

[6] 李浈．中国传统木作工具 [M]．上海：同济大学出版社，2004.

[7] 赵吴成．平木用"刨"新发现 [J]．文物，2005(11): 72-74.

[8] 刘勇．北京传统民宅与木工匠作 [M]．北京：科学出版社，2017: 62-64.

[9] 李克敏．张小泉、王麻子剪刀传统工艺的调查研究 [J]．中国科技史料，1992, 13(2): 70-85.

[10] 沈括．梦溪笔谈全译 [M]．金良年，胡小静，译．上海：上海古籍出版社，2013: 180.

[11] 潘吉星．《天工开物》校注及研究 [M]．成都：巴蜀书社，1989: 400-403.

[12] 姚贤镐．中国近代对外贸易史料（1840—1895）[M]．北京：中华书局，1962: 1435.

[13] 关东局司政部殖产课．昭和10年末满洲工厂名簿 [M]．南满铁道株式会社，昭和 12 年 (1937).

[14] 李洁冰．木工 [M]．北京：商务印书馆，1937: 30.

[15] B. A. 库科索夫．细木工作业 [M]．北京：人民铁道出版社，1960: 9.

[16] 渡边晶．日本建築技術史の研究－大工道具の発達史 [M]．東京：中央公論美術出版，2004: 154.

[17] 船曳悦子．近現代における鉋の変遷 [J]．日本建築学会技術報告集，2009, 17(37): 1043-1048.

[18] 大工道具研究会．鉋の技と銘品大全：プロが教えるカンナの魅力と使いこなしのテクニック [M]．诚文堂新光社，2013: 15.

贵州榕江县大利村圆木作箍桶工具赏

任丛丛，白世浩

圆木作属小木作，加工品包括盆、桶、勺、盖等日常生活用具。其技术操作与使用工具也与其他木作有不同之处，是木工中的专门行当。旧时有走村串户的圆木匠专门为百姓制桶等圆木作生活器物，也被称为箍桶匠，少数箍桶匠有自己固定的店铺。箍桶结构看似简单，仅由木板和箍组成，但要做出严丝合缝、满足人们使用的桶器，也并非一件易事，它要求木匠有合适的工具和足够熟练的技术。

圆木作箍桶的原料大多采用杉木、苦连木、樟木、漆木等。其中杉木最为常见，这种木材呈白色，质轻，有香味，耐腐易操作，是制作桶器的上好材料。箍的材料也分竹、铁、铜，因地方和经济条件而异。*fig...01*

木桶制作过程涉及的工具种类相当繁多。在贵州省榕江县大利侗寨，我们访问了村里一位 70 多岁的杨姓箍桶匠，考察了 28 种箍桶工具，结合访谈和文献学习对箍桶技艺进行了记录、还原（工具名来自杨师傅的口述，括号中的其他名来自各类文献）。

箍桶流程大概分为划线、开料、拼接、刨削、上底、打磨出细等，其中涉及的弯曲造型最能体现技艺的难度和特色。箍桶匠要将大块的木料切割成一块块小木板，把握好每一块板的厚度、弧度，在拼接时根据实际情况再对板材进行修整。在整个过程中，木匠需要对桶器进行一次又一次的调整，以使最终做成的桶器光洁无缝，结实耐用。*fig...02*

fig...01

fig...02

之一

划线

圆规（运尺）

圆规一般由不易变形的硬质木料或干竹料做成，中间圆孔插入竹钉作为固定点——圆心，根据所要画的半径可在其他各个位置打孔插钉。通过旋转圆规，可在木料上画出不同半径的圆。箍桶匠在截取桶底板的木料时即用此工具画线。[fig...03]

竹钉盒

由一小节竹子制成。竹钉用处广泛：用来固定夹尺，将两段尺子插接在一起；圆规划圆时也要用到竹钉，在圆心处插一竹钉固定，在圆规的某一端的某个位置再插一竹钉，两竹钉之间的距离即为半径。除此之外，竹钉也用于拼接木胚子，起固定作用。[fig...04]

墨盒（墨斗）

墨盒是木工划线必不可少的工具。其通常由一小节竹子做成，箍桶匠用它灵活地在木料上进行划线作业。[fig...05]

fig...03

fig...04

fig...05

之二

开料

锉子（中间）和凿子

锉子用于锯齿的维护，锯齿经过长时间摩擦之后就会迟钝，此时就需要使用锉子进行挫伐。

凿子是打眼、剔槽、铲削的工具。按功能可分为打眼凿和铲凿，按刀口可分为平刃和圆刃两大类，圆刃又分内圆和外圆。箍桶过程中，这几类凿都会使用到，铲凿主要用于铲削桶器，可以铲削到滚刨不能刨及的部位，铲削分为单手铲削和双手铲削，单手铲削处理的木料一般较小，需要用手控制住木料；双手铲削处理的木料大，需要一手压凿一手推进，也可将斧柄握在手心顶住凿顶加强推力。给木胚子打眼时则需要用打眼凿。打眼、剔槽时需使用锤或斧配合锤击，既要注意每一次凿击的方向，也要把握每一次凿击的力度。fig...06

倒占（开斧）

开木料时用的工具，配合锤子或斧子使用，将大块的木料裂解为小块。fig...07

木胚子（壁板、墙板）

盆桶器制作的第一道工序就是制作木胚子，其弧短的一面叫里身，弧长的一面叫外身，侧边叫侧身。圆木工在制作木胚子时，要先确定好其数量、厚度、尖度角（上下口径的比例），为保证尖度角符合使用，还需要遵从“里口外腰法”，“里口”指壁板里身上端的尺寸，而“腰”并非固定的某个位置，是根据桶的上下口径的比例来确定的，不同口径比例的桶“腰”的位置不同。里身上端尺寸与外身下端尺寸相同，这样做出的桶尖度角恰好。拼接的步骤包括划眼、钻眼、制竹钉、拼装，在拼接的过程中，应时刻注意木胚子之间是否有缝隙，或者里身外身的缝隙是否平整：前者与侧身刨削有关，会影响桶器是否漏水；后者取决于钻眼位置是否对齐，会影响桶器表面平整。fig...08-11

fig...06

fig...07

fig...08

fig...09

fig...10

fig...11

之三

拼接

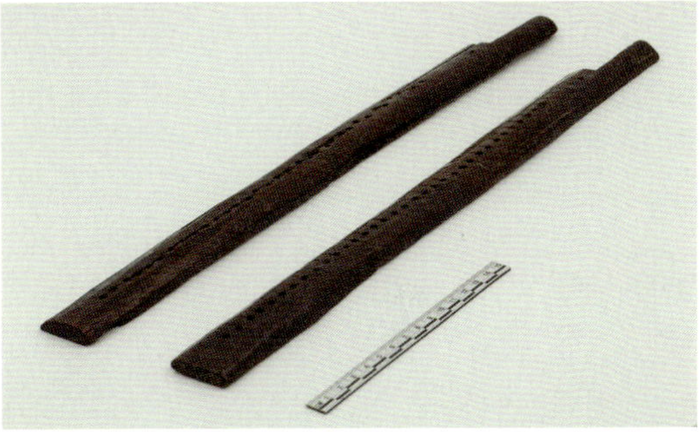

fig...12

夹尺（靠尺）

用夹尺检验每一个木胚子的弧度是否符合要求，若有缝隙，要根据实际情况对内侧或外侧进行刨削，直至弧度夹尺与木胚子之间没有缝隙为止，以此保证木胚子之间可以顺利拼接，没有缝隙。fig...12-15

fig...13

弓钻（拉钻、牵钻、木钻）、麻花钻（螺丝钻）、小手钻

在给木板侧身打眼的时候需要用钻。弓钻是我国传统的钻，用其钻眼是木工的一大基本功。如果钻的眼坏了，或者位置不够准确，拼板时就无法安销和拼接。弓钻的钻头可拆卸替换，直眼与斜眼所需要的钻头不同，工匠根据需要按照“三尖两刃”的标准来磨钻头。麻花钻是西洋传来的。小手钻是打眼定位的工具，打眼之前用它定心，不然直接钻眼，钻头会跑偏。fig...16

fig...14

切刀（刮刀、拉刀）

刮刀外形呈弯月状，长约 50 厘米。刮刀是向怀内拉的，与推刨子用力方向相反，但姿势类似。箍桶时，将木板拼接在一起之后，用它拉平桶口桶脚。使用完之后，用一木制套套住刀口，既保护刀刃，又防止伤人。fig...17

fig...15

fig...16

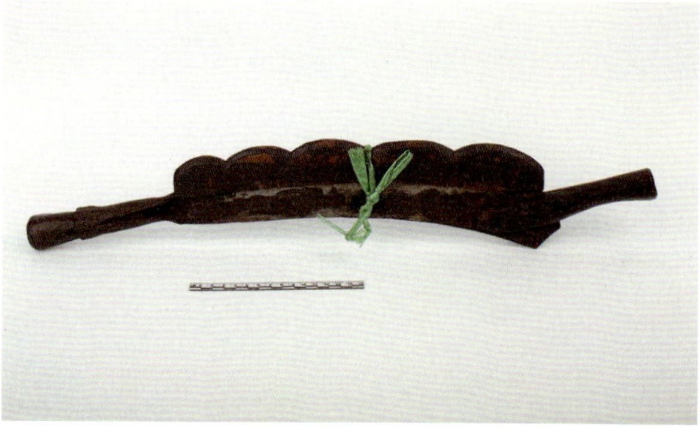

fig...17

之四

刨削

桶身拼接完之后，要对其进行刨削，其步骤包括“打粗”“光身”，以及桶底槽加工。打粗就是将桶身进行初步刨削，使其初显圆形。操作时还需要借助板凳刨和操作凳作支撑：将板凳刨腿朝上斜靠在工作凳上，桶口扣在板凳刨刨腿上。打粗结束之后还要进行锯脚、铲里口、铲刨内壁、倒棱儿道加工工序。最后再用圆刨对表面进行光身。

平刨、角刨

平刨分短刨、中刨、长刨，图中上面三个为短刨，最下面为角刨，也属平刨的一种。[fig...18-21] 短刨刨光洁的木料，角刨刨木料边角。每个匠人使用工具习惯不同，在这位老人家未见到中刨、长刨。使用平刨时要注意手法、眼法、步法，这也是木工平刨的基本功。刨削较大木料时需要将身体向前平移，否则仅用手臂力量刨出的木料不平整。在箍桶流程中，平刨用来刨桶的外身。

圆刨

圆刨分内圆刨和外圆刨，图为内圆刨，在拼接完木胚子之后，需要用它刮刨桶的里身，使其表面光洁平整。它的底部具有一定的弧度，弧度根据桶器口径弧度而定，其他结构与平刨相同。外圆刨刨底为凹状，用来刮刨桶外身。[fig...22-25]

fig...18-21

fig...22-26

之五

上底

月亮锯（桶底锼锯、底槽锯、划足刀）

用于桶底开槽，使用时将把手旁侧贴住桶脚底，让锯齿贴近桶脚内壁，用单手或双手依桶口来回转锯，直至桶脚内壁槽的深浅满足使用要求。[fig...26]

箍桶工具种类众多，常用的还有板凳刨[fig...27]、滚刨、操作凳、箍掰等，我们采访的杨姓老匠人所有的并非全部，可能由于他的作品多为盆类，木胚子短小，有些工具用不上，也可能因为有些工具已遗失。这里补充介绍一个圆木作中常用的重要工具——板凳刨。板凳刨，也称仰脸刨或座刨。其刨身长在700 ~ 800毫米之间，刨头上装有两个脚，脚长150毫米左右。使用时刨面向上，没有脚的一端放在工作凳上，用法与木工刨相反，木工刨是手推刨子，板凳刨是手推木材。在刨削桶壁板侧腰时，有的壁板长度很长，需要用板凳刨进行刨削，左手虎口捏住板前部，右手捏住后部，将板材腰部从头到尾推向刃口刨平。

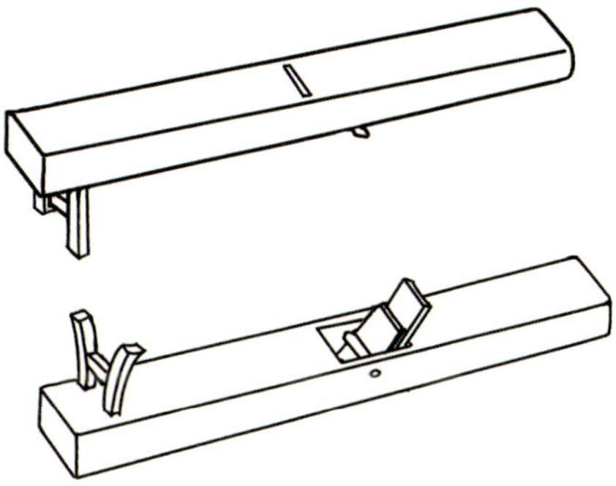

fig...27 板凳刨示意图

教学

EDUCATION

当代木

乡野主义与法式主义造物的交融

王灏

两种造物现场的观察

①

2013年大暑前后，我与家人以及几位好友从上海出发游览了浙江前童古镇，那时候古镇里大夫第还未被火毁坏，古镇素朴而灵韵充沛，我第一次对古镇的水系产生了好奇：这个历经几百年改造、原本完全服务于农耕社会的水利设施在村落扩张、河道改扩建的过程中不断演化，目前从白溪水库引渠而来的优质水源，围绕村落呈放射环状布置，捕捉了几乎所有村民的户外公共生活——洗衣、纳凉、摆摊、围坐聊天。十几口已经不用的古井点缀在各处，紧邻水渠。磨光的红石条栏板上勾勒着水井边旧时光。而今，旧时水口已不复见，随着人口增长，村落外围已经被新式民居包围，但古村最重要的脉络留了下来。在新一轮的古镇开发中，由于前童地处偏远，商业渗入较少，原住民大部分还忠守在故乡，水边生活也每日照旧发生。

村落水口以及辅助水系的分布决定了古镇如今的格局，在前童的夜里，我在脑子里建构了一遍古镇营造的“三要素”：平面上，水口水系为主导的地形结构系统；立面上，砖墙（以土石为原料）为主的垂直建造围合系统；结构上，以杉木穿斗式框架为主，大部分属于造价偏低、工艺简约的木构系统。这三要素体现在浙东几乎所有古镇中，是一种“粗野”写意的建造系统，它甚少表达一种衬得上结构的法度，更多是匠人利用杉木的自然长度与胸径，以最简单的榫卯关系搭建的一种实用主义体系；这种实用主义态度从搭木架开始，到墙体的选择，再到屋面，终止于生产与生活院落（一种常见的浙东式大杂院）的围合。这种实用主义乡野建造系

构 复 兴

中国美术学院六年实验性教学回顾记录

统被匠人忠实秉承，成果散落在浙东各种古村落里，但真正的高潮却在楠溪江流域，以埭头村为代表。

②

2015 年春，在林晓熏介绍下，我认识了左靖先生，并慕名前往安徽黟县以及歙县，在这里我看到了墙的表现力，一种带有明确法度的墙的做法。毫无疑问，江南地区的墙表现力最强的是徽州建筑，从南屏村的小姐楼三楼环视整村，鳞次栉比的水平墙头（马头墙的构图）构成了一幅现代至上主义式的抽象图，使人几乎忘了这是百年前的造物。这里，外部就是墙的世界，村的内向式生活方式完全被淹没。这里体现着民居建筑最高的秩序及法度，那些层高达 4.5 米的三层木架，架构起江南地区少见的具有崇高感的氛围。这些山墙冲出屋面至少 2 米，有水平分段形，也有反弓形，各种有条理的组合最终汇成墙的矩阵，形成整体性极强的视觉印象。

这两种使人过目不忘的形式组织手段，高明地营造出了一种世界民居里少见的等级、秩序，以及高耸的居住空间，而这些高耸的居住空间与外部无比强烈的墙体画风共同形成了一个统一有序的民居聚落构成。

我从个人角度粗略比较了这两个中国式村落的营造特征：二者无疑都具备深度建筑学类型思想，自觉或不自觉地在所处地理环境的影响下形成一种“乡野主义”与“法式主义”的强烈对比。围合墙体系统在前者属于从属地位（楠溪江民居为证），而在后者则演变成了不可置疑的、唯一的外部形式要素。相对于编织承重结构的木构架，这种对比是那么强烈。

由此，我重新思考了我的设计立场：也许从砖宅（高耸的墙体系统）开始的结构思想可以进一步发展，而突破口在于内向化的线性木结构如何控制空间，并把结构性空间气氛做到极致，从乡野主义向法度主义转变；而其余辅助材料与工艺可以根据木构的设计原则导向进行调整。这二者之间的线性木构（大木作）既是整个中国建筑史阐述的主要内容，也是可以被总结的、用于系统革命传统营造文化的操作手段。

至此，我认为，如何多元而创新地去开拓一种带有某种古典映射的结构法式研究，是目前最重要的，环视周边，具备最丰厚遗产的当然是木结构，它在江南地区的古典园林以及在野古村落随处可见。传统木构做法根据经济投入分为高价工艺（含木雕）和低价工艺。江南地区的木构在多样性以及技法上有很大的地域特色。2015 年以来各种古镇或者传统村落的设计委托案都坚定了我对此的研究决心，这些带有明确诉求的项目也进一步拓宽了我的研究视野。

又经过近一年的准备，2015 年秋，我在中国美术学院正式展开了为期一年的、基于毕业设计与学生们一起研究并设计的工作。

六年毕设实验性教学基本指导思想

第一期正式工作展开之前，一些对学生而言涉及地形学的相对复杂的内容，我作了屏蔽，确立了几个立场，同时制订了一个教学计划简表fig-01。

（一）建立一个知识性的结构捕捉器

从现代力学角度审视传统木构，具体分为从象征性角度看、从力学关系看、从情感性角度看、从趣味性角度看等。抛弃建筑史的断代视角；抛弃建筑史的地域分法；抛弃官式建筑以及民居的分野。

（二）建立营造的雁阵体系

以木构（大木作）为纲，砖作、瓦作、小木作（家具、门窗）以及石作等为辅；以现代建造技术手段为放大镜，来挖掘传统建造中技术以外的文化性：

（1）在建造现场以及周边学习如何用古典方式处理木框架，同时学习现代木构的框架组合方式；

（2）在建造现场学习如何用古典方式砌砖，以及砖的类型与搭建方式，同时学习作为填充（装饰）或者承重墙体的现代砖墙建造方法；

（3）在建造现场学习如何用古典手法处理石材，例如一块石头与另外一块石头的组合咬接，并学习当代装饰石材幕墙系统的构成原理；

（4）在建造现场以及周边村落学习古典木板壁与木门窗系统的开启关系与制作工艺与，学习现代门窗系统的开启关系以及制作工艺。

这种对比性学习的目的是去改良各种传统建造工艺的缺陷以及过度手工化带来的低效。我们试图建立各个系统工艺以及审美在古典及现代双重标准下杂交而来的新自由，这种自由允许设计在每个看似没有交集可能的局部都有无限的创作可能。而这对当代来讲，带上了一种古典性，对古典来讲，有了一种明晰的现代性。需要重申的是，我们明确拒绝表征的折中性，我们希望在最深刻的建造活动中拥抱一种建造文化的传承与延续。

（三）匠人顾问制

所有古典建造知识一方面来自书籍，一方面来自现场的精准调研，最重要的是来自木构领域以及其他领域的匠人们。对古典建造的学习，匠人们是活宝书。现场经验，对榫卯等结构的通透理解，对材料的辩证使用，在材料组合建造中对气候的尊重，建造中常见的工艺关联预设（比如防水），手上灵活的加工工艺……这些层面的素质成为整个学习古典过程中的重要支撑。可以预见：一手抓着木头，一手现场传授知识，这才是建造实践中最有成效的学习场景。

在建造形式的研发和改良过程中，匠人们帮忙判断学员的新榫卯关系的合理性并对其进行加工优化，这是一个重要的中期打磨过程，使得新的产品初步具备施工使用的可能。在终期 1:1 的局部模型制作过程中，匠人们进一步判断多余以及不符合施工规矩的部分，第二次评估产品的合理性。最后一次对新东西的检验，会是一个在合适地点的真实建造的建筑，用一年以上时间进一步校正不合理的部分，同时评估造价以及人工耗时。

（四）“在野建筑学”的口号

这次实验性毕业设计的宗旨是重新引导学生用最本质的建造的方式来思考问题，为此，我提出了“在野建筑学”的口号，旨在建立一个新的建造学习课堂，形成建筑师、学生以及在地的匠人共同工作探讨的机制；它聚焦于中国江南地区乡村或城市新民居的审美更新，改良传统工艺，嫁接当代的设计精神，建立“在

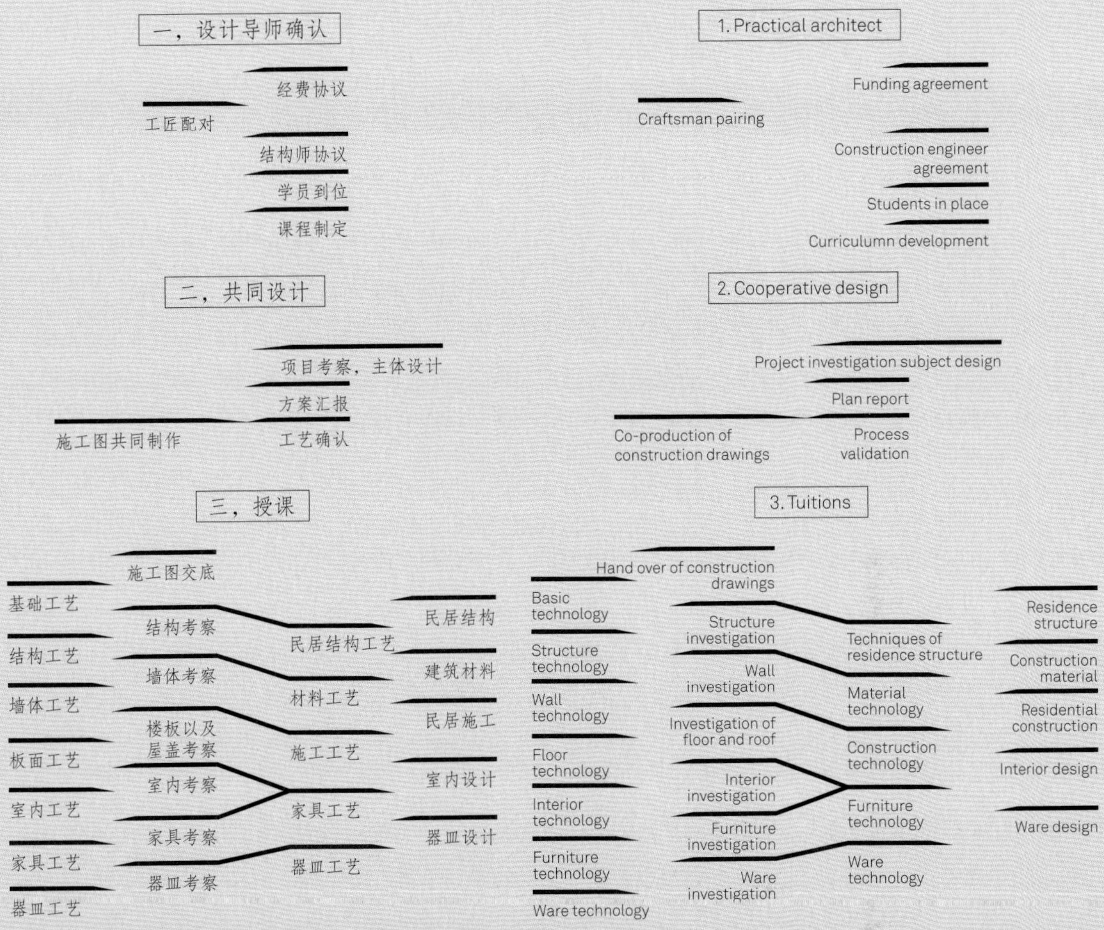

fig...01 教学计划简表

野建筑学”与“学院建筑学”的联动关系，最终培育具有工匠精神的建筑师以及具备当代设计审美意识的当地匠人。

以上是一个为期六年（2015—2021 年）的简易明了的教学基本指导思想。在每一届确定基本课题后，针对具体教学，我都会采用一个工坊与工作室双轨并行的研发推进机制。

第一届（2015—2016 年） 研究工作模式确立

第一届教学始于 2015 年 9 月，课题聚焦于江南徽州地区普通民居，研究一般徽州民居木构当代化的可能，选址为黟县碧山村。第一年事情最困难，但好在目标清晰。一年的教学时间大致分为三个阶段：

第一阶段是针对明确的现场建造工艺进行学习研究。在第一个阶段的工法学习中，我列了几个问题以及关键目标：

（1）从徽州重要的民居类型入手。关于民居的书很多，但大部分是从学者角度而非建造者的角度出发的编著。一种学术上的“远视化传统”造成了民居研究的苍白。要改变这种看似客观的研究方式，我们必须全神扎入民居施工工地。因为学生要想获得第一手的建造资料，尤其是主要梁柱关键部分榫卯的精确营建过程，只能在现场与营建师傅讨论并记录。

（2）关注“为生活而设计”的形式。民居里存在丰富的生活形式，包括不同部位的开窗，以及板壁、灶间、卧室的尺度等等。我的教学目标很明确，就是放弃粗犷的宏观测绘，而让学生以一种居住者的视角，亲身体悟在一种具有明确设计思想的天井空间里，一些生活的情趣是如何经营的。

（3）要弄明白中国的大木作在一个古村如何形成不同的形制，例如，如何从民居过渡到祠堂，要研究其中的空间连续共性以及结构建造共性导致的一种村落全局的亲和力——一位村民从一个普通民居走到一个宗族大祠堂，毫无疑问不会有强烈的空间形式的变迁感。因为从民居到一般宗族公建，最重要的是尺度的变化而非结构与材料的本质性变化。

这里可以展开两条线索：一条以榫卯结构为主的建造线索，一条以天井为空间组织单位的民居生活样式线索。两条线索下的精确研究在对木材有着出色理解的木匠们的帮助下，很快都有所收获。碧山村附近的改造以及新建传统民居工地很多，学生可以深入工地记录工法，同时也可以考察一些维修得当，而且较好地嫁接了当代生活方式的民居。左靖先生主持的清晚期汪姓天井宅改造项目（关麓小筑）便是我们的重点学习对象。

第二阶段是设计改良或者创造。这是一个充满畅想的阶段。我要求学生把对第一阶段的收获总结成一张简化的木构线图关系，或者一张关系重要的类型图片，以此出发去构建一个当代的木质空间。至于材料，现代钢构由于在很多层面上有木构的类比因素，所以可作为一种备选。这是从结构本体出发，通过严格的抽象手法来重组一些传统的可被开发的类型。在这个阶段，通过简约的工作模型，一些鲜活的基本类型得以呈现、修正或精简。

第三阶段则是重新把这些抽象的“基本结构”纳入设计基地中。设计基地同样是这些原型的来源地——碧山村。在一个已经被分析透彻的熟悉环境里，这些原型将会去服务与之对应的功能需求，如村落博物馆、女祠博物馆或新民居。也有同学设计了像家庙这样的新的住宅与家祠的混合体。这个阶段，设计工作围绕一种“柱式”展开。每组都需要制作不同比例的柱式——梁与柱一种明确的榫卯关系以及建构关系，最后通过一个 1:30 的整体模型与一个 1:1 的柱头模型，来表达一种经过净化又回到村落的基本原型，其面貌与传统似曾相识但又截然不同。

到此，第一届的工作很清楚，即挖掘民居里线性木构所蕴含的一种稳定力学关系，形成以柱式研发为雁头的雁阵造物系统，以柱式研究为脊，连带研究一系列的材料以及建造工法。这种工作方式作为一种类比造物的方式，可以很好地解决设计思路问题。

其中一个柱式后来被用于浙江前童古镇里的一个民宅改造，作为一种当代精神，被植入一个穿斗式的民居，从而改变了其居住功能，将其变成了一个书院（前童润舍）。这里的改造思想来自保国寺的“换柱”思想：在维修替换保国寺几根瓜棱柱时，工匠们采用了不落梁架，直接拼装的木柱（非整木）来替换原来的独木柱。这是一个很聪明的换柱思想，反映了明代以来的“小料大作”思想，而且工期很短。我把这种结构替换思想用来改造前童民居。当然，要将 1:1 的柱式植入民居，还需要一系列节点的优化，第一届的两位学生许天心、韩心宇参与了木匠主导的现场改良，这时候我把“木匠的手”作为一个后期施工指引，作为课程的工地延伸。

在工作室同仁共同的督工下，前童润舍历经一年有余的改造，最终完工。学员们还一起去参观了大家共同的成果。

到这一步，这个看似 1:1 建造的课程才展现出一些不同于其他类似教学项目的特点。小木系统与软装系统同时被整合到 1:1 的建造中，形成完整的新民居生活氛围，这一过程给人的感悟以及学习的层次要远远超过某一单一结构的 1:1 建造模拟。这种从原型研发开始，最终精确到一把椅子的形式品味的细节落地，给予学生一种整体的设计学习体验，使他们能了解各种配合工艺的重要性，从而建立起一个分级的建造系统概念。

第二届（2016—2017 年）

在第二届开始之前，第一届的大木研究已经引起了很多讨论，争议的焦点集中在以下几点：

（1）榫卯大木作在力学上合理吗？是否符合当代的结构计算要求？

（2）榫卯大木作对当代建筑学可以有所补充吗？

（3）如果创新，那么意味着新榫卯大木作接纳了当代建筑的工业化流程以及设计流程。在这种前提下，设计与施工的分离是不可避免的，同时，改良意味着一种新的设计立场，这种设计短时间内能够达到几千年传统累积的成熟度吗？

在第一届的工作中，这些基点讨论从开始就形成了。自梁思成先生完成对中国官式木构的测绘研究后，这些讨论就开始了。我认为，这些被讨论了 100 年的话题，如今依然必须从头思考。

关于第一点，我认为事情是分两方面看的：一是从研究传统木构开始，我对榫卯保持中性的态度，我看重的是围绕传统木构的一系列工法研究以及如何对其进行改造或创新；二是在工法研究中，梁柱组合关系是重心，重要性位居第一位。所以，虽然纯榫卯木结构的计算在当今世界范围内应该都没办法解决，但并不会阻挡对榫卯梁柱关系的精准研究（我想这不能叫建构研究，柱式涉及很多层面的话题，需要抽丝剥茧的姿态）。

关于力学分析，传统建筑的构成由于经过千年时间的检验，大部分基本是符合当代结构思想的，而且一些官方建筑的构件在力学上是冗余的。冗余是个非常关键的判断。在第一期的课堂上，我经常提及这个关键词，这是传统木构美学的重点密码，古代工匠在无法科学计算的时候就会采用一种置余量的办法，来应对地震应力以及剪切应力（对木结构破坏最大的两个应力）。冗余同时意味着把结构推向一种修辞结构，而非纯粹的理性结构，这是古典建筑最重要的特征。一种修辞的结构，一定非常关注柱式的仪式性，从而影响空间。这点成为第一期的指导思想。我想，脱胎于传统木构的新木构一定有象征性结构，这个象征性的表达在我们工作室被叫作一种“中国式的批评空间”。

新式木构也需要计算，在一个三层以下、跨度与传统类似的建筑里也许可以用经验解决，但一旦涉及大跨以及高层，就需要详细讨论，这也是一个长期的科研问题。

关于第二点，我认为思考是一个系统问题，我们对本土营造的关注从梁思成先生算起已经上百年了，但有些事情一百年是不够的。一个有序健康的建筑学传统至少解决三个问题：首先是遗产继承问题，即对百年前的建筑学营建，从工法到思想进行精确而全面的研究、掌握并能讨论，好的古典房子要继续经典地造、经典地修；其次是外来思想如何吸收的问题，西方有连续的遗产变现代的能力，这点才是学习的重点；最后，便是如何解决中国遗产变现代的问题。这是一个国家建筑学的三个底线。说中国的建筑是“传统建筑”，我觉得从空间整体平衡把控思想这点来讲，传统木构可能是“超现代”的，这点需要很多角度的解读。

最后一点，其实是有关连续的继承与演变的问题，我一直认为旧的和当代建造文化在对照彼此的时候，有种文学上的“似曾相识”基因，有这点就够了。每个时代都有自己的建造以及审美任务。

2017—2019 年 继续探索新跨度以及新高度

由于前童润舍的缘故，2016 年我把设计基地选在了宁海县前童古镇，试图聚焦浙东民居，研究穿斗式结构与三合院形制，引入当代公共性功能，完成从民居到公建的改变。第二届课题整体延续了第一届的框架，工匠作为一个独立的顾问团队也基本有了雏形。学生们面对的是一个生机勃勃的村落，暂时可以忘却干瘪的现代主义，而眼前丰富的地域营造手法随手可得。前童润舍这个时期刚好在做内部大木换血式改造，学生们同时可以参悟学习。当然，研究的视点不会完全来自现场；学生们从各种故纸堆以及测绘书籍里翻出了一系列可以引起源头思考的图像，我对比这些可以称为“思维的井口”的图片，与学生们讨论这种超级图片背后的木构原理、能唤起的联想以及后期改造的可能，并重点讨论了一些伸臂木桥以及宁海当地的地方性藻井（当地称为“鸡笼顶”）做法。浙东古镇基本由两种最常见的空间构成：民居与祠堂，一个穿斗式一个厅堂式，跟徽州古镇里民居祠堂的同构有本质区别。在宁海，我发现鸡笼顶藻井等传统装饰木构（另一种是抹角梁六边或八边藻井）代表了一类集中式的空间类型。这个类型非常重要，可以作为一类纪念性空间来深入发展研究。而伸臂木梁所代表的一种处理室外大跨度空间的思维也是一个重要的外部类型，值得研究。

第一阶段的明确而有效的类型研究借助各种工作模型展开。在第一届的基础上，我增加了木匠介入的力度——几位能阅读图纸的宁海木匠通过多种方式热情参与了对学生的指导。我们对高质量的图片背后的结构类型或者某种复杂的空间进行了归类，并以一些抽象的结构线对其本质的空间进行分析，从而获得课程第二阶段的起点。在第二阶段，学生的模型制作内容（我们称之为“用手思考”）转移到新的基本关系上来。第二届总计挑战了五个不同的结构类型。

第三届（2017—2018 年）

2017 年课程则从当代乡域中等规模开发的实情出发，试图脱离一般木构的材料极限，研究水平大型（大跨）以及塔式（不超过 50 米）木构。基地选在了位于黟县的鸳鸯谷。

第四届（2018—2019 年）

2018 年课程回归县域（宁波慈城），我们试图重新用木构去搭建一个继承传统遗产的空间平台。2018 学年课程题目的选择基于以下思考：我们想要塑造一种基于“中国趣味”的“新传统”，她依赖于几个在各种族群里（不管是在城市还是农村）稳定且充满生长性的系统——“水系统”以及“木构系统”，这两个核心的设计系统在前两千年的本土建造里塑造了几乎所有的多义性以及多元化“遗产”，所以我们相信，在当代以及未来一段时间内，要继续用这两个元素作为基本结构的平衡以及补充，去接纳当下充满变数的功能体，去接纳不停更新的生活方式，去改变越来越僵化的建造控制，为其注入更多的弹性设计可能。这种基于核心两大结构、动态更新与平衡的“新传统”，可以直接类比于有机界的新陈代谢，摒弃了自大的“巨构”主义以及无视城市与乡村建筑遗产的“未来主义”，试图重新在“新事物”与“旧事物”之间寻究一种生命般生长的连接系统，最终创造一种充满“呼吸”的建造与工法设计思想。

慈城满足所有“重构新陈代谢”课题的先决设计条件。其东、西城肌理呈现出清晰的拼贴结构，东城修缮保护区与西城一般区构成了强烈的对比。一个仅见旅游者的东城以及一个市井的西城，使人不得不思考，以传统的格局来复原一个城市昔日辉煌的思路是否终是死路一条？要改变这个状况，就必须在“新事物”与“旧事物”之间找到一种更合适的途径。我这次把单个群落功能涉及规模放大到5000平方米，这样规模的空间才能说明：存在一种可以横亘在传统与现代之间的建筑，它能保证当代的市井生活，并表达出足够的丰富性，直击干瘪的现代主义。

这次第一阶段的研究范围放得更大，从湘西凤凰古城到黔东南的地扪村的粮仓群，再到广东地区的围龙屋，甚至到福建沈葆桢的平行住宅群。我们以一种独特的视角审视这些遗留物，分析其背后隐藏的重要结构性语言。宁波地区大型住宅也提供了很多思路，譬如慈溪的虞洽卿故居等。

2018届课程的第一阶段，在上述的宏观结构研究工作展开的同时，一些微观工法层面的研究也在进行，聚焦于绍兴地区以及宁波地区的基本工法，如板壁、厅堂式木构、廊桥、精工砖等。每位学生同时肩负两件事情：分析整理我给他们挑选的一些具备清晰的当代结构的类型空间，以及每周做各种小比例模型。我要求他们建立起一个系统分类的概念，所有工法服务于系统。两个月后，八个组的基本关系就出来了。建筑系学生在进行城市设计（建筑空间组团设计）时出现了很多短板，譬如漠视交通，功能安排疏密不当、顾此失彼。但这并不影响几个月后从不同层面筛选出来的基本类型——其中之一是基于廊桥研究的空间模型，拱桥与屋形成了一种控制性的元素。这种江南地区的典型图景（imagination）几乎可以复制到任何一个水乡村落或城镇。这就提出了一个空间的“通用模型”。

第二阶段依旧是繁复的结构赋形。这次是双重任务，一是从“参考”而来的平面结构改造，二是提出一个跟平面高度匹配的结构系统。我们借助不同比例的图纸以及模型手段来一步步纠正错误的想法。有两个组提出了一种松散的群落组织空间计划，这是一个全新的尝试。不管是地扪村的粮仓群还是凤凰古城，都表达着中国地域空间里一种明确的空间类型——自由组合空间。把握这类空间的难度很大，为了做到这点，在地的建筑单体往往会采用一种信手拈来的“合规随意搭建”——一种单纯性从群体蔓延到单体的整合结构。在这一阶段，八个组提出了集中式空间（每年的固定主题）、群体到单体的单纯性建造系统、桥宅系统、重复围合空间、线性空间、开放式大屋架系统等。fig..02 每个系统对应的基地周边或中央都是古建民居，所以又必须回到“重构新陈代谢”这个课程主题。

在第三阶段，这次研究的进度比前几届都晚。最明显的两组“通用空间”是桥宅系统以及松散组合系统。这两组建筑已经达到一种在中国建筑学系统里很难见到的“净化”状态，既丰满又直接。表达模型分两种：从1：500的基地模型到1：30的标准单体模型，引导学生们思考基地整体关系。我在四月份（交图前一个半月）把八个组的总图全部收集起来，委托事务所来绘制整体的总图，然后反馈给学生，提醒他们注意各自的边界设计。由于时间关系，这届的1：1节点模型全部取消了。

这次的毕设评委是柳亦春老师。柳老师第一次参与这个毕设主题的评图，在评委会上说了几点意见：这已经不是毕业生的水平；这个毕设机制也是一个研究生教育的机制（工作室制）；几组设计有明确偏重点或出发点，但偏重点没有引起更多连续性思考以及其余各种系统配合。柳老师说得很中肯，八组设计演绎各有其个人因素，但确实是在同一个严格制图标准以及思路轨迹下进行的。

fig...02 2018—2019 届陈佳琪毕设模型

2019—2021 年 水乡聚落 + 木构单体

2019 年开始的第五届以及第六届，将研究的重点重新拉回理性的特征化地理环境下的木构空间。这次的设计基地在绍兴，一个典型的江南水乡古城。对于这二届，我强调要充分考虑水乡城市特有的记忆结构，一种几千年延续下来的朴素的城市设计观。这种记忆结构里，发动的要素是“水网”，这个网络系统兼顾交通与景观，控制地块的划分与生成，城市与建筑依附于此。在这个自然网络里也有人工改造的运河系统，城市通过运河系统嫁接到自然水网，在嫁接过程中，产生了水城门、廊桥、纤道、长亭、戏台，以及各种规格的寺庙与宗祠。这些与水网密切相关的构筑物是“记忆结构”的关键要素。当然，记忆结构也与山脉与风水林等更宏大的背景有关，与山地地形学有关的所有思考我打算放在下一个阶段。在此处，我们重点关注嫁接水系的构筑物。这样就产生了这次毕设的基本框架。

第一阶段，我们把精力投向绍兴广阔楠溪江地区的各种最典型的水网嫁接物，进入视野的有徐渭故居、兰亭以及右军祠堂，以及一些绍兴当地船坞、水中戏台等。学生们深入调查并精确测绘了这些记忆要素的历史、形制以及平立剖，与生活或生产有关的所有细节都被不厌其烦地强调并整理成文。

第二阶段是在第一阶段的基础上提出整合型的理想模型，这是一个高于现实的目标模型，要求在第一阶段聚焦现实的调研与阅读后，借助“记忆结构”的思想，重新整合出一个高度的理想空间，这种理想空间摒弃了所有不可捉摸的细节，寻求历史信息剥离后的一种类型关系，一种可以被不停质疑而又保持稳定的关系。我们利用模型介入这种思考，并用各种材料以及草图辅助思考，所谓“手脑并用”：每位学生的模型大小是 60 厘米见方，在此模型底盘上，一种聚焦式的概念空间模型通过各种材料以及草图被系统地梳理出来。这是一个重要的阶段，在此阶段，理想模型要经过反复制作、反复讨论，持续两到三个月才最终形成，期间将学生宝贵的潜能完全激发出来，才是教学成功的关键。失望、徘徊、迷茫、喜悦以及焦虑的情绪在整个过程中交替出现，“教”与“学”的界限在这个阶段是不存在的，我作为主导人也在反复询问自己，向学生们学习。这个阶段到末期一般是第一学期的寒假，以终末中期评图作为一个总结。每年七八位同学里面有半数以上都能有一个使人欣喜万分的理想模型，它们充满思考前意识形态的朦胧表达，以及各种意外，在不确定性以及美学上的饱满度都毫无疑问是一个收获。

在第三阶段，每位同学对理想模型进行再次加工，投放到各自选择的基地，并植入相应的功能组合，这是一个“世俗化”的过程，我一直认为，“如何优雅地世俗化”是当今一个建筑学难题，第三阶段的任务就是把那些精纯的理想空间溶解成一个可以被基地接受的结构。水乡新的嫁接物在功能上考虑了一些绍兴特征，比如黄酒加工厂、船坞餐厅、社戏社区中心、水文化图书馆等。在变化的时代面前，记忆结构里的实用功能必须保持一致的步伐。以郑熙融以及马畅的结构构思为例，在持续了一个学期的反复推敲中，张准老师对结构的控制起了大作用——这也是这届开始发生的变化——在世俗化过程中，木构的体系变得越来越理性，象征性的冗余开始被控制在一定的度。精细与恰当成了这届木构的关键词。几何形的表达也比以往各届更加清晰。这是一种条件反射式的反思：文学化以及象征性在结构构思里如何保持一种克制的状态，而非泛滥。

六年教学总结

从 2015 年 9 月到 2021 年 6 月，六年的以大木作复兴为中心的教学，探索的是一种“教学（研发）＋工作室＋项目落地”的整合实践机制，以及如何在一个明确的研究框架下，用最有效的方式去推进教学。在经费非常有限的前提下，每届的成果表现出了一种难得的系统性思考，这是一种去文学性的研发，它不再鼓励学生在研究本土营造时容易偏向的感性的路径。从第一届“象征性冗余”到最近一届“记忆结构”的新木构，我们几乎翻尽中国建筑史以及浙江和安徽南部地区的建造历史，学习了各种工法，与木匠们一起建造了几栋新设计的建筑，形成了一个可操作的建造系统。

营造的思想源头、空间的品味、生活的情趣，这三环在古典时期最终都是被完美解决的，不管是通过法式主义还是乡野主义——这是我们在这场教学探索当中最大的感悟。在当代，这样的可能性还有多少，也是值得深思的。当然，我们在建构层面的视野是从榫卯到现代木构全方位的，并没有拘泥于榫卯情怀，而是引导学生建立一个从古到今的通透视野。我坚信，“从木构出发”是一把锋利无比的手术刀，它可以切开传统营造这个无比庞杂的躯体，去发掘一些对当今建筑学非常有裨益的思想。在这条路上，我们还需要多年的沉浸式研发，在不停建造中调整。

“摹 山

以 山 水 画 为 摹 本 的

袁柳军

山水画作为一种理论与实践非常完备的中国绘画类型，其独特的空间观念与观看方式深刻影响了中国传统园林的空间形态与审美趣味，大量传世的山水杰作不仅为当代造园设计提供了一种意向明确的表现手段，而且在空间观念与观看方法上，为我们理解中国传统园林提供了一套有迹可循的真实样本。

在中国美术学院建筑艺术学院王澍老师提出的“重建一种当代中国的本土建筑学”的方向下，景观系教学在邵健老师的带领下开始重回传统，以城市造园作为教学的主要方向之一，展开一系列教学改革实验。目前而言，大多数国内院校景观专业所沿用的西方教学体系难以满足根植于中国传统文化中的造园教学的需要，基于中西方截然不同的观看方式，要更好地学习中国园林，需要找到一套自己的方法，这也是近年来我们景观系教学实验的主要方向。

“摹山水”课程教学以景观专业一年级的专业绘画课程为载体，希望发挥美术学院生源的优势，为景观专业造园教学和研究量身定制一套以山水画为蓝本的基础教学方法，尝试为传统园林研究与教学开辟新的可能。

目前国内建筑景观相关院校普遍采用的专业绘画教学方法以水彩渲染为主，过程中始终强调从整体入手，通过水彩的层层罩染，最后实现照片般的效果图表现。这种冷静而客观的绘画观看方式同样反映在美院学生的考前基础素描训练上，学生在绘画观察过程中更多看到的是色块、明暗、体积与造型之间的关系，而忽视了对象本身。换句话说，他们描绘的是明暗、质感和体量，而不是花、鸟、虫、鱼等具体物像，这当然难以引发学生绘画过程中的情感投入，也与中国画家的观看方式截然不同。

水 ”

景观基础绘画教学

作为景观课程教学的入门课之一，“摹山水”课程教学以园林与绘画之关系为切入点，强调从造园家的角度入手，重新学习和研究山水画以及山水画的观看。教学要求以木炭、水彩为主要表现工具，通过对传统山水画的临摹与再创作，试图建立一套以中国传统山水画意境为主导的景观效果图表现方法，同时更重要的是，通过临画来读画，以画观法，用绘画的方式重读经典，在训练技巧的同时，帮助学生建立起一种中国式的观察方法。在这里需要强调的是，对景观专业的学生而言，这种山水画的临摹与创作完全不同于国画系的训练要求，绘画只是作为一种训练的途径，我们教学的目标最终指向园林本身。

“摹山水”课程共四周（48 课时），分为临摹和创作两个部分。在临摹部分，围绕读画、造境训练、造景训练三部分展开，重点在于帮助学生通过切身的摹写去深入地观看一张山水画作品；而创作部分则以所临摹的山水画为蓝本，展开纸上造园训练。[fig...01]

山水画临摹

山水画临摹训练部分共两周时间（24 课时），教学强调技法训练与观法引导平行展开，借助上手的临摹

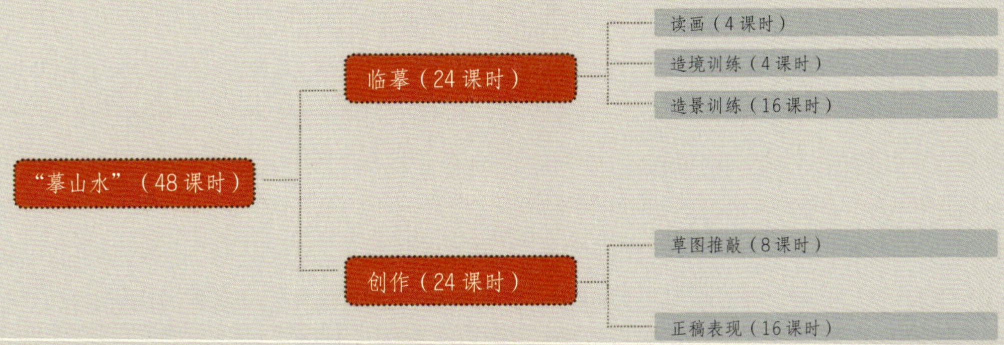

fig...01 “摹山水”课程安排表

来帮助学生深入体会山水画的独特观法。工具选择上以木炭条、炭笔等为主，从而减少临摹过程中山水画笔墨技巧对学生的束缚，学生可以把更多精力花在对画面的理解和感受上。本阶段课程分以下三部分依次展开。

①

读画

这一环节中，每个同学选择一张自己最喜欢的山水画（宋代作品为主），要求学生课后查阅相关资料去全面了解画的创作背景、作者及相关评论。同时，教师通过山水画案例的分析，及山水画与园林二者的比较，从以下两方面入手，指导学生学习如何基于景观学的角度观看和研究一张山水画，这是课程山水画临摹教学训练的前提。

1. 游观的空间意识

山水画的欣赏不同于西方传统的风景画，它用一种“入画”的游观取代了西方风景画那种站在画面以外的、有距离的观看。为什么会产生这种独特的观赏方式，可能和山水画的起源有关。赵超提出，“画山水画”观念发端于东汉时期出现的对儒教的“价值逆反”，先秦道家的“游”的观念开始被士大夫所接受和追捧，游山水逐渐成为士大夫阶层的重要生活内容和修身方式，并引发了中国文化史上令人叹为观止的游山水风潮。在这个基础上，《画山水序》作为中国最早的画论出现在南北朝时期，宗炳在《画山水序》中主要讨论的并非山水画的欣赏问题（因为当时山水画实践并未兴起），而是在讨论“士人为什么要画山水画”这个命题，他把“观山水”提升为圣人与贤者修身的重要方式，而“画山水”作为“游山水”的修身行为的延续，正是表达士人才情和体道修身的一种方式，从而奠定了山水画在中国文人画中主流形式的地位[1]。

宗炳在回答为何画山水时提到：“老疾俱至，名山恐难遍睹，唯当澄怀观道，卧以游之。”在山水画的实践中，这种“游”山水的观念直接影响了山水画表现中的透视方式，因为山水画不仅是“看”的对象，更是“游”的寄托，以一种“游观”的视角组织画面成为文化上的使然。

如果说画山水包藏着一种取代“老疾俱至，名山恐难遍睹”的无奈，那么文人造园时骨子里何尝不带有相似的情怀？身体力行的“游”带动“澄怀观道”的“观”，通过时间的流动带动空间的观看，正是这种游观的观念，让江南文人园林呈现出其独特的空间特征。童寯在《江南园林志》中提出的“眼前有景”就直击要害地点明了园林艺术中的时间观念，“眼前有景”不是一种静止状态下的观看，而是强调游走过程中景物的不断涌现，如同欣赏山水画时的浸入式体验。这一点又如《林泉高致》里提出的“山形步步移”“山形面面观”，即想象观者的身体进入山林空间的一种神游式的观看。对于这一问题，吴甲丰在金原省悟的基础上提出“行动性的远近法”，即在“移动的视点”下，观者进入画，“依靠身体的运动组织起多种多样的景物……基于第一人称的空间与景观”[2]。“摹山水”课程的山水临摹强调的就是这种带有造园意识的身临其境的临摹。

2. 及物的表现意识

由于“画山水画”的特殊目的，我们不再如西方风景画般通过二维的画面去再现一个视觉所见的大自然的局部，而是希望通过“画山水画”或“观画中山水”，来实现一种思绪层面的卧游。为了回应这种特殊的诉求，中国山水画发展出了一套自己特殊的再现方法，下面通过与西方风景画的对比简述之。

以约翰·康斯太勃尔（John Constable）的风景油画为例fig.02，第一眼看去，它与视觉的真实所见非常相似，具体而真实，但如果放大到局部，便会发现画中的细节并不及物，不是物象本身，而是通过均质化的笔触表现的光影和色块 fig...03。所以，一般来说油画需要远看。

而在王蒙的《夏山高隐图》fig...04 中，情况却正好相反。整体来看，它虽然和视觉的真实所见并不相同，观者可能无法在真实的世界中获得画面呈现出来的整体景象，但若观察细节，则每一个局部都是非常具体而及物的。从每一片树叶，到山石，到流水，画家都采取了相对应的笔法去表现，画面中的屋舍小径均可供居游，无论是屋檐下躺椅上摇扇子的主人，还是一旁与鹤起舞的舞者，观者看到的是一个个有着各自姿态的具体的人 fig...05，而不是西画中的抽象的色块与笔触。

从方法上推理，这种差异性的产生，可能基于二者不同的绘画方式。西方风景画擅于从整体入手进行客观描绘，而中国山水画的绘制则如同书法的书写一样，从局部入手，每一笔都是和具体的物象相联系的，如画家画松针，画石头，画水，带给观者的感受都是非常具体、非常及物的。在齐白石的小品中同样可以看到，不管是写意的荷花，还是工笔的蜻蜓，都是在试图表现一个个具体的生命个体 fig...06，而本课程的山水画临摹强调的也是这样一种在场的、第一人称的、具体而及物的摹写。

②

造境训练

本环节课程的目的在于对所临山水画整体意境的把握，学生被要求用 4 课时的时间，在 4 开素描纸上，快速地把握作品所表现的季相、意境、氛围，如《雪景寒林图》对北方雪景清旷幽深意境的表现，《早春图》对云烟浮动、草木华滋、欣欣向荣的早春氛围的营造等。本环节的教学重点在于对画面传达的整体结构布局、意境、氛围做到胸有成竹，为“造景训练”的展开打下基础 fig...07。

fig...02 [英] 康斯太勃尔《麦田》

fig...03 [英] 康斯太勃尔《麦田》局部

fig...04 [元]王蒙《夏山高隐图》

fig...05 [元]王蒙《夏山高隐图》局部

fig...06 齐白石《荷花蜻蜓图》

fig...07 造境训练

fig...08 [唐] 李唐《万壑松风图》

fig...09 课堂照片

③
造景训练

本阶段教学作为临摹部分的重点，要求学生在16课时（4个下午）的时间内，用A0的纸精细临摹同一张山水画或放大临摹其局部，用“眼前有景”的方法，从局部入手，用临摹的方式感受对象是如何被具体营造出来的。过程训练的重点有二：一是强调从局部入手，如同书法写就般一步到位地呈现对象，无论远近大小，对象始终如处于真实世界中那般琐碎而细腻地交合、缠结在一起，而学生需要去发现的就是古代画家如何自觉地建立起这种自然化的、细腻的相互关系；二是强调学生不只要描摹对象的阴影关系，更要带着一颗身临其境之心去画：雪后天晴，双脚踩踏在积雪上的吱嘎质感；身倚桥栏，聆听溪水潺潺而过的那份趣味；风轻云淡，居坐山石青苔上，遥望闲云野鹤的坦然；拨开缠绕的枝蔓老藤，寻找幽谷深处的飞瀑鸣音……

从观念上说，此临摹教学要求不在于描摹一张山水画，而是用炭笔去营造一个可居可游的纸上园林。以李唐的《万壑松风图》为例 fig...08，临摹之前，学生需要先明确一个概念，山水画并非对大自然简单的视觉再现，因为我们无法在真实山水中找到山水画里呈现出来的独特视角，画中的每块石头虽然师法自然，却绝非真实记录某一块具体的石头，而是画家在对石头细心观察之后，重新创造出来的。换句话说，山水画中的世界并非视觉所见的自然的一个局部，而是一个被画家精心设计的自然的全貌，甚至也可以说是李唐用毛笔建构出的一个可居可游的纸上园林。

带着这种观念，我们重新来分析这张图：山石和松树构成了李唐画面中扑面而来的第一个层次，因为这些石头和树不是针对自然的简单描摹，而是画家的主观设计，所以，在临摹时不能像描红一样去描石头的外形，而是要仔细体会李唐是如何精心设计这片石头的，体会石头之间明暗的节奏变化，穿插聚散的形态组织，特别要留心体会石头与石头之间相互顾盼的势的设计。如果仔细观察，会发现所有的石头和树都是有表情的，松树像是迎客的仕女，踮着脚，左顾右盼，松枝和根部的造型也都是各具姿态的。此外，还要特别留意石头之间相互交接的地方，如果仔细观察会发现，单体石头的形都是开放的，所有的石头都被非常巧妙地勾连在一起，成为一个复杂生动、环绕盘旋的整体，虽然各具表情，但是井然有序。往后看，画面左边溪水环石而过，把我们的视线引向深远山涧之中被云气隔开的两条飞瀑，右边的山石小径巧妙地穿插在山石之间，成为一个邀人入画的媒介，把我们的思绪带进这片神秘的浓荫蔽日的山林深处。课程教学就是要求学生带着这样一种造园的眼光去临摹。

在具体的临摹步骤上，按照山水画自下而上的顺序，学生可以找到自己最感兴趣的一组场景切入，然后慢慢生发开去，切忌四处开花 fig...09。

fig...10 造景训练之《溪岸图》临摹

fig...11 造景训练之《早春图》临摹

fig...12 造景训练之《万壑松风图》临摹

本环节训练最重要的一个要求，就是要“慢”：画快很容易，画慢难，只有观察细致了，才慢得下来。这要求学生静下心来，半天就画一个局部，临摹过程中要把自己想象成一个工匠，就像盖房子一样，一点点地推进，这样才能进到画面的情境中去。同样以画李唐的石头为例，学生可以从一个转折点开始，用笔带着手，进入画面之中，进而展开一系列身体的感受。要感觉自己的手在触摸对象，去感受北方石头坚硬的触感，就像斧头劈下去一样，然后结合擦笔把面带出来。如果画南方的石头可能又是另一种方式，像董源、王蒙山水中的那些土山，则是松软的，滋润的。fig...10-12

临摹结束后，还要求学生用第一人称游记的方式，用文字记录自己在这片纸上山水中的游览感受。

纸上造园

在创作部分，要求学生用纸上造园的方法，把山水画临摹体验中的游观与想象转换成具体的景观空间，本环节训练强调的是对物象之间一种“自然化”的“关系”的把握，而不同于西方传统绘画对物象造型的迷恋。同样是模仿自然，中国传统绘画和园林更强调的是对自然关系的呈现，这是一种物象之间非确定性的活的联系，这种关系不是如蒙德里安绘画中那般精准的完美关系，而是一种在不断对仗变化中，牵一发而动全身的活态关系，一如在《早春图》与园林里，我们看到的并非刻意模仿的、具体而真实的自然，而是运用自然之法，用人工的方式，在丰盈的细节之间建立起的一种琐碎稠密的关系，也是一种高度自然化的艺术家自己的世界。中国园林所讲的“虽由人作，宛自天开”，我觉得其妙处就在于此。

本课程教学就是希望引导学生去理解和建构这样一种有意思的关系，而不是进行造型上的简单模仿。这种关系不是通过轴线、阵列等强势的人工干预产生的，它是建立在构筑物与自然、构筑物与构筑物，以及自然与自然之间的一种“你来我往”的联系。

本环节训练安排 2 周时间，共 24 课时。首先要求学生用草图的方式对所临山水画中呈现出来的空间关系展开不同方式的转译，这一过程中主要关注的是整体空间结构与关系的把握，通过草图的不断推敲，获得纸上园林的基本雏形 fig...13。然后是正稿的表现，需要强调的是，正稿不是草稿的精确放大，而是在绘制过程中进一步建立起更多的细节之间的相互联系，课程对正稿画面的尺寸大小、画幅形状及表现手段均不作要求，学生可以根据所造园林的意境选择最合适的表现方式 fig...14-18。

fig...13 纸上造园之仿《雪景寒林图》创作草图

fig...14 纸上造园之仿《雪景寒林图》创作

fig...15 纸上造园之仿《早春图》创作

fig...16 纸上造园之仿《溪岸图》创作

fig...17 纸上造园之仿《雪山萧寺图》创作

fig...18 纸上造园之仿巨然《万壑松风图》创作

结语

自 1858 年美国景观建筑师奥姆斯特德（F. L. Olmsted）提出“景观建筑师”（landscape architect）这一名称，西方的景观建筑学已逾百年历史，飞速发展成为一门独立的学科。在中国，虽然同济大学于 20 世纪 60 年代初就创办了“风景园林规划设计”专业，但真正意义上的景观建筑学直到 21 世纪才蓬勃发展起来[3]。纵观中国的景观建筑学专业教育，各大院校基本都参照国际上的风景建筑学专业课程设置，全盘西化的教育体系严重制约了中国传统造园思想的延续与发展。

童明曾感叹道：“为何当今时代并不稀缺的造园实践却始终无法继承传统园林的特质内涵，最为精良的施工工艺却难以展现烟雨江南的那种难以言表的灵动生韵？”[4] 在笔者看来，用西方的造型观念去观看、研究和营造中国园林空间，可能是造成这一尴尬局面的主要原因之一。要了解中国的园林，我们需要尝试建立一套自己的方法，而不是简单照搬西方。如何从观法开始，让园林学习重新回到郭熙所说的“故画者当以此意造，而览者又当以此意求之。此之为不失其本意”，正是这门基础课程的核心所在。

参考文献

[1] 金观涛．刘青峰．中国思想史十讲 · 上卷 [M]. 北京：法律出版社，2015.

[2] 吴甲丰．画廊中的思考 [M]. 成都：四川人民出版社，1984.

[3] 刘滨谊．现代景观规划设计 [M]. 南京：东南大学出版社，1999: 200.

[4] 童明．作为异托邦的江南园林 [M]// 乌有园第二辑：幻梦与真实．上海：同济大学出版社，2017.

专题

SPECIAL TOPICS

结构环境，初手经典

梁启超墓园体验释读*

李兴钢，侯新觉

*本文原载于《建筑学报》2021年第9期，有改动。

之一

三访墓园

2020年11月深秋的一个周末黄昏，晴。时值北京新冠疫情复发又趋于平稳，并无既定计划，笔者偶然之间拜谒了北京西山植物园东南角的梁启超墓园。初次体验即惊叹其在简朴的设计中流动着的现代感，与此同时，更是被一种莫名动人的情愫所环绕 fig...01，思绪万千，不禁发问：梁启超墓园之简朴为何？现代为何？动人为何？

次年2月深冬初春的一天下午，晴。带着研究并撰写有关梁思成设计作品——梁启超墓园“作文”的任务，以及内心的“三问”，笔者再次仔细考察了墓园 fig...02。通过此次实地探寻，对墓园有了更为系统深入的体验与思考，随即现场绘制了若干场景草图，也发现了更多细节和谜题，诸如老碑弃用、石块直砌碑体、碑记无生卒年月、无思成徽因墓碑等等。

后结合教学活动，与丁垚老师一起安排天津大学建筑学专业学生对梁启超墓园进行了测绘[①]以弥补相关设计档案之缺失，并可据此了解发现其环境现状、空间布局、构筑物体、树木栽植等之细部尺寸和特征。本计划趁此机会再访墓园，惜故未能成行。

2021年8月初盛夏立秋前的一天上午，晴。带着九个多月以来的探寻、思考、研究和领悟，笔者三访墓园 fig...03，将现场体验与研究结果一一对照并得到印证，颇感欣慰之余，又有新的发现（如墓后双松、墓前双木等）和新的感触，心中万般体会，竟一时无法尽言。

---

① 参加墓园测绘的学生有：刘玮琳、刘天龙、梁雨、华晨、董睿琪、孙雨涵，测绘及其成果作为天津大学本科四年级2021春季学期课程设计“梁思成建筑作品研究暨梁氏墓园之梁思成纪念物及纪念馆”前期研究工作的一部分，合作教师：丁垚、张早。

fig...01 深秋初访墓园

fig...02 深冬初春二访墓园

fig...03 盛夏三访墓园

之二

初手经典

众所周知，梁思成先生一生主要致力于中国古建筑调查、历史研究写作和建筑学科创建及教育（乃至科普）工作，但他作为建筑师的形象似乎显得较为模糊，其建筑作品除了大家熟知的鉴真纪念堂和人民英雄纪念碑外，还有20世纪30—40年代的吉林大学礼堂和图书馆、仁立地毯公司门面、北京大学地质学馆和女生宿舍等，及50—60年代的任弼时墓、林徽因墓等[1]。而在回国工作之初的1929年，他几乎同时设计了两件作品，一是王国维纪念碑（设计应约始于1928年11月[1]），另一则是梁启超墓园。

王国维纪念碑位在清华大学工字厅东南小山东麓[1]，落成于静安先生"因深陷传统文化衰落之苦痛"②而自沉昆明湖两年后的1929年7月，其选址"依山为屋，因树为门"③[2]，其设计已清晰呈现出"现代简洁天然石块碑体结合抽象化传统基座"的做法特点，以及以设计表征所纪念人物之人品、道德、学问、思想特征的意图 *fig...04*，跟几乎与其同时设计、两年后落成的梁启超墓园两相对比，在环境利用、设计风格及理念上均有某种延续相合之处，但终究规模较小而且简单，很难被视为独立的建筑作品。而梁启超墓园，可谓真正意义上的梁氏处女之作，28岁的他甫一出手，便成就了一处堪称经典的建筑与环境设计作品，只是九十年来深藏于北京西山脚下而不为人熟知。

fig...04 王国维纪念广场（摄于20世纪30年代中）

之三

园史与现状

梁启超墓园，位于北京西山一处诸峰合围的南向坡地东端、卧佛寺的东南方向、绵延山脉的西南侧山脚，因此墓园北侧背靠向西延伸的侧峰，东侧依傍向南逐渐坡降的侧峰，向西望远为西山主峰。据《梁任公先生年谱长编》（以下简称《年谱》）中与子女家书记载，此园地及主墓穴位置为1925年梁启超亲自选定④[3]163[4]564，按中国古代风水理论中"五音姓利""负阴抱阳"之说，梁氏墓地当为风水佳地[5]73-74,349-351 *fig...05, 06*。墓园大致呈边长约90米的正方形，环围毛石砌筑的矮墙（水泥压顶），开南、北、西三门，园内密植松柏（以松为主）*fig...07, 08*。

整个墓园大抵以一个八角石亭为几何中心，亭高约5米（不计平台），整体为规则石块精致砌筑而成（猜测为内木柱加水泥表层挂贴石材的构造做法），单层八边形——四个宽约2.5米长边加四个宽约1.25米抹角短边 *fig...09*，有研究者认为其乃梁思成受宾夕法尼亚大学老师、法裔美国建筑师保罗·克瑞（Paul Philippe Cret）1926年设计、1932年建成的某墓园礼拜堂影响的结果，并可进一步追溯至古希腊雅典城著名的八角形大理石"风塔"造型[6]；石亭坐落于高出铺砌地面75厘米的两层八边形石砌平台，于东西南北中间各做两跑共五级石砌台阶，并于亭身四面各开一高约2.5米、宽约1.4米的梯形拱门洞（有研

② 陈寅恪撰《王观堂先生挽词并序》中语："凡一种文化值衰落之时，为此文化所化之人，必感苦痛，其表现此文化之程量愈宏，则其所受之苦痛愈甚；迨既达极深之度，殆非出于自杀无以求一己之心安而义尽也。"

③ 见《王静安先生纪念碑工程消息》之"迁徙地址"一节，5月中下旬，找到"科学馆南小山东麓树隙中"一块空地，位在双槐之间，主事学生校长均十分满意，并有"依山为屋，因树为门"之语。

④ 1925年1月14日梁启超《与仲弟书》："昨周养庵来信（彼言扇面未收），在卧佛寺附近看得坟地五处。请弟与彼约一时日先往一看，认为可用者，或径下些定钱。将来我一子看乃购可尔。"另见1925年9月20日梁启超《与思顺、思成、思永、思庄书》："我今日始能赴墓次巡视，开圹深至二丈，而土质干燥细软，觉虽生人居此亦甚适，真佳城也。"

fig...05 靠近西围墙可见墓园选址坐向与周围山峰的关系

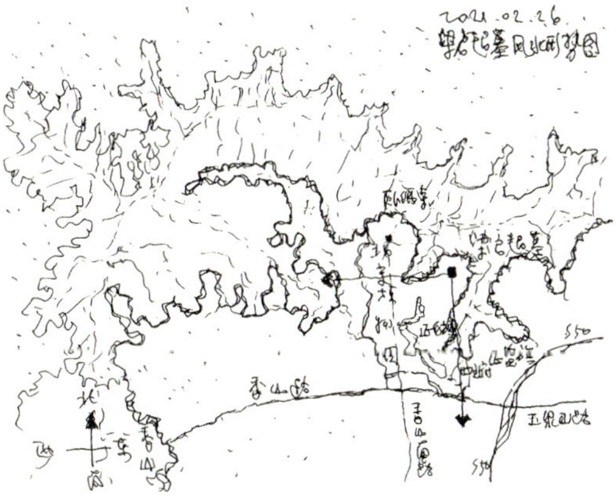

fig...06 梁启超墓园与周边山地形势风水分析草图

fig...07 墓园模型，可见石亭位于墓园几何中心

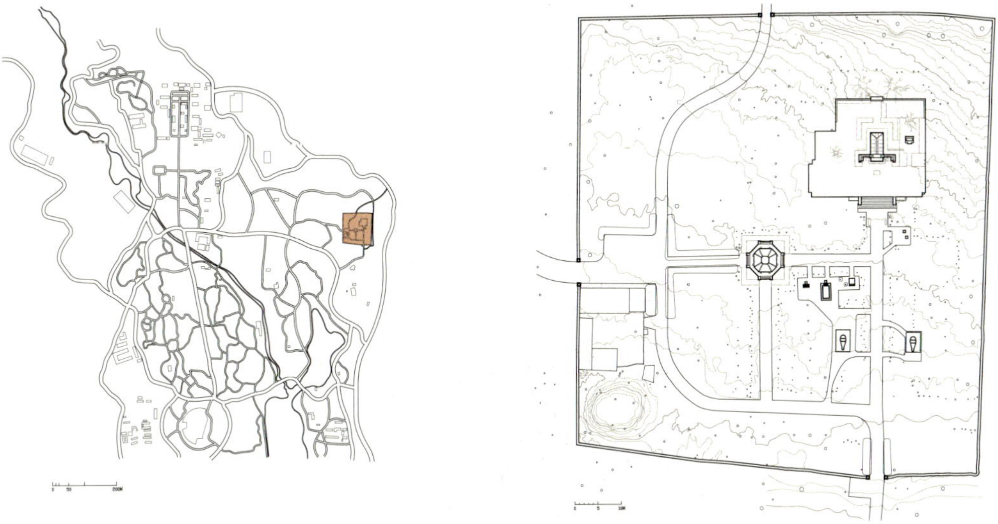

fig...08 墓园区位图和总平面图

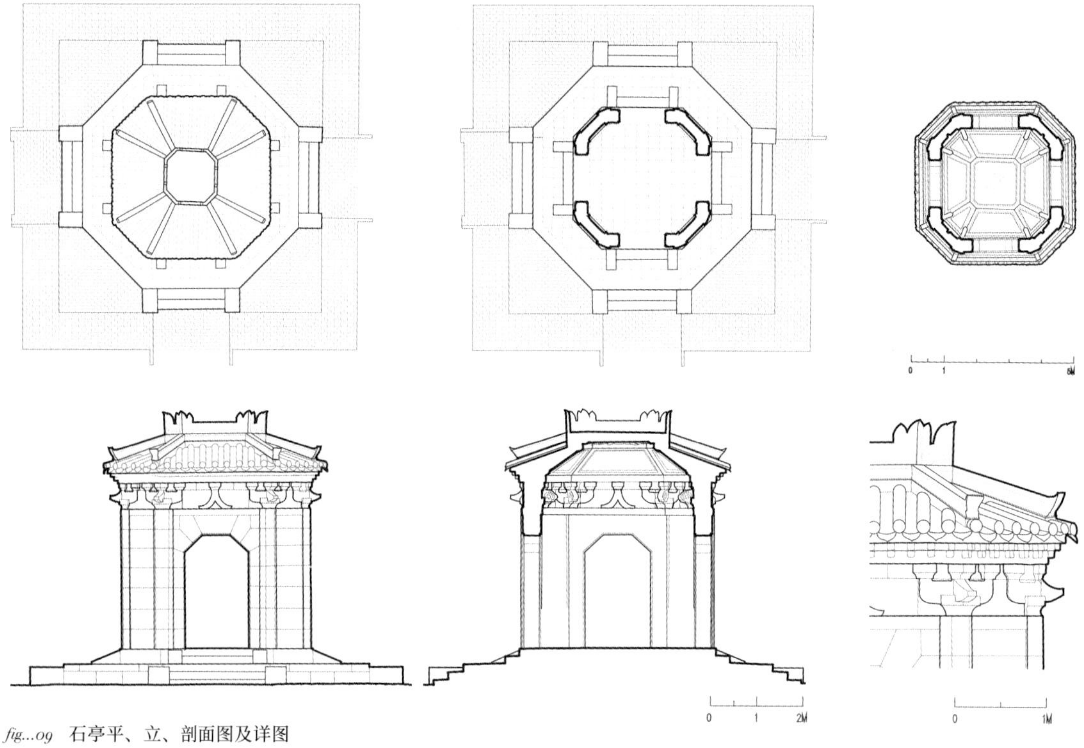

fig...09 石亭平、立、剖面图及详图

究者认为其对应于北魏云冈石窟中大量出现的“盝形龛”[6]），其中东、西、南门洞各通向一条甬路，唯北门洞前有台有阶，且正对墓园北门，却未通向北甬路 *fig...10*，令人颇感疑惑。亭为绿色琉璃瓦顶，八面坡中间攒为四边抹角小平顶，石椽叠涩挑檐，檐下四个抹角设两个一斗三升的转角石铺作，四门洞上方各设一个人字形补间石铺作。亭子内部穹顶高约 4.4 米，雕莲花藻井（有研究者认为其对应北魏洛阳龙门石窟莲花洞窟顶的莲花宝盖[6]）。亭内空无一物，抹角四边墙体内侧凹入，有预留固定构造痕迹，猜测此处原设计为墓主人生平事迹纪念壁挂刻碑，另据说石亭内拟立梁启超塑像，终遇波折而未能实现，纪念碑亭改为休憩凉亭 *fig...11*。此亭亦有历史来由：据《年谱》记载，1925 年 9 月 20 日，任公赴墓巡视，做出安排：“所余冢顶上工作，如用西式墓表等事，及墓旁别墅之建筑等”，待思成、思永归后作⑤[4]564。其中“别墅”，当指此亭。另外此“纪念亭”乃 1929 年 9 月参加梁启超公祭安葬仪式的张君劢等众亲友当场议定捐资并动土而建⑥[7]。石亭 1931 年与主墓同时完工。

石亭之东北即为主墓墓台及墓表 *fig...12*，主墓坐北面南，一条长长砖砌甬道由墓园南门沿主墓南北轴线延伸至墓台正面约宽 7 米的台阶，最下三级台阶漫泻出于两侧护墙。墓台高出甬路约 1.4 米，其侧墙为与墓园围墙相同的毛石砌法，而台阶及墓台台面收边为规则条石，台面为方形错横缝铺砌石板，区分明显，一丝不苟 *fig...13*；墓台后端栏墙逐渐高出台面以与坡地相接，亦由条石压顶，并有正北台阶出口，连接北面坡地。坡地上两大株白皮松树形高大，枝条繁密，一左一右对称栽植 *fig...14*。相对于主墓的中轴，墓台呈现不对称状态，一是平面形状不对称，东侧规整而西侧由南至北错退变化，台阶西侧台宽近两倍于东侧台；二是由于墓园所在位置是由东北向西南渐低的坡地，水平的墓台东北与坡地平接，西南则自然凸出于坡地之上 *fig...15*。

⑤ 1925 年 9 月 20 日梁启超《与思顺、思成、思永、思庄书》：“我今日始能赴墓次巡视……现在规模已具，所余冢顶上工作，如用西式墓表等事，及墓旁别墅之建筑等，则待汝兄弟归来时矣。”

⑥ 据天津《大公报》1929 年 9 月 10 日《梁任公葬于西山》报道：“一代名士梁任公昨日已安葬于西山卧佛寺东坡之墓地……家属全到，亲友会葬者，有张君劢等二百余人。安葬之前，举行公祭，当场议，捐资建筑一纪念亭。经众同意，即时行破土礼（本文作者注：亭目前之位置当时应未定）。至十二时葬礼告成，会葬者在卧佛寺聚餐而散。是日也，无僧道参加，仪式甚为单简云。”

fig...10 由亭东甬路看石亭（无向北甬路）

fig...11 石亭内部及顶部做法

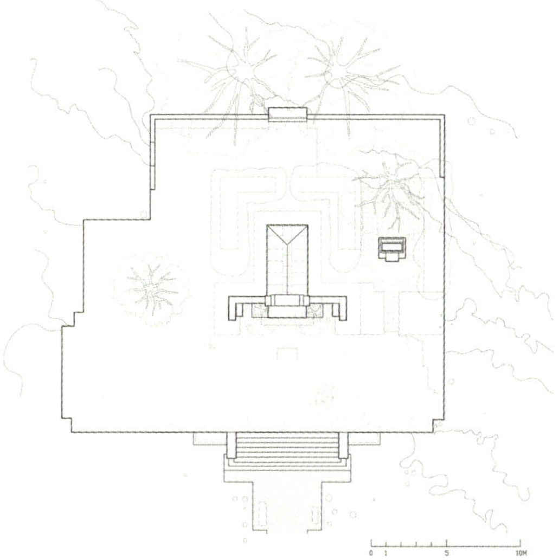

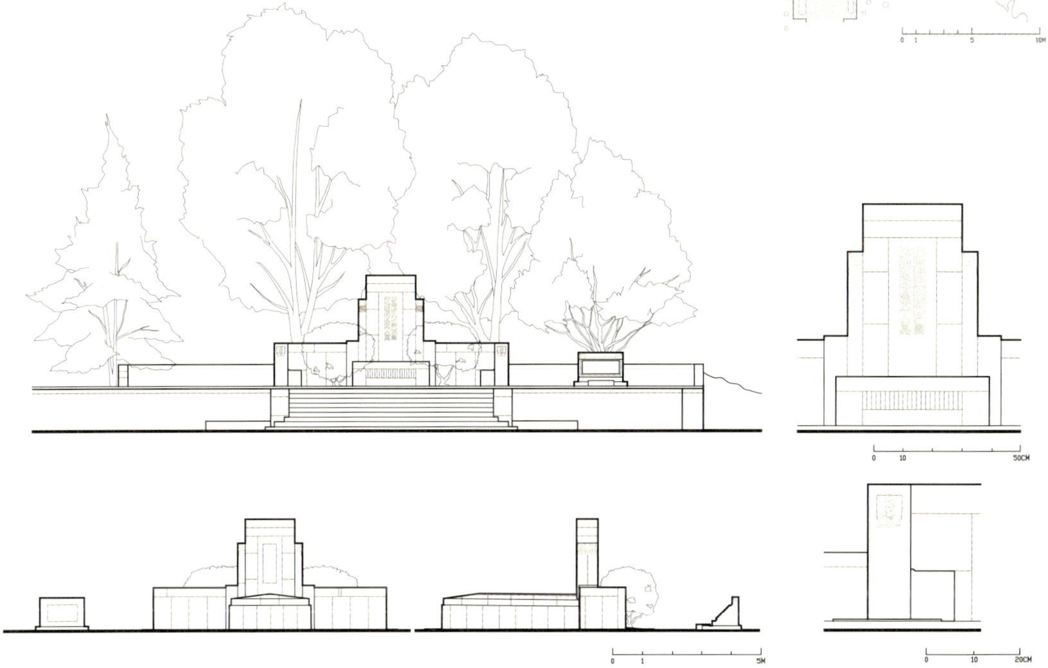

fig...12 主墓平、立面图及详图

fig...13 主墓台阶与侧墙及台面

fig...16 主墓墓台及墓表

fig...14 左右对称的双松对两位墓主的象征、礼赞和纪念，“母亲树”白皮松与双松呼应得体

fig...17 主墓墓体及环围灌木

fig...15 由墓台后部看其西南端自然凸出于坡地之上

拾级而上，墓台上当中即为梁启超与夫人李蕙仙合葬墓及墓表 fig...16。后部墓体露出地面部分高约 1.2 米、宽约 2.7 米，呈长方形，缓三坡顶，由石材砌筑；墓体由整齐的灌木呈 U 形合围，但留有左右及后部的入口和通道，形成环绕的祭拜流线 fig...17。墓体之前的墓表外观肃穆简洁，整体由共计 49 块大型浅黄色矩形块石及条石砌筑而成（猜测为石榫卯连接的构造做法），中间耸起的主碑高约 3.6 米、宽约 1.7 米，主体碑芯压顶为两层条石，两侧各为叠砌护石（高约 2.8 米），左右护石之顶分别刻有三条平行饰带及四个内旋涡卷纹（有研究者认为其形式来自北魏云冈石窟柱头纹饰乃至追溯至希腊爱奥尼克柱头原型 [7]）；主碑前有供台，近 80 厘米高，供台中部水平条石有纵向刻纹 fig...18；主碑两侧低平，形成高约 1.4 米、总宽约 8 米的带状衬墙，衬墙两端向前伸出成环抱之态，靠近其顶部分别镌刻象征供养人的浮雕（有研究者认为其形象来自北魏云冈石窟佛龛及供养天 [6]）；两侧各有一石椅，倚靠于前伸衬墙，仅后部石面掀起微妙一角，即有坐靠之意，于主碑下方左右相对而坐 fig...19。主碑之阳镌刻“先考任公府君暨先妣李太夫人墓”14 个大字，碑阴刻“中华民国二十年十月，男梁思成、思永、思忠、思达、思礼，女适周、思顺、思庄、思懿、思宁，媳林徽音⑦、李福曼，孙女任孙敬立”

fig...18 墓表主碑、护石及供台

fig...19 墓表衬墙两端左右供养人浮雕及石椅

fig...20 主碑碑阳及碑阴铭文

（标点为空格），无碑文及墓主生平甚至生卒年月[fig...20]。据《年谱》记载，任公生前嘱咐，“打算做一篇小小的墓志铭，自作自写，埋在圹中”[⑧][4]560。梁夫人安葬后又言：“此次未立墓志铭，固由时间匆促，实则可以暂不立，将来行第二次葬礼时，可立一小碑于墓门前之小院子，题新会某某暨夫人某某之墓，碑阴记我籍贯及汝母生卒年月日，各享寿若干岁，子女及婿、妇名氏，孙及外孙名，其余赞善浮辞悉不用，碑顶能刻一佛像尤妙”[⑨][4]567。看来思成在“不用赞善浮辞”和“碑顶刻佛像”（供养人浮雕）两方面基本遵从了父亲遗愿，但“碑阴记父母籍贯、生卒时间及享寿岁数”未作。沿墓体及墓表左右下部台面上均有土槽绿植，左右两株半球冠形灌木植栽于两石椅与中央供台之间[fig...21]。主墓西侧的墓台上一株独柏，位置几乎与主碑平齐[fig...22]。合葬墓东侧的卧碑[⑩]为 20 世纪 90 年代梁氏后人新制，碑后有一株树形较小，但枝叶密集优美的白皮松，题为“母亲树”，纪念梁启超第二任夫人王桂荃[fig...23]。主墓于 1925 年破土并先行安葬母亲，墓台、墓体及墓表于 1929 年设计，1931 年 10 月竣工。41 年后设计者梁思成去世。

平台下的松柏林中，中轴主甬路东侧砖铺方形小平地为梁启超七弟梁启雄（卒于 1965 年，与夫人合葬）及其子梁思乾（卒于 1983 年）之墓及墓碑[fig...24]；甬路西侧对向石亭东门洞分出一条支甬路，其南侧为其子梁思忠墓（卒于 1932 年，思成、思永立，居中）、梁思礼墓（卒于 2016 年，东侧）、女梁思庄墓（卒于 1986 年，西侧）及墓碑[fig...25]，除梁思忠墓碑或为梁思成设计外，其余均应为后人所作。

---

⑦ 作者注：原碑文如此。
⑧ 出自 1925 年 8 月 3 日梁启超《给孩子们书》。
⑨ 出自 1925 年 10 月 3 日梁启超《与思顺、思成、思永、思庄书》。
⑩ 设计者为王丽方。

fig...21 墓表与双木、双松等共同构成的人工山林意象

fig...22 墓台上西侧独柏

fig...23 “母亲树”——小白皮松

主墓前方砖砌甬路靠近墓园南门处，左右各立一座清康熙年间墓碑（西碑阴尚余原碑文），本是梁家从没落皇族墓地买来的两通废碑，预磨掉旧碑文重刻新字，分别用作墓主夫妇冢前墓碑，后因花销太大而弃置于墓园⑪ [4] 568 fig...26。

石亭西面门洞，略偏北对向墓园西门，西门南侧有一管理房，简易硬山坡顶，砖墙包砌毛石墙芯，墙芯与墓园围墙和墓台挡墙为同一种毛石墙体做法 fig...27, 28。侧面、后方有诸多加建，形成简陋小院，附近有一井，当为墓园维护及管理人生活水源。小院正南有一直径约15米的圆形土丘，显为人工堆成，上植松柏若干株，位于墓园西南之角 fig...29。现状还存在一条半回环主园路，由北门偏转向西南，经西门转东，遇主甬路再转至南门，石亭面西、面南甬路与主园路相接，面东甬路与主甬路相接。

墓园树木大小老幼疏密有致，间有若干高大松树，树冠高挂连绵，长年遮天蔽日，树干成竖密剪影之林，清朗幽静⑫ [4]654。石亭以北，有一组十余株直线排列的较大松树（偏于亭南北轴线东侧，西侧也似有一列松树，但其数量及排列秩序较对侧不够明显），疑为亭北缺失的原有甬路之侧栽植 fig...30。石亭以西正对主甬路东侧有以列树围出的一处方形空地，中央有大方石板，不知功用为何 fig...31。主甬路和亭南甬路及亭东甬路两侧、石亭四周和主墓台北侧均植列树夹围。

---

⑪ 见1925年11月9日梁启超《给孩子们书》，言买、运、立旧碑及花费事。

⑫ 早在墓地初建的1925年，梁启超已开始筹划种树。1925年8月3日梁启超《与思顺、思成、思永、思庄书》记载：“墓顶环一圆圈，满植松柏，墓道两行松柏，与马缨花相间，围墙四周满植枫树，园内分植诸果及杂花，外院种瓜蔬，此皆明年事也，汝等归来时，当葱郁可观矣。”

fig...24 主甬路东侧的梁启雄夫妇墓和梁思乾墓及墓碑

fig...25 亭东甬路南侧的梁氏子女（梁思忠、梁思庄和梁思礼）墓及墓碑

fig...26 主甬路两侧废而未用的双清碑

fig...28 墓园西门管理用房与墓园围墙墙体做法相同

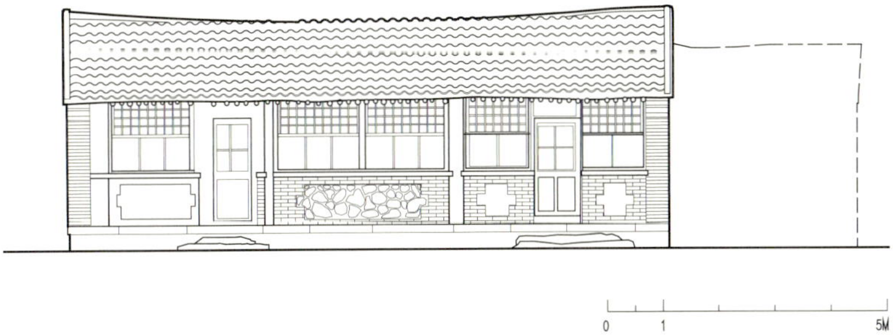

fig...27 墓园西门管理用房立面

fig...29 人工土丘起到“风水”调节作用

fig...30 石亭以北的列松

fig...31 主甬路东侧列树围合的方形空地

之四

场所体验

将梁思成先生作为建筑师出道之初设计的梁启超墓园称为经典之作，源于笔者实地体验之后所获得的深度感受——这一作品竟然完整体现了笔者谓之中国传统营造体系中蕴含的“现实理想空间营造范式”之五点要素（以梁、林等先生后来发现的五台山佛光寺为其典例）⑬ [8]105-109，试描述如下：

一、环境形势：由墓园入口主轴甬路可见，主墓坐北朝南，面向尘世和俗众。未依东北主峰而靠其右路侧峰而立，谷地地形东北高西南低，墓座平台由东北向西南水平延伸展开[fig...32, 33]。前庭平台不依主墓轴线对称，西长而东短，且西端凸出并借地势升起，犹如一艘向西行驶的航空母舰，不动声色之中气势撼人[fig...34]。

二、结构场域：墓园内密植松林，不求粗壮而竖直密布，围绕着墓台。树冠遮蔽上空光线，成墨绿深沉、繁密垂落的树干剪影，其中长长墓台浮起于微坡地形之中，水平的石墓台和阶梯与竖直的树干丛构成横与竖、明与暗的强烈对比和对话。光线照亮暖白色石作主墓墓碑，很远可见，高雅圣洁，遗世独立[fig...34, 35]。

三、人作天工：主墓碑体均由几何切割的巨大石块按砌造法横向竖向堆叠而成，浑然天成而自然简朴。石块堆叠的墓碑造型构成“一山两翼”的空间和势态——未依主山，而自造“主山”；中间供台左右两株灌木，穿插于供台、石椅和衬墙之间，与环围墓体的灌木、墓碑西侧独柏、地面土槽青草乃至墓后高大的白皮“双松”一起，共同构成人工山林的抽象意象[fig...21, 36]。除墓台地面及台阶护石为石材外，全由就地取材的毛石（不作加工）砌筑挡土墙体，仿佛是山坡地形的人工化延续，亦增加了简朴和自然接地之感[fig...13]。

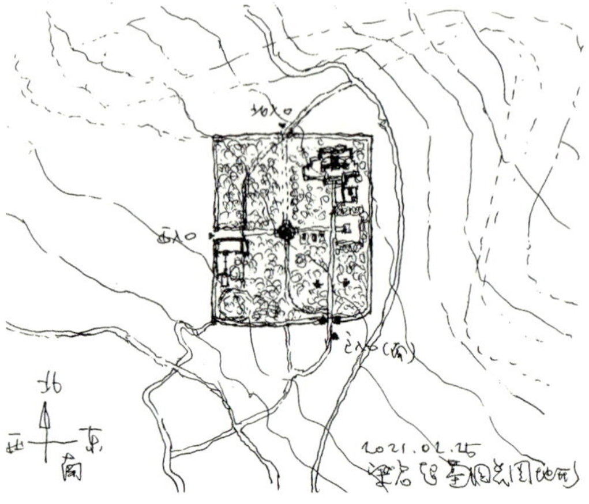

fig...32 梁启超墓园“环境形势”分析草图

fig...33 由墓园南门可见墓园及主墓背依东北主峰之右路侧峰

fig...34 水平的墓台、阶梯与竖直的树干丛林构成横竖、明暗的强烈对比和对话

fig...35 梁启超墓园“结构场域”分析草图

fig...36 梁启超墓园“人作天工“分析草图

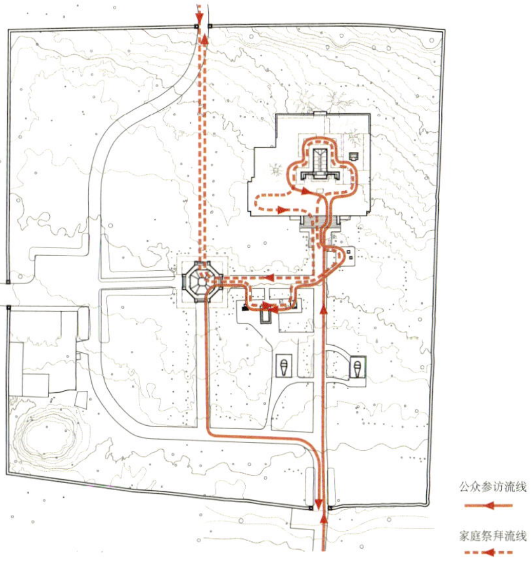

fig...37 墓园的公众流线和家庭流线

四、叙事空间：参观、瞻仰或祭拜墓园者，当有两种流线 *fig...37*。一为公众参访流线（虽为私家墓园，但鉴于梁启超为著名历史文化人物，思成或考虑应设公众瞻仰入口和流线）：由南门沿长长中轴甬路进入，直抵墓台前及台上墓表前后瞻仰，之后下台参观梁弟及子女墓碑后入亭，稍歇，由亭南甬路回墓园主入口离开。更重要者则为家庭祭拜流线：概由正中北门入园（西门宜为后勤管理入口），经亭北甬路（遗留列松暗示，或后被改移）向石亭前进，主墓台南部向西伸出，与甬路及石亭呼应，仿若父母大人站在墓台之上欢迎子女“回家”团聚，令人哀惋不已，情绪由此酝酿；至石亭中稍歇准备，出亭东，

⑬ 这里将“现实理想空间营造范式”五点要素中的“风水形势”改为“环境形势”。五点要素相关论述可参见参考文献 [8]。

经子女墓群，大家“聚齐”，至主甬路左转向北，上台阶拜谒祭扫，之后下台经叔父家墓，在甬路东侧方形空地，大家随意休息聚谈，再由亭北甬路离开，想象慈爱父母于台西回首送别，绕膝聚离，依依亲情，一如生前 fig...38, 39。

五、胜景情境：众人瞻仰拜谒祭扫之后驻于高台之上，如身处日常居家房前庭院之中、独柏之下，夕阳西沉，映照出远处西山群峰淡影及近树剪影，墓台向西延伸浮出，形成强烈几何透视，引导视线西望山树夕阳；身侧墓碑石座包围，仿佛父母大人与大家一起凝望西天世界，空间深远引发时间悠远之想，落日余晖带动生命情境之思，使人不由陷于佛家“观日冥想”之境⑭ [9]，深深沉浸于眼前胜景，达到空间体验的高潮，深刻而动人 fig...40, 41。

fig...38 主墓台向西伸出与亭北甬路及石亭呼应，仿若父母站在墓台之上欢迎或送别子女

fig...39 梁启超墓园“叙事空间”分析草图

fig...40 墓台向西延伸浮出，引导众人视线遥望山树夕阳

fig...41 梁启超墓园“胜景情境”分析草图

⑭ 指佛教图像及其修行理念中的“日观想”图式。

之五

比照 同人 与 钩沉 历史

如果简单罗列一下墓园设计建造前后的相关大事年表，仿佛是一个个密切关联的历史故事和场景。

1924 年：梁启超在天津新建洋房“饮冰室”；梁思成、林徽因赴美入康奈尔后转宾大；李夫人病逝，惜思成未能返国见母亲最后一面⑮，此应思成心痛之一。

1925 年：梁启超选定墓址及李夫人入葬；朱启钤《营造法式》陶本刊行，梁启超特意寄赠并殷殷寄语梁、林“俾永宝之”，由此奠定二人后来一生的中国建筑研究事业；孙中山去世；廖仲恺去世；吕彦直设计中山陵（1929 年建成）。

1926 年：吕彦直设计廖仲恺墓（1935 年建成）；杨廷宝（基泰工程司）设计京奉铁路沈阳总站；威廉·阿伦（William Van Alen）设计 320 米高、钢结构的美国纽约克莱斯勒大厦（1931 年建成）；北伐战争开始。

1927 年：梁、林本硕毕业，入哈佛研究中国建筑，因无充足资料，计划肄业回国；留学期间，梁启超有诸多对思成学术、生活的指导和惦念、操心之举⑯ [4]595-596,606,611,615-616；王国维自沉昆明湖，为当时重大文化事件。

1928 年：梁、林于加拿大结婚经欧洲参观回国，在梁启超亲自安排下，于沈阳创办东北大学建筑系⑰ [4]629-631；勒·柯布西耶设计法国巴黎近郊萨伏伊别墅（1929 年建成）；北伐胜利；北平废都。

1929 年：1 月梁启超因误诊手术，身体每况愈下，终英年病逝于北平协和医院，此应思成心痛之二；梁思成设计王国维纪念碑（7 月落成）和父亲墓园；8 月林徽因回北平，于协和医院生女，取名梁再冰；吕彦直设计中山纪念堂（1931 年建成）；杨廷宝主持东北大学规划并设计其图书馆、教学楼、体育场、体育馆等。

1930 年：梁思成设计吉林大学礼堂和图书馆；杨廷宝主持国立清华大学规划并设计其生物馆、气象台、图书馆扩建等，以及北京交通银行、南京中央体育场等工程。

1931 年：梁思成回北平入中国营造学社任法式部主任；10 月梁氏墓园落成立碑；杨廷宝设计建造南京紫金山天文台、南京中央医院、谭延闿墓（1933 年建成）等；关野贞路过发现独乐寺；“九一八”事变，东北沦陷。

1932 年：梁思成完成并出版《清式营造则例》；梁思成调查独乐寺并发表《蓟县独乐寺观音阁山门考》；梁林得子梁从诫；梁思成设计仁立地毯公司门面及室内改造；杨廷宝设计建造南京中山陵音乐台。

1933 年：梁思成调查正定古建筑群、大同古建筑群和云冈石窟、应县木塔、浑源悬空寺、赵县赵州桥等。

1934 年：梁林共同设计北京大学地质馆。

1935 年：梁思成设计北京大学女生宿舍。

1937 年：梁林在古建筑调查中发现五台山佛光寺；全面抗战爆发，南京沦陷；梁林流亡长沙。

1944 年：梁思成著成并出版《中国建筑史》。

1946 年：梁思成回母校创办清华建筑系，并受聘为耶鲁大学客座教授，赴美讲授《中国艺术史》。

1947 年：梁思成任联合国大厦设计建筑师顾问团中国代表，回国后提出“体形环境”新建筑教育体系。

---

⑮ 见 1924 年 8 月 12 日梁启超《与季子书》，言梁夫人病状及电梁思成回国事。参见参考文献 [4]，第 542 页。

⑯ 见 1927 年 2 月 16 日梁启超《给孩子们书》，与思成以李杜与姚宋言有用与无用之别；1927 年 5 月 13 日梁启超《与顺儿书》，担心梁思成、林徽因；1927 年 6 月 15 日梁启超《给孩子们书》，因年初给思成信退回，合家惊慌失措，任公忧虑孩子；1927 年 8 月 29 日梁启超《给孩子们书》，计划梁思成等学业、读书事，并论自己为人。

⑰ 见 1928 年 5 月 4 日梁启超《与思顺书》，论梁思成职业问题；见 1928 年 5 月 13 日梁启超《与顺儿书》，言梁思成职业事，确定辞清华而就东北聘约；见 1928 年 6 月 10 日梁启超《与思成书》，告进行清华及东北大学情形。

fig...42 梁思成与梁再冰在东北大学(1929)

毋庸繁述，梁思成设计梁启超墓园，处在一个极其特殊的历史氛围、文化氛围和情感氛围之中，家庭、事业、国家——种种要素相互纠葛缠绕，最终决定了梁思成的设计。其中最为令人叹息的是，思成对于父母，特别是挚爱并无微不至关怀自己成长的父亲梁启超的英年早逝之扼腕不甘、不忍分离之情。这既体现于为在父亲病逝医院出生的女儿取名“再冰”以纪念父亲（自号“饮冰室主人”“饮冰子”）之情 *fig...42*，更是深刻体现在父亲墓园设计营造的种种冥思斟酌之中。

考察当时代与梁思成相关的师友们——诸如宾大老师保罗·克瑞（教授布扎建筑体系），康奈尔大学学兄吕彦直，宾大同学杨廷宝，宾大同学暨东北大学同事童寯、陈植以及他们同时代的建筑作品，既有某种类似的基因与特征，也有西方与较中国、现代抑或传统之思索与斟酌。笔者以为，因梁思成学养深厚、兼得中西，权衡全面、思考深邃，但更因对父母的情深意切，他做出了因时因境、最为“得体”的选择和设计。

之六

谜题试解

在实地探访墓园过程中，笔者发现了设计者留下的诸多“谜题”，颇感困惑难解，而建筑师梁思成对自己这一特殊的早期作品，未留下只字片语和草稿正图，甚至不视其为自己的重要作品⑱ [10]，其家人师生也少有回忆记载。而这些“谜题”如此重要，关乎设计的手法意图、判断取舍、营造手段乃至经济造价等，不可不发问，不可不琢磨。为何要设计如此？思成未予解答，并已无法解答，笔者尝试依据前述的客观史实向外探寻，也向“内”——即当时的“自己”（虚构的思成）发问，设身处地、处时、处境、处事地努力思考，找到最为可能的答案。谜题与试解如下：

谜题 1 墓园西南角人工堆土丘，上植松柏。试解答案：“风水”调节。墓左（即墓东）有南向延伸侧峰，以为风水“左砂山”，而西山群峰过远，因此在此堆土，为人工“右砂山”，与墓左之砂对应，类似传统乡村村口栽植“风水树”的作用 [5]26-34。但此做法很可能是墓园动土时主持建设工程的“二叔”梁启勋依据风水先生指点所为，而非后来自美返国的思成设计 *fig...43*。

谜题 2 墓园分东西二半，石亭位在园之几何中心。试解答案：东西两分，对应天国与尘世，石亭既是两者分隔之界，又作两者沟通枢纽。任公生前曾提墓旁建筑“别墅”，即葬礼时公祭者众议捐资并破土建筑之纪念亭（原拟安放梁任公像），既为主墓主人之“别墅”，又是家人及大众休憩纪念之“亭”，冥俗共用，生死相会于此也，因作用如此关键重要，将其以石作（而非更适于俗世所用的木作），并定位于园之中心，恰当合理 *fig...08*。

谜题 3 墓表与石亭风格差异，一现代而简朴，一传统而装饰。试解答案：碑表主要为冥界之供，为父亲品格学问道德之表征；石亭主要为世俗之用，为子女后人尊仰纪念父母之依托。同时，石亭传统中含抽象简朴，诸如门洞、斗拱、檐口、台阶平台等，颇具现代利落之感 *fig...09*；而墓表现代中有传统，如双供养人装饰浮雕、双护额云饰、双石座椅（意为父母对坐）等，均可作为冥俗之间直接沟通的“中介”fig...12。

谜题 4 石亭北门洞外正对墓园北门单侧列松。试解答案：此东侧排列达 12 株、颇为粗大的松树应为设计栽植，暗示着曾有由园北门径直通向石亭的甬路fig...44。此路甚为重要，如作为子女由北门入园专用通道（北门亦与卧佛寺方向来去道路连接），在其缓步走向石亭过程中，与向西凸伸而出的墓台呼应，仿若父母于台上欢迎子女回“家”团聚fig...45, 46。“甬路”西侧松树行列状态不够明显，或因东侧相邻为主墓及墓台，而西侧为自由栽植的树林，不必苛求对称。但后不知何故，此“原设计”之甬路“改移”为向西园墙弯曲向南，而错过由北向入亭，或因管理原因及子女进入不再循此路线，而改为由西门进出，则无前述体验之效果，又与后勤管理道路相混，且墓园北门至今留存，此“更改”于情理颇为不合。

谜题 5 墓园和主墓对称设计中的不对称：主墓设计中无疑存在一条正南北向主轴线，沿“墓园南门—主甬路—主台阶—主墓表—墓体及周围灌木墙—后坡台阶—墓后双松”轴线对称布置而成，但墓台和石亭、兄弟子女墓碑规划等却并未对称而作——墓台东西两侧宽度及端部形状均不相同；石亭仅设在西侧；兄弟和子女墓碑分在两侧但形状格局一方一长；倒是主墓、石亭、西南角圆形土丘构成了一个由东北至西南的墓园对角轴线fig...47，可供参照的“巧合”案例有义县古城中奉国寺大殿、城中央鼓楼及城西南角广胜寺塔构成的古城斜向对角轴线fig...48。试解答案：这是三个原因共同作用的结果——一是顺应此处由侧后山势顺延而来的东北高、西南低的不对称坡地地形；二是前面

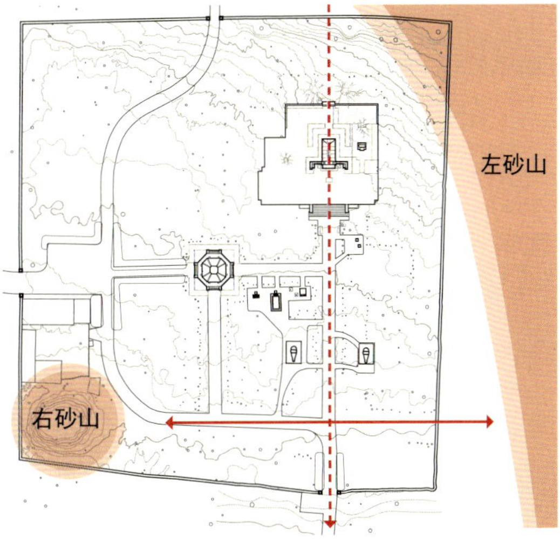

fig...43 墓园西侧土丘作为人工右砂山与南向侧峰左砂山（东侧）对应

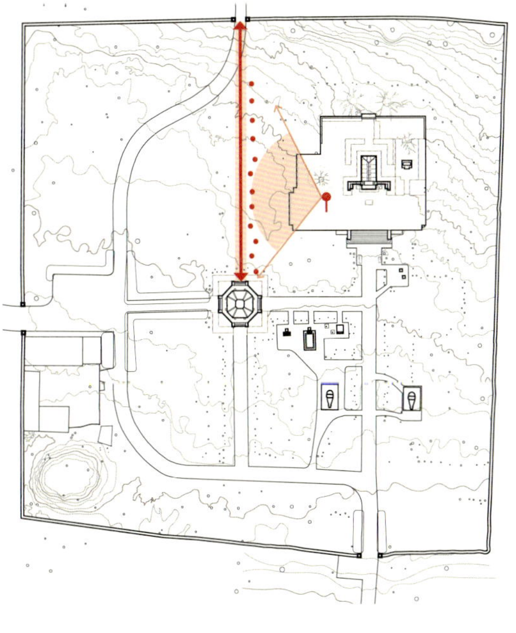

fig...44 石亭北门洞外正对墓园北门单侧列松与向西伸出的墓台呼应

---

⑱ 见 1947 年 4 月 26 日《给 Alfred Bendiner 的三封信》，梁思成在自拟的学术简历有关“建筑创作（Creative Work in Architecture）”的项目名单中未列入梁启超墓园。

fig...45 向西伸出的墓台与石亭北门洞外单侧列松及“甬路”呼应，仿若家人对话

fig...46 在石亭以北“甬路”上透过列松与向西伸出的墓台呼应“对话”

谜题中猜想的子女祭拜流线与西端凸伸墓台的呼应；三是设计者不想固守传统及成规，而如父亲生前所愿，选择了现代而向新。

谜题 6 双清碑废而未用。试解答案：绝非因经济原因而废碑。试想父亲梁任公乃戊戌变法（百日维新）领袖，中国近代维新派、新法家代表人物、新文化运动倡导者，近现代中国最重要的启蒙者之一，号“中国之新民”“自由斋主人”，24 岁著《变法通议》，27 岁写《少年中国说》，甚至他的英年早逝，也主因他晚年笃信科学、倡导西医、坚持手术的结果，医疗事故后仍然维护西医声誉[19] [4]576-577，终于付出生命代价，怎能采用代表保守、老旧、没落的清代皇族墓碑作为对他的纪念物？或许在思成的心中，父亲的形象当永远是“与天不老、美哉壮哉”的维新少年[20] [fig...49]。

谜题 7 墓表碑文无父母生卒年月及享寿。试解答案：思成痛切于未见生母最后一面、痛切于父子情深而父因医疗事故早逝，心中无限不甘，不能忍受生死两分，不忍在石碑上镌刻将永远凝固不变的父母生卒时刻。他，希望父母“永生”，父母子女可以永远如往常一样随时在此地相见[fig...50]。

谜题 8 关于碑文设计，不取几乎同时期设计的王国维纪念碑的传统阴刻书法字体，而特别设计为阴底阳刻、充满几何感的现代设计字体——每字均为方形图底，所有笔画均作等宽。碑阳字体舒朗典雅，笔画与方形外廓相连一体，犹如两列方形“漏窗”；碑阴字体浑厚端庄，大小约为碑阳字之 1/4，笔画与方形外廓断开独立，犹如款款方形“印章”，无字处仍有方形空格，形成完整的阵列[fig...20]。试解答案：思成以碑文及其字体设计表达现代风范，向变法维新、崇尚现代科学的父亲致以敬意，也以此向父亲表明自己由西方现代国家获得的设计能力和学术志向。

谜题9 墓后“双松”与墓前“双木”。试解答案：“双松”与“双木”均为思成设计，且有极为重要的象征和纪念意义。墓台后坡地上左右对称栽植的两大株白皮松树姿优美古雅，应是对两位墓主的象征、礼赞和纪念[fig...14]；而墓东侧梁氏后人为纪念第二夫人王桂荃的“母亲树”亦选白皮松，但相较墓后双松较为矮小，应并非偶然，当是与纪念父母的双松呼应之意，也是得体恰当之举[fig...23]。至于墓前两石椅与中央供台之间左右两株半球冠形灌木，仔细观察，其下种植槽收边做法与其他土槽相同[fig...51]，并与墓体周边合围的 U 形灌木“矮墙”为同一树种，且树形几乎相同，应是一体的设计[fig...52]，想象若无此双木，则墓表将显得空荡而直白；两株灌木及墓体周围灌木与墓后坡上两株高

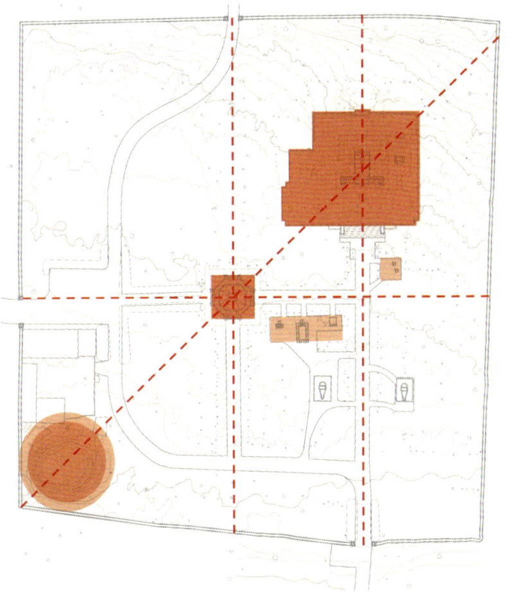

fig...47 对称中的不对称——石亭和兄弟及子女墓布局方位不同，且主墓、石亭和西南角圆形土丘构成了一个由东北至西南的墓园之对角轴线

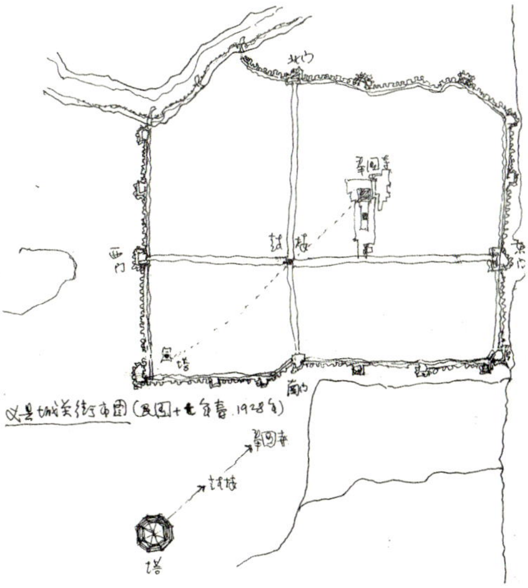

fig...48 义县古城关三大建筑呈斜向对角轴线格局分析草图

fig...49 梁启超学生时代像

大白皮松形成呼应，犹如父母大人与绕膝的儿女。但即使“双木”及U形灌木为思成设计原意植栽，历经多年的生长又缺乏得体的修剪，其目前的尺度和过于几何化的形态显然已与墓碑及整体环境不相协调甚至对后者造成破坏，几乎令人怀疑为后人添足。

谜题10 墓台上墓表西侧独柏。试解答案：任公生前曾在给子女们的信中提及“墓门前小院子”㉑ [4]560，此柏应非场地原有，而是设计者刻意栽植于此，既是山坡树林意象的延续，更意在表征此墓台为北方合院中常见的植树庭院，实现父亲的生前嘱托，同时又满足自己希望父母“尚在人世”的内心期望 *fig...53*。

谜题11 主甬路东侧列树围出的方形空地，中央大方石板，正对西侧石亭。试解答案：此处或为家族亲友众人祭拜后、离开墓园前放松休憩、聚会活动之场地，是思成对父母在世时家庭生活之延续的空间安排，亦是日常生活与纪念活动的一种对照。

谜题12 梁、林墓未入墓园。试解答案：思成初始总平面规划或是墓台之左（东）为父弟墓区，之右（西）为子女墓区，且沿西侧通石亭甬路之南分布（形成与父母墓相对而望的格局），未来的思成徽因、思永墓亦应按计划位列其中。但因后来三人政治地位及社会情势变化，梁、林及思永均长眠于北京八宝山革命公墓而未安葬于家族墓园。思永墓由思成设计，以石条圈出“田野”，以前矮后高两组石台及分层图案（考古地层）隐喻弟弟的考古学家身份 [1] *fig...54*；徽因墓亦由思成设计，墓碑小庑殿形石顶朴素抽象，石檐下略收进并仿牌匾形制，题额“建筑师林徽因墓”，

⑲ 见1926年6月5日梁启超《与顺儿书》，告协和医院受手术经过情形。
⑳ 梁启超1900年所作《少年中国说》一文中有“美哉，我少年中国，与天不老！壮哉，我中国少年，与国无疆！”之句。
㉑ 出自1925年10月3日梁启超《与思顺、思成、思永、思庄书》。

fig...50 梁氏子孙扫墓后在石亭前

fig...52 “双木”树冠形状与墓体周边合围的灌木“矮墙”为同一树种、树形相同的一体设计

fig...51 两株灌木下种植槽收边做法与其他土槽相同

fig...53 独柏“小院”

fig...54 梁思成 1954 年设计的梁思永墓

徽因生前所绘花圈图样被作成浮雕，托于小台之上并斜嵌入墓碑，饱含温情，令人动容[1] *fig...55*。思成则未能如很多西方建筑师（如勒 · 柯布西耶、卡罗 · 斯卡帕等）一样生前设计自己的墓及墓碑，骨灰收纳于邻徽因墓不远的革命公墓骨灰堂。

上述种种谜题与试解之中，除开头谜题 1 中父辈预先筹划、思成可资利用的“风水营造”之外，其余均可体现出思成作为设计者的种种周思详考。而所有思考的核心，都指向思成一心要将墓园设计为山林环境中长子对伟大父亲的敬仰纪念之地、父母与挚爱子女兄弟的家庭聚会之所。

fig...55 梁思成 1955 年设计的林徽因墓

之七

行思坐想

“谜题试解”是向设计者发问，关乎设计之技艺手法等，亦即观者所见客观事实；而与之不同的是，如果回到之前初次体验时对自我的三个发问，则关乎设计所勉力追求之功效境界等，亦即外人主观直觉感受，是向真实的自己发问。墓园设计何以会使人产生如此的所感所思？需要探究其源头，找到设计者最为核心的巧思和抵达的效境。

一，何以简朴？定非经济原因——如前所述，老碑弃而未用，新碑建造花费并不能节省。梁任公生前遗嘱为“不用四扇石门”㉒ [4]560，“自作自写一篇小小墓志铭”且“埋在圹中”，“暂不立墓志铭，仅立一小碑”且“不用赞善浮辞”，已表达简朴要求。不仅碑文一处，墓园之因地取材，之利用环境营造气氛，之朴素端庄未有繁复雕饰等，均为简朴之佐证。思成痛失爱父，当以简朴谨遵父嘱；同时，父亲嘱咐为一面，平日生活习惯亦应同样如此，耳濡目染之余，已成为思成设计的本源思考所在。不过分奢华，也不过分简陋，“不丰不俭”㉓ [4]562，得体合宜，思成在墓园的设计中既践行了父亲的嘱托和教导，又实现了自己的认知和追求，并由简朴进而现代。

二，何以现代？对比同时代的同类型作品可知，前述吕彦直设计的中山陵（1929）及中山纪念堂（1931），采用了中西建筑相结合的语汇、风格及技术，廖仲恺墓（1935）则更为现代而少折衷，但尽显弘大气派 fig...56；杨廷宝设计的谭延闿墓，采用了传统中式园林布局、建筑语汇和风格 fig...57；当然还有在梁启超墓园附近的张绍增墓（1928）与孙传芳墓（1935），均采用了传统样式，如石牌坊或歇山墓门、雕栏重台、宝顶或覆钵墓塔等，后者尤为典型 fig...58。再对比梁思成自己后来设计的任弼时墓（1952）采用中西结合传统语汇，以大小两碑序列组合 fig...59，人民英雄纪念碑（1952）是中式为主、中西结合的新形制，梁思永墓（1954）、林徽因墓（1955）则采用抽象朴素的现代风格，甚至还有雕塑及空间构成的意味。在所

fig...56 吕彦直 1926 年设计的廖仲恺墓

fig...57 杨廷宝 1931 年设计的谭延闿墓

fig...58 孙传芳墓（1935）

fig...59 梁思成 1952 年设计的任弼时墓

㉒ 出自 1925 年 8 月 3 日梁启超《给孩子们书》。

㉓ 出自 1925 年 9 月 3 日梁启超《与顺儿书》：“全部葬事连买地皮工程葬仪在内，约费二千五百元，在不丰不俭之间，你们亦可以算尽心了。”

有这些同代、同人及自我的比照之中，固然能看出他人的影响启发和思成自我追求的进展，但明确无疑的是，梁启超墓园是如此鲜明而独特：既庄重而传统，又现代而创新，映射呼应着思成心目中的梁任公之道德学问和情怀主张。笔者体会以为：梁思成在梁启超墓园的设计中，既超越了同侪，也超越了时代；从某种角度甚至可以说，此时还不到30岁的他，以这个作品超越了自己后来的一生。

三，何以动人？墓者，慕也，孝子思慕之处也㉔。墓及墓园设计最重要者为表达墓主一生经历和人格光辉，以及儿女亲友寄托哀思之情，所谓“事死如生”。思成擅于并最大限度地利用了父亲亲自选定的场地环境和风水形势，人作结合天工，配合得体合宜的构筑物体及空间场域营造，而尤为重要的是简朴与现代的设计中饱含着深情——仿佛在以此诉说和寄托对父母真挚而深厚的情感，创造出可使人真切体验和感受得到的叙事氛围和胜景情境，因此格外动人。

㉔ 出自汉刘熙《释名》。

之八

结构环境

梁思成先生在1944年完成的《中国建筑史》绪论中即已指出：“建筑显著特征之所以形成，有两因素：有属于实物结构技术上之取法及发展者，有缘于环境思想之趋向者……政治、宗法、风俗、礼仪、佛道、风水等中国思想精神之寄托于建筑平面之分布上者，固尤甚于其他单位构成之因素也……”[11]依此可简单描述为：中国建筑＝实物结构技术＋环境思想趋向，亦即建筑及其空间的设计创作中，实物结构技术与环境利用营造，当为同等重要并须紧密结合而共同作用，才可产生有“显著特征”的中国建筑。后因社会、国家等种种情势因缘，梁、林二位先生的主体学术工作根本性地发展了中国传统建筑中的“实物结构技术”内容，而其“环境思想之趋向”内容则未及充分开展（梁先生后来提出的“体型环境”思想及教学体系或与此相关，但有较大差异），但实乃梁思成先生对于中国建筑研究及创作的两大“初心”之一。如此看来，梁启超墓园应是梁思成早在完成写作《中国建筑史》之前十五年——28岁时——即已践行了深藏其初心的大作，初手即经典。

上文中提到的对环境形势的借助和强化、场地地形的利用及与建筑物体布局的结合、通过特定的树木栽植对环境氛围空间的对比设定和象征及纪念性表达、空间体验流线的周密组织和建筑物体风格细节做法的把握营造等等，均在体现这样的核心思想：以环境空间利用配合实物结构技术，营造动人胜景情境。这里的“结构环境”之“结构”，既是与“环境思想”并列结合的名词之“实物结构”，亦是营造“环境空间场所”的动词之“连结建构”。其中关键则应源于父子深情与对其父人品学问情怀的深刻理解及表达，并依托和作用于体验者的实地亲身感受和情感共鸣，最终产生并成就了这一经典杰作。梁思成的初手作品，启发我们获得了一个终极建筑创作公式：环境＋结构＋人＋情感＝杰作。

梁思成先生作为中国现代建筑学科的开拓者和奠基者，应是所有中国现代建筑师的无限敬仰之师。由于相关设计资料的缺乏，笔者不揣浅陋，对于一代哲匠的“初手经典”——梁启超墓园的所谓“研究”，仅是实地体验、切身感受后的一点记录、思考、读解甚至猜想、臆断而已，尚待后来者的深入研究和专家学者的批评指正。在本文调研和写作过程中，傅熹年、张锦秋、马国馨、庄惟敏、黄居正、于葵、张昕、丁垚、王南等诸位先生、前辈、师友给予了指导、审阅、批点和鼓励。谨以后辈拙文致敬梁师诞辰 120 周年。

参考文献

[1] 丁垚．梁思成建筑设计作品辑略 [J]．建筑学报，2021(09): 26-47.

[2] 王静安先生纪念碑工程消息 [J]．国立清华大学校刊，1929-06-07(02).

[3] 梁启超．梁启超家书校注本 [M]．胡跃生，校注．桂林：漓江出版社，2017.

[4] 丁文江，赵丰田．梁任公先生年谱长编（初稿）[M]．北京：中华书局，2010.

[5] 林徽因，等．风生水起：风水方家谭 [M]．张竟无，编．北京：团结出版社，2007.

[6] 李军．古典主义、结构主义与诗性的逻辑：林徽因、梁思成早期建筑设计与思想的再检讨 [M]// 王贵祥，贺从容．中国建筑史论汇刊：第 5 辑．北京：中国建筑工业出版社，2012: 383-427.

[7] 夏晓虹．阅读梁启超 [M]．北京：生活．读书．新知三联书店，2006: 387.

[8] 李兴钢．胜景几何论稿 [M]．杭州：浙江摄影出版社，2020: 105-109.

[9] 张斌．与佛同观——佛光寺中佛的空间与人的空间 [J]．建筑学报，2018(9): 20-21.

[10] 梁思成．梁思成全集．第五卷 [M]．北京：中国建筑工业出版社，2001: 6-14.

[11] 梁思成．中国建筑史 [M]．北京：生活·读书·新知三联书店，2011: 2,10.

乾隆惠山园写仿无锡寄畅园新探*

刘珊珊，黄晓

*本文原载于《建筑学报》2019年第6期，第99－103页。

之一

惠山园写仿回顾

“写仿”是中国书画的重要概念，也是历代造园的常见现象，如秦始皇咸阳城写仿六国宫苑，东汉洛阳西园写仿关中少华山，北宋东京艮岳写仿杭州凤凰山。贾珺指出：“这一传统到了清代进一步发扬光大，尤其在乾隆时期，写仿已经成为皇家造园的主要内容之一。”乾隆朝写仿江南名胜的集大成之作是圆明三园，园中“有明确原型的写仿景观接近30处之多”[1]，写仿手段包括以园仿园、主题写仿和片段写仿等六种情况[2]。其中最受关注的是“以园仿园”，如小有天园的缩微式写仿、安澜园的结构性写仿和如园的因宜性写仿等，手法纯熟而多样。理解乾隆朝广泛的写仿现象和突出的艺术成就，与圆明园一墙之隔的清漪园中写仿无锡寄畅园的惠山园（今谐趣园）至关重要，体现在时、空两个方面：就时间而言，惠山园是乾隆“以园仿园”的首次实践，建于其初次南巡后的乾隆十六年（1751），而圆明园首次写仿江南名园的小有天园则建于二次南巡后的乾隆二十三年（1758）；就空间而言，圆明园写仿诸园皆自成一区，较为独立，与圆明园的总体格局关联不大，惠山园则是清漪园整体构思的一环，位置虽偏，面积虽小，却有牵一发而动全身之感。乾隆总结自己的惠山园写仿有两点——“一沼一亭皆曲肖”与“不舍己之所长”，恰与时、空两个方面对应：由于是初次写仿，故而格外重视，对原型亦步亦趋、处处逼肖；由于与全局相关，故而能结合环境地貌，做出卓越的创新。这两点合起来正是“写仿”的要义所在——写其精髓而又独出心裁，仿其特色而不墨守其制。

鉴于惠山园写仿寄畅园的重要地位，同时也因乾隆写仿诸园唯此例的原型与仿作皆保存完好，两园的比较研究一直深受学术界关注。早期的重要成果如1981年冯钟平《谐趣园与寄畅园》[3]和1989年黄茂如《寄畅园与谐趣园》[4]。前者的主要内容后来收入周维权《中国古典园林史》[5]，后者则是首部寄畅园专著《无锡寄畅园》的一节，因而影响广泛，奠定了两园研究的基础。其后许多探讨“写仿”的论著多以两园为例，如 1990 年天津大学建筑系编《清代御苑撷英》[6]、2000 年周维权《颐和园》[7]、2006 年张龙《乾隆时期清漪园山水格局分析及建筑布局初探》[8] 和 2011 年胡洁、孙筱祥《移天缩地：清代皇家园林分析》[9] 等。近年来又出现多篇探讨惠山园写仿的专论和相关论文，如 2014 年黄晓、刘珊珊《从寄畅园到惠山园》[10] 和董豫赣《双园八法——寄畅园与谐趣园比对》[11]，2016 年郭良辰《中国古典园林的写仿创作现象研究——以惠山园对寄畅园的写仿为例》[12]，2017 年庞李颖强等《古典皇家园林造园艺术特征辩证评价——以谐趣园为例》[13] 和黄晓、刘珊珊《园林绘画对于复原研究的价值和应用探析——以明代〈寄畅园五十景图〉为例》[14]，2018 年黄晓、刘珊珊《寄畅园的始建年代、沿革分期与重要议题》[15] 等。

既有的研究如此丰富，似乎已无待发之覆，实则不然。本文尝试从材料、史实和史论三个方面展开进一步讨论。就材料而言，近年面世的张宗苍《寄畅园图》、钱维城《寄畅园图》提供了新的图像，结合《清高宗南巡名胜图》《乾隆南巡秘记》和乾隆御制诗集等文献，可以深入考证乾隆初巡寄畅园的过程和体验，为研究惠山园写仿奠定坚实的基础。就史实而言，以往论著多关注惠山园八景及园内山水对寄畅园具体景致的写仿，而忽视了“惠山园—佛香阁”对“寄畅园—龙光塔”经典借景模式的写仿，以及清漪园凤凰墩对无锡黄埠墩、玉泉山玉峰塔对锡山龙光塔、万寿山对惠山、后溪河对新开河的写仿，以致未能充分认识惠山园之于寄畅园的逼肖程度。就史论而言，前述史实提示我们注意清漪园写仿江南名胜的两条线索，明线为广为人知的杭州西湖，暗线则为鲜受关注的无锡寄畅园；这正是乾隆在追求“一沼一亭皆曲肖”的同时，“不舍己之所长”的体现。以往有些论著由于忽略了此点，导致对乾隆惠山园评价过低。下文将通过这三方面的讨论，揭示惠山园对寄畅园的全方位写仿，论述其师法之处和独创之处，以期深入认识古代造园“写仿”手法的价值和对现代风景园林设计的启示。

之二

乾隆初巡寄畅园考析

据秦志豪考证，乾隆六次南巡，游赏寄畅园至少 11 次[16]。就惠山园写仿而言，最重要的是初巡（1751），去程游赏一次，返程两次，为历次南巡最多，黄印《乾隆南巡秘记》有详细记载①。除了次数，更能见出寄畅园重要地位的是初巡的游赏顺序，惠山荟萃了众多名迹，如六朝惠山寺、唐朝第二泉、明初竹茶炉等，乾隆皆心仪已久；但船至河塘，他既未礼佛也未观泉，而是“先幸秦园”。乾隆在园中进膳，并御题

---

① 据黄印《乾隆南巡秘记》记载，乾隆初次南巡去程抵达无锡为二月十九日，“二十日早晨，……舟驻河塘，上（乾隆）乘四人肩舆，无帷幔。先幸秦园。……上进园，惟随驾大臣从，余皆门外候。上在园进膳，御制七律一章，令随驾汪由敦持稿至园门，命秦氏诸人和。……观泉毕，上至旧皇亭，遂命往锡山。锡山新甃石路数日，知府命覆以泥，雨湿泥滑，随驾人有失足者，上顾而笑。既上，于望湖亭、小武当俱少坐。游览毕，下回河塘登舟。”随行的皇太后、皇后诸妃嫔，“亦先至秦园，次至惠山寺佛殿，拜毕，皇太后置三白绢帕于佛案。遂至泉上。因天雨，未上锡山，遂回河塘登舟。”返程为三月二十日，乾隆未入无锡城，乘坐小舟“上午抵惠山，复幸秦园。秦氏乞御书前赐诗勒石，上以为复乞诗也，又赋五言律一章。出，复至惠山寺漪澜堂泉上，又回秦园，御笔书五言诗赐秦氏。”随行的皇太后等则“舟停北塘，未至惠山，但上黄埠墩登楼一观览耳。”转引自参考文献 [16]，第 154-156 页。

fig...01 张宗苍《寄畅园图》/ 天津博物馆藏

fig...02 钱维城《寄畅园图》/ 北京故宫博物院藏

七律一首，这两项活动都最需要时间，进膳的同时可观赏园景，题诗则需仔细品味园景。游园后乾隆方进惠山寺、过竹炉山房、观第二泉，最后登上锡山作为结束。受乾隆影响，随行的皇太后等人也是先游寄畅园，然后才到她们更感兴趣的惠山寺拜佛，因当时下雨，后妃们未登锡山。南巡返程时，乾隆未入无锡城，而是乘小舟直抵惠山，“复幸秦园”，题五律一首。出园观第二泉后“又回秦园，御笔书五言诗赐秦氏”。这次皇太后等人停在黄埠墩，并未同来。

黄印笔法精妙，借助皇太后等衬托出乾隆对寄畅园的钟爱与流连，她们先游寄畅园显然是听从了乾隆的建议，一游已足；但乾隆则余兴不尽，返程时又二游三游。黄印还点明了乾隆游赏的重点，即作为起点的寄畅园和作为终点的锡山。乾隆《题惠山园八景序》也提到这次游赏，称：“辛未春南巡，喜其（寄畅园）幽致，携图以归。”[17]二集·卷45 今有多幅乾隆朝宫廷画师的园图存世，如张宗苍《寄畅园图》[fig...01]、钱维城《寄畅园图》[fig...02] 和《清高宗南巡名胜图》中的《秦园图》《惠泉山图》[fig...03] 等。张宗苍长卷上有 1752 年乾隆题诗，钱维城长卷上录有乾隆初巡返程所作的《再题寄畅园》五律，因而都可能是乾隆提到的携归之图。钱维城长卷更为工致，本文即据此分析乾隆初巡所见的寄畅园景致。

钱维城《寄畅园图》（后称“钱图”）长 120 厘米，高 15.5 厘米，仅有普通手卷一半的高度，且未像普通手卷那样起首描绘园门，继而沿游线描绘各景；可知此图表现的重点并非乾隆的游赏过程，而是乾隆对寄畅园的结构性理解，这一点对于惠山园写仿

尤为关键。钱图起首描绘的是以嘉树堂为中心的主堂景致，构成画面的一极：主堂上方是建在山顶的梅亭，下方是背倚竹林的大石山房和悬临水面的涵碧亭，三者簇拥着居中的嘉树堂；堂右跨过石桥可进入山林，堂左踱过木桥通向池东，展示了嘉树堂对于全园景致的控制力。画面的另一极是卷尾以龙光塔为中心的锡山景致，除了高塔，还描绘了山门、楼阁和乾隆曾小憩的望湖亭。嘉树堂和龙光塔确定了画面的两极，而眺望龙光塔的最佳位置正是嘉树堂，两者之间，是由池面、水榭、拱桥、短垣构成的视线通廊，狭长的水面加上层出不穷的景致，愈显水之悠长；同时，这道视廊的上方是八音涧假山和连绵不断的惠山，下方是知鱼槛、凌虚阁和其他建筑，自然景致与人工建筑夹峙在视廊两侧，因距离较近，图中的惠山高不见顶，愈显山之高耸。以上两点合在一起，董豫赣将其精辟地概括为“山高水远”[11]，为寄畅园理景的精髓所在。从乾隆授意钱维城绘制的《寄畅园图》看，他对此无疑有着精准的把握。

就钱图的画面比例而言，右侧寄畅园约占五分之三，左侧锡山约占五分之一，中段惠山寺、漪澜堂和二泉亭等合占五分之一，由此亦可见出各景在乾隆心中的分量。以寄畅园为主，锡山为配，其余景致为衬，也是其他各图的结构逻辑：如张宗苍手卷同样是图右为寄畅园，图左为锡山龙光塔，中部为惠山寺等；《清高宗南巡名胜图》是册页，则将寄畅园与锡山等景各绘成一图。以上各图对寄畅园和锡山的突出强调，恰好与黄印《乾隆南巡秘记》的内容呼应，进一步印证了乾隆对寄畅园及其周围山水的认识，构成后文讨论惠山园写仿的基础。

fig...03 《锡山图》与《秦园图》

fig...04 寄畅园中的康熙御书“松风水月”和“山色溪光”

乾隆曾多次解释为何游幸寄畅园，皆将原因引向祖父康熙，如《题惠山园八景序》所称：“江南诸名墅，惟惠山秦园最古，我皇祖赐题曰寄畅。”[② [17] 二集 · 卷 45] 康熙曾六巡江南，七幸寄畅园，并在园中留下“松风水月”和“山色溪光”等御书[fig...04]。乾隆反复强调，自己是为瞻仰祖父行迹而来，并非贪恋林泉美景。但他一个月内三次游园赐诗，并命画师绘制了多幅园图，显然不只是为了效法康熙，而是对寄畅园别有怀抱。《题惠山园八景序》后段透露了乾隆的真实意图，他不厌其详地游赏踏勘寄畅园，实际是为了“肖其意于万寿山之东麓”而进行的前期调研，这座仿建之园即位于清漪园万寿山东侧的惠山园。

之三

惠山园写仿之选址布局

1750 年，乾隆初次南巡的前一年颁布了一道上谕，将北京西郊的西湖改名昆明湖，瓮山改名万寿山，开启了乾隆朝规模最大的一项皇家园林工程——清漪园。鉴于 6 年前圆明园扩建完工时，他曾昭告天下不会再创设苑囿劳民伤财，因此清漪园的建设先以整治水系的方式悄然展开。这段历史通过周维权的研究已广为人知[5]，整治后万寿山和昆明湖呈山嵌水抱之势，改变了此前尴尬的山水关系，相关的工程包括两项：一是向东拓展湖面，将龙王庙保留为湖中的南湖岛；二是将湖水向北延伸，形成环绕万寿山的后溪河，最终在山的东麓汇成小湖。如此一来，万寿山为阳，昆明湖为阴，构成一幅阴阳互补的太极图；保留下的南湖岛为阴中之阳，开凿出的山麓小湖则是阳中之阴 fig...05。乾隆后来选定此处仿建惠山园，可见对此园之重视。

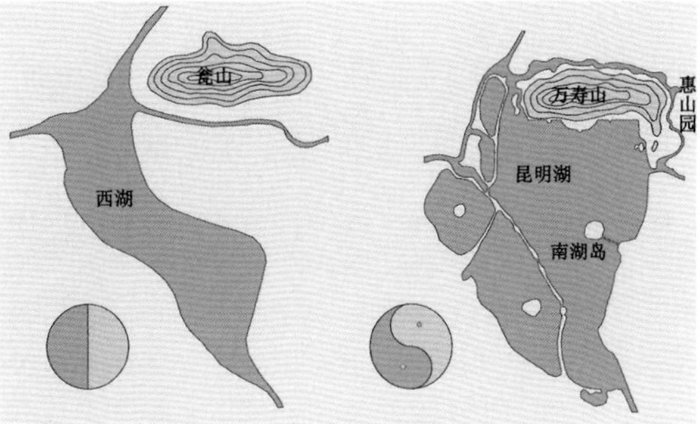

fig...05 乾隆整治前后万寿山与昆明湖的山水关系

选择万寿山东麓仿建是乾隆反复权衡的结果。寄畅园是一座山林园，近倚惠山，远借锡山，清漪园与之类似的位置在万寿山西麓，此地背倚万寿山，远借玉泉山，并有玉峰塔对应龙光塔。但这一带靠近开阔的昆明湖，不借湖景颇为可惜，若借湖景又会成为江湖园，与寄畅园的山林气息不合。综合考虑之后，乾隆选择了今天的园址，即冯钟平指出的，清漪园前山前湖区空间开敞，气氛难以“清幽”；后山后湖区位置背阴，难以蓄起较大的水面；最合适的位置是万寿山东麓[3]：基址北侧的土丘和巨大岩石形似万寿山的余脉，后溪河则类似第二泉，引入后利用山岩高差营造出幽谷清涧，最后在低洼处汇成池潭，从而成为全园水系的有力收束。

选定基址后，接下来是园内的布局。乾隆并未全部照搬寄畅园，而是按功能需求和基址条件做了取舍和调整。首先，寄畅园包括南部卧云堂、含贞斋一带的起居区和北部锦汇漪、八音涧一带的游憩区；乾隆游赏清漪园皆为“过辰而往，逮午而返，未尝度宵”（《万寿山清漪园记》），起居需求较少，偶有也可在不远的玉澜堂等处解决，因此他仅写仿了寄畅园的游憩区，舍弃了起居区。其次，寄畅园游憩区山林在西、水池在东，乾隆结合惠山园的基址将其扭转了 90°，形成山林在北、水池在南的布局，寄畅园南北狭长的水面也顺应基址调整为曲尺形。以上都可视为乾隆写仿时“不舍己之所长”的体现。

具体到园内景致，乾隆从寄畅园提炼出八景加以写仿，形成惠山园八景。最早绘制惠山园平面复原图的是冯钟平[3]，周维权收入《中国古典园林史》时作了细微的调整（将墨妙轩由池北假山中部移至东北），其后的各种论著基本都以周图为准。将此图与乾隆年间的寄畅园图比照，可以看出两园八景的对应关系 fig...06，tbl...01。

---

② 又如初巡前一年的 1750 年，乾隆发内阁上谕称：“秦园在惠山之麓，圣祖当经临驻，留赐御书。朕清跸所经自当瞻仰，然不过名山古迹，偶尔登临，初非因朝臣林园之胜，足供游览，致烦供帐。”见：高晋．钦定南巡盛典·卷八十一：名胜 [M]. 乾隆三十六年刻本。

fig...06 《南巡盛典》之寄畅园图（上）与乾隆朝惠山园平面复原图（下）

惠山园正堂为载时堂，对应寄畅园嘉树堂（表 1 中景 1），是总控全园景致的主导位置。堂前凌跨池上的为知鱼桥，对应寄畅园七星桥（景 2），同样截出一段水尾，使水面呈现悠远不尽之意。寄畅园的大石山房和涵碧亭乾隆皆未仿建，以免此地建筑过于密集。石桥通向水乐亭，对应寄畅园知鱼槛（景 3），两者皆悬挑水上；知鱼槛有两项功能，一是体验观鱼之乐，二是观赏对岸的山林，乾隆将其拆解开来，前者赋予知鱼槛，后者赋予水乐亭，可在亭中聆听对岸山间的淙淙水声。向南有一座小岛以桥连接两岸，寄畅园此地为凌虚阁，可临观外部街景，惠山园并无外景可观，因此乾隆亦未仿建。转至池西，东向临池为澹碧斋，对应寄畅园先月榭（景 4），先月榭坐南朝北，相比之下朝东的澹碧斋显然更适合赏月，是惠山园胜过寄畅园之处。向北为就云楼，对应寄畅园天香阁（景 5），二者皆为两层建筑，天香阁可俯瞰惠山寺，就云楼则可对望万寿山和眺望宫墙外的农田，以示皇帝的重农之心。由石桥转至北岸为大假山，是全园营建的重点。假山主体由土堆成，再用青石砌出道路，山上栽树种花，山内堆叠涵光洞，模仿寄畅园八音涧（景 6）。假山南岸临水，东西两端各架一桥掩住源头，增加了水面层次，假山与湖岸交接处的小路为寻诗径，模仿寄畅园鹤步滩（景 7），可供乾隆沿路穿山渡水，

tbl...01 寄畅园与惠山园建筑对应表

园	景 1	景 2	景 3	景 4	景 5	景 6	景 7	景 8
寄畅园	嘉树堂	七星桥	知鱼槛	先月榭	天香阁	八音涧	鹤步滩	梅亭
惠山园	载时堂	知鱼桥	水乐亭	澹碧斋	就云楼	涵光洞	寻诗径	墨妙轩

之四

惠山园写仿之整体经营

寻诗觅句。假山东北角为墨妙轩，呼应寄畅园梅亭（景8），轩外石壁勒刻乾隆收集的法书名帖，赋予其新的功能。由以上分析可知，乾隆悉心写仿了寄畅园各景，同时结合基址现状而有所取舍，并对景致重新命名，赋予其新的意涵，进一步诠释了“一沼一亭皆曲肖”与“不舍己之所长”两项原则。

惠山园写仿寄畅园有得有失，但并非局限在两园范围内，更多是与周围环境相关。园中八景相对原型而言可谓一一逼肖，甚至局部景致如澹碧斋和就云楼还有略胜之处。其不足之处多是受环境所限，如曲尺形的水池丧失了寄畅园狭长水池“山高水远”的意境，只能靠水乐亭逼近北岸假山稍作补偿；布局上山林在北、水池在南的调整，虽使假山以南向受光面示人，光影和形态都更显丰富，但山北仅有数块五米余高的巨石作为靠山，远不及寄畅园假山以惠山为靠山，使假山作为真山余脉融入自然之中。然而，最关键的缺失是寄畅园对锡山龙光塔的借景，也即钱维城《寄畅园图》所表现的左右两极；写仿寄畅园而不仿其借景，就如画龙而不点睛，遗失了最精华的部分。以乾隆对寄畅园及其周围山水的结构性把握，他绝不会不考虑此点。然而乾隆的惠山园诗和今天的研究都很少关注这个问题，原因何在？这就需要在更大的环境尺度下认识乾隆的惠山园写仿。

乾隆未选择万寿山西麓仿建惠山园，借景玉峰塔，是因为他已规划好在万寿山建造一座高塔，足可满足借景之需。从寄畅园嘉树堂眺望龙光塔的角度看，惠山园载时堂所对的正是今天万寿山前山的佛香阁 *fig...07*。在这个位置乾隆最初设计的是九层的延寿塔，为避免与西面的玉峰塔雷同，他专门选择了写仿体量敦实、砖木混合结构的杭州六和塔，而非体形纤细的南京报恩寺琉璃塔 [18]。

这座延寿塔后来未能建成，改建为三层四檐的佛香阁，阁高36.5米，今天在谐趣园已无法看到；但原设计的九层塔高度为佛香阁的两到三倍 [18]，作为园中借景毫无问题。更重要的是，在乾隆诗中确有借景高塔的证据。乾隆十九年（1754）惠山园建成，次年延寿塔盖至第五层，乾隆《雨后万寿山》诗曰“塔影渐高出岭上，林光增密锁岩阿” [17]卷57，此时塔已高出山顶，掩映在林木之间。1756年塔应已盖至六七层，乾隆《惠山园》诗曰“塔影波间落，还疑印九龙” [17]二集·卷63，九龙山即惠山，乾隆称看到塔影映在池中，不禁联想起惠山的寄畅园。他特地在惠山园题咏此诗，表明他对园中望塔的关注，借到高塔之后，对寄畅园的写仿才算圆满。1757年乾隆第二次南巡游赏寄畅园，将其与惠山园比较，《寄畅园叠旧作韵》诗曰“一沼一亭皆曲肖，古柯终觉胜其间” [17]二集·卷68，对自己的惠山园非常满意，觉得只有古树不及寄畅园；至于借景则称“今日锡山姑且置，闲闲塔影见高标” [17]二集·卷71，语气平和，透出对惠山园借景延寿塔的自信。同年夏天塔盖至第八层，乾隆《万寿山即景》诗曰“越时塔影渐横云” [17]二集·卷73，对高塔落成满怀期待。然而不久塔身由于自重过大、沉降不均开始倾斜，后又遭遇雷击倒塌。北京西郊一带场地开阔，如此高的砖木建筑极易受到雷击。这对乾隆是个巨大的打击，延寿塔为清漪园最重要的工程，造价占到全园费用的十分之一 [18]。乾隆建造清漪园本就不够名正言顺，如今主体建筑又被击毁，他将此视为上天的警告，拆除废塔改建为仅略高于山顶的佛香阁，并专门作了一首《志

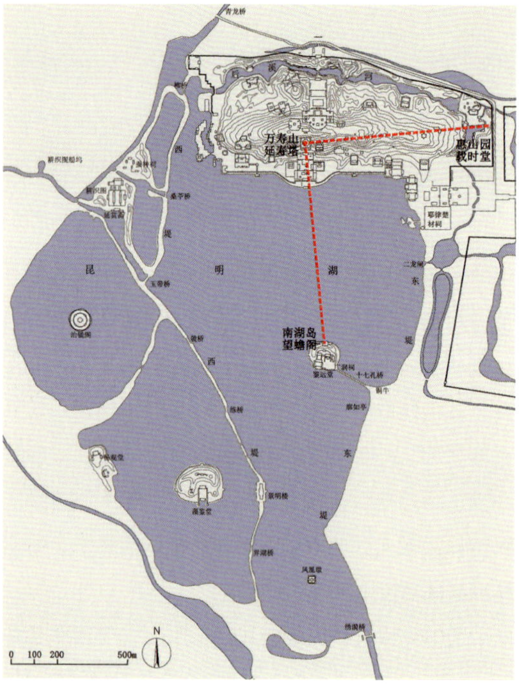

fig...07 乾隆清漪园平面图。万寿山延寿塔为惠山园载时堂借景，并与南湖岛望蟾阁隔湖相望

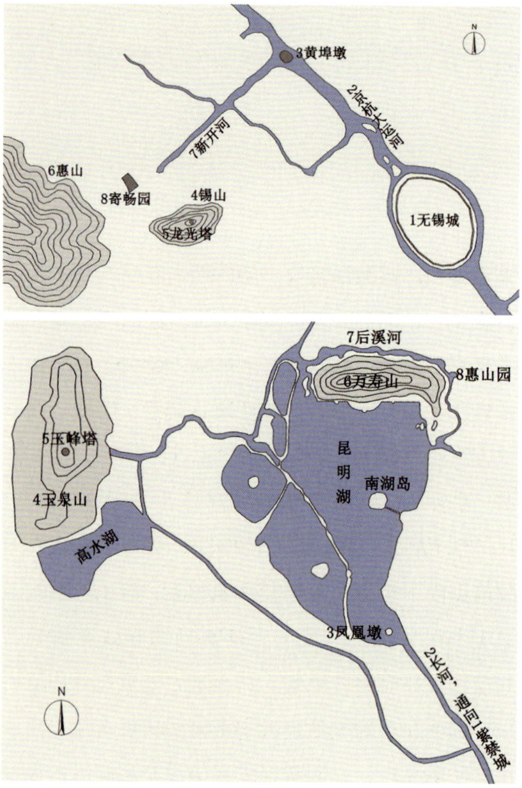

fig...08 上：从无锡城前往寄畅园水路图，出城沿大运河向北，到黄埠墩左转，沿新开河可至寄畅园。下：从北京城前往惠山园水路图，出城沿长河向北，到凤凰墩进入昆明湖，绕过万寿山后沿后溪河可至惠山园

过》诗自责，此后他在上百首惠山园和寄畅园诗里，绝口不再提借景高塔之事。

九层高塔改为三层楼阁，与万寿山建筑群的比例关系更为和谐；但对于写仿惠山园却是个重大损失，乾隆计划借惠山园带动整座清漪园的精妙构思也由此大打折扣。这需要联系乾隆的惠山园游线综合理解。以往学界关注较多的是乾隆模仿杭州孤山和西湖规划万寿山和昆明湖，却较少注意乾隆对清漪园游览体验的规划，与他的无锡之旅更为契合。乾隆通常从紫禁城乘舟沿长河前往清漪园，恰如他从无锡城出发沿京杭大运河前往寄畅园；进入昆明湖后迎面一座小岛，是模仿无锡黄埠墩的凤凰墩；在岛上泊舟四望，西面的玉泉山和玉峰塔有如锡山和龙光塔，北面的万寿山则像惠山，因此乾隆题咏凤凰墩的诗多次提到“忽疑游惠麓，溪泛忆从梁”[17]三集·卷31，其中惠山（“惠麓”）、梁溪皆为无锡的代称；接下来当御舟驶入万寿山后溪河，又仿佛在沿着新开河去往惠山。经过重重铺垫，最终抵达惠山园，整个过程，俨然是他巡幸寄畅园的重演 fig...08。可以说，对这条游线的写仿是乾隆选择在万寿山东麓建造惠山园最关键的原因。

将游线的写仿与惠山园的布局和对高塔的借景结合起来，即选址、布局、借景三位一体，便可发现乾隆构思的精妙之处。中国艺术追求循环往复。由长河经凤凰墩、后溪河抵达惠山园为“往”，在惠山园眺望延寿塔则为“复”，一往一复构成完整的循环。惠山园是乾隆游赏清漪园的最后一站，游园至此回望延寿塔，可将情思带回高山阔水之间，于流连中收结全园，有余味不尽之意。但高塔改为楼阁后，不只是惠山园少了点睛的借景，清漪园的游赏也有仓促收尾之感。同时这一改建对前山主体建筑的地位也有影响。前文提到乾隆在湖中保留下的南湖岛为阴中之阳，他在岛北建造了三层的望蟾阁，与万寿山的主体建筑隔水相望。惠山园则为阳中之阴，其园外借景同样指向这座主体建筑。因此，坐落在万寿山前山面对昆明湖的延寿塔，实为清漪园的阴阳交汇之处，也是实现循环往复游园体验的枢纽。

之五

结语

清漪园惠山园是乾隆首次写仿一座江南园林，因此用心最深，用力最勤，从对寄畅园原型的考察，到惠山园的选址、布局、借景以及与全园游线的结合，都经过全盘的谋划和考虑；惠山园虽仅有数亩，却与数千亩的整座清漪园有着千丝万缕的联系。以惠山园为起点，乾隆开始在皇家园林中大量写仿江南私园，如在圆明园和避暑山庄仿建杭州汪氏园、海宁安澜园、江宁瞻园和苏州狮子林等。这些园林的写仿内容越来越丰富，手法越来越灵活，技巧越来越纯熟；但它们大多处在御园一隅，独立自足，再没有哪座园林拥有惠山园这样的地位，能够牵动整座御园的格局。

然而由于现实的局限和历史的变迁，乾隆的苦心并未完全实现，并在后世遭到进一步破坏：先是延寿塔的堕毁使惠山园无景可借，切断了小园与全园的视觉联系，以致昆明湖通过后溪河与惠山园的水系联系缺少了呼应；其次是嘉庆年间改建惠山园，拆除池北部分假山，添建五开间的涵远堂，此堂夺取了载时堂的主堂地位，平毁了涵光洞、寻诗径等景致，并使南岸水乐亭与北岸假山的人工与天然的对仗意境荡然无存，可谓一堂之建四景皆毁，加上园名改为谐趣园，此园与寄畅园的历史关联也被切断；最后，1860年南湖岛的三层望蟾阁被毁，光绪年间改建为单层涵虚堂，其体量无法颉颃佛香阁形成对景，使谐趣园的借景少了呼应，乾隆欲以延寿塔作为阴阳交汇的宏大空间规划至此完全失败。比照无锡城与寄畅园的关系，紫禁城、长河、凤凰墩、昆明湖、玉泉山玉峰塔、万寿山延寿塔、后溪河与惠山园构成了一部写仿前者的完美篇章，然而遭遇多次意外和破坏之后，这部篇章的有机结构被拆散，各景间的互成关系不再可辨，惠山园也孤悬在清漪园东北一角，因其内部格局被打乱而像一座寄畅园的赝品。重新梳理这段历史，既是为了认识乾隆惠山园写仿的用心和精妙之处，挖掘传统造园的写仿理念对现代风景园林设计的启示，更是为了强调了解历史、尊重文脉的价值和意义，这对今天的历史遗产保护和环境营造同样重要。

参考文献

[1] 贾珺．圆明园造园艺术探微 [M]. 北京：中国建筑工业出版社，2015: 200, 282.

[2] 贾珺．清代皇家园林写仿现象探析 [J]. 装饰，2010(3): 16-21.

[3] 冯钟平．谐趣园与寄畅园 [M]// 建筑史论文集（第五辑）. 北京：清华大学出版社，1981: 74-100.

[4] 黄茂如．无锡寄畅园 [M]. 北京：人民日报出版社，1989: 68-78.

[5] 周维权．中国古典园林史 [M]. 北京：清华大学出版社，1990: 249-253.

[6] 天津大学建筑系．清代御苑撷英 [M]. 天津：天津大学出版社，1990: 109-168.

[7] 周维权．颐和园 [M]. 北京：清华大学出版社，2000: 146-152.

[8] 张龙．济运疏名泉，延寿创刹宇——乾隆时期清漪园山水格局分析及建筑布局初探 [D]. 天津：天津大学，2006.

[9] 胡洁，孙筱祥．移天缩地：清代皇家园林分析 [M]. 北京：中国建筑工业出版社，2011.

[10] 黄晓，刘珊珊．从寄畅园到惠山园 [J]. 紫禁城，2014(4): 92-105.

[11] 董豫赣．双园八法——寄畅园与谐趣园比对 [J]. 建筑师，2014(6): 108-117.

[12] 郭良辰．中国古典园林的写仿创作现象研究——以惠山园对寄畅园的写仿为例 [D]. 北京：中央美术学院，2016.

[13] 庞李颖强，张宝鑫，周曦．古典皇家园林造园艺术特征辩证评价——以谐趣园为例 [J]. 风景园林，2017(2): 123-128.

[14] 黄晓，刘珊珊．寄畅园的始建年代、沿革分期与重要议题 [J]. 风景园林．2018(11): 17-22.

[15] 黄晓，刘珊珊．园林绘画对于复原研究的价值和应用探析——以明代《寄畅园五十景图》为例 [J]. 风景园林，2017(2): 66-76.

[16] 秦志豪．康熙乾隆的惠山情结 [M]. 苏州：苏州大学出版社，2015: 135.

[17] 弘历．清高宗御制诗 [M]. 故宫博物院，编．海口：海南出版社，2000.

[18] 颐和园管理处．颐和园佛香阁测绘报告 [M]. 天津：天津大学出版社，2014: 9-13.

镜清斋的装折与即景

周仪

“装折”一词因散见于出自江南地区的明清文本中，学者多视其为“装修”的方言表述。而计成《园冶》中特别将园林装折与家宅装修相区别，可见其特殊① [1]110[2]。园林装折更强调建筑与景物间的空间转折，要求对景物有应变能力。对“装折”的这一理解，允许我们抛开文献的地域出处，对镜清斋这一北方园林装折的即景能力进行设计评价。下文从五方面展开。

之一

对景与门堂

乾隆二十四年（1759）《西苑太液池地盘图》②中，并无镜清斋主殿装修的信息。而同治十三年（1874）三张样式雷图档，包括一张糙底、两张细底，反映了当时修葺前的现状测绘、修葺方案整理建议，以及最终定案。③ [3]111-114[4]22-23 图纸深度均涉装修。糙底记录的镜清斋装修，在后金柱位置正中三间设木壁，东西两梢间设向北之窗；两张细底则显示大殿五间北面全设木壁，定案更将北窗取消，使得在斋内无法窥见北部山水风景，呈现出向北封闭而向南开敞的装折面向。在清高宗（乾隆帝）御制诗中，多数题名为镜清斋的诗文都与南部方池的意象与含义相关，而很少提及斋后北部山池的具体景致④，大致也反映出大殿同治朝及以前南开北阖的装折特征。*fig...01*

然而，殿内东西梢间内两张面向不一的炕床，并不完全匹配大殿朝南开敞的面向，继而显示出它们在不同使用情况下更为复杂的身体面向。

五间大殿的空间分割，西四东一，极不对称。

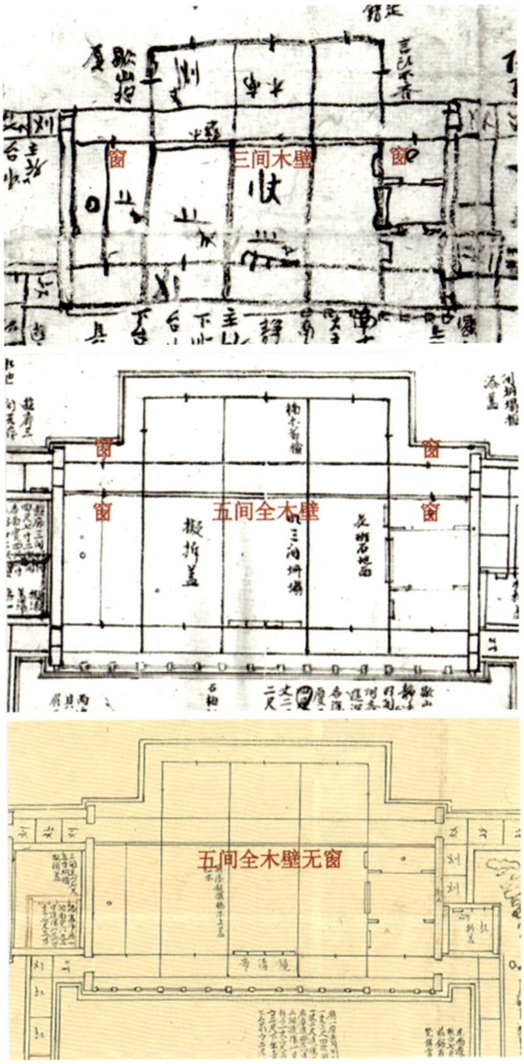

fig...01 三张样式雷图档反映的镜清斋后金柱木壁设置

西面四间，各缝位置均未显示装修，仅在西梢间前后金柱内设置半间通长炕床。这四间可视为以西部炕床为中心的会见空间，除开被炕前屏风局部阻隔，它们连续而弘敞；东一间内，不但入径曲折，且装修层数繁多，东梢间西柱缝设方窗，前后设真假门 ⑤ [4]31[5]202，由前部真门入梢间，转而向北，靠后金柱另设一向南炕床。若床西为假门，这处被床罩以及方窗南侧落地罩所双重截隔的居所，或为燕寝之处，则是整座大殿内私密性最高的尽端空间。

西部四间，若作会见使用，坐于西面尽端的炕床之上，则如坐宝座。坐西朝东的视野，既难与北部山池发生视觉关联，也难以正视殿南的如镜池面。唯坐于东部梢间内的北部炕床，可透过南窗正视镜池，尽管这处梢间居处恰与三间门殿错位，得益于同治年间门殿中三间皆可洞开的版门，才可透过门殿向西南方斜视南部太液的池岛景致。并且，镜清斋位于全池偏东北的总图位置，还使得这处斜角对景的视野，意外获得太液池更加完整的远景。*fig...02* 值得注意的是，三张同治图档中皆无镜清斋明间后部设宝座的迹象，但糙底以及整理稿中却记录了位于沁泉廊明间后部的宝座，不知是绘图时对殿内常规之物的减省，还是同治修缮前测绘的现状确无宝座。⑥ [3]142-143 学者郭凇复原了镜清斋内这处抬高宝座上的南向视野，不但可以看见门殿之间的近处方池，还能透过宫门打开的三对版门以及前金柱的飞罩，南望琼岛远景。[4]67

① 《园冶》卷一·四·装折："凡造作难于装修，惟园屋异乎家宅，曲折有条，端方非额……"

② 中国第一历史档案馆藏。

③ 中国国家图书馆藏清同治十三年"样式雷"图《北海镜清斋现状踏勘地盘糙底》（[国]155-1-11），本文简称"糙底"，同馆藏同年"样式雷"图《北海镜清斋添盖房屋地盘细底》（[国]161-004），本文简称"整理稿"；故宫博物院藏同年"样式雷"图《北海镜清斋添盖房屋地盘细底》（[宫]1193），本文简称"定案"。

④ 乾隆二十三年（1758）《镜清斋》"临池构屋如临镜……不示物形妍丑露……"及乾隆二十六年（1761）御制《镜清斋作》"冰盖镜之静，照物每呈象……"

⑤ 学者郭凇根据多方学者的工作并参考了参考文献 [5] 中图样对真假门口方窗进行了判断。

⑥ "……明间面南安紫檀地平台一座，上铺红黄毡二块；紫檀镶字画屏峰一座；紫檀罗汉宝座椅一张……"参见《清内务府档案文献续编·第5册》，转引自参考文献 [3]，第 142-143 页。

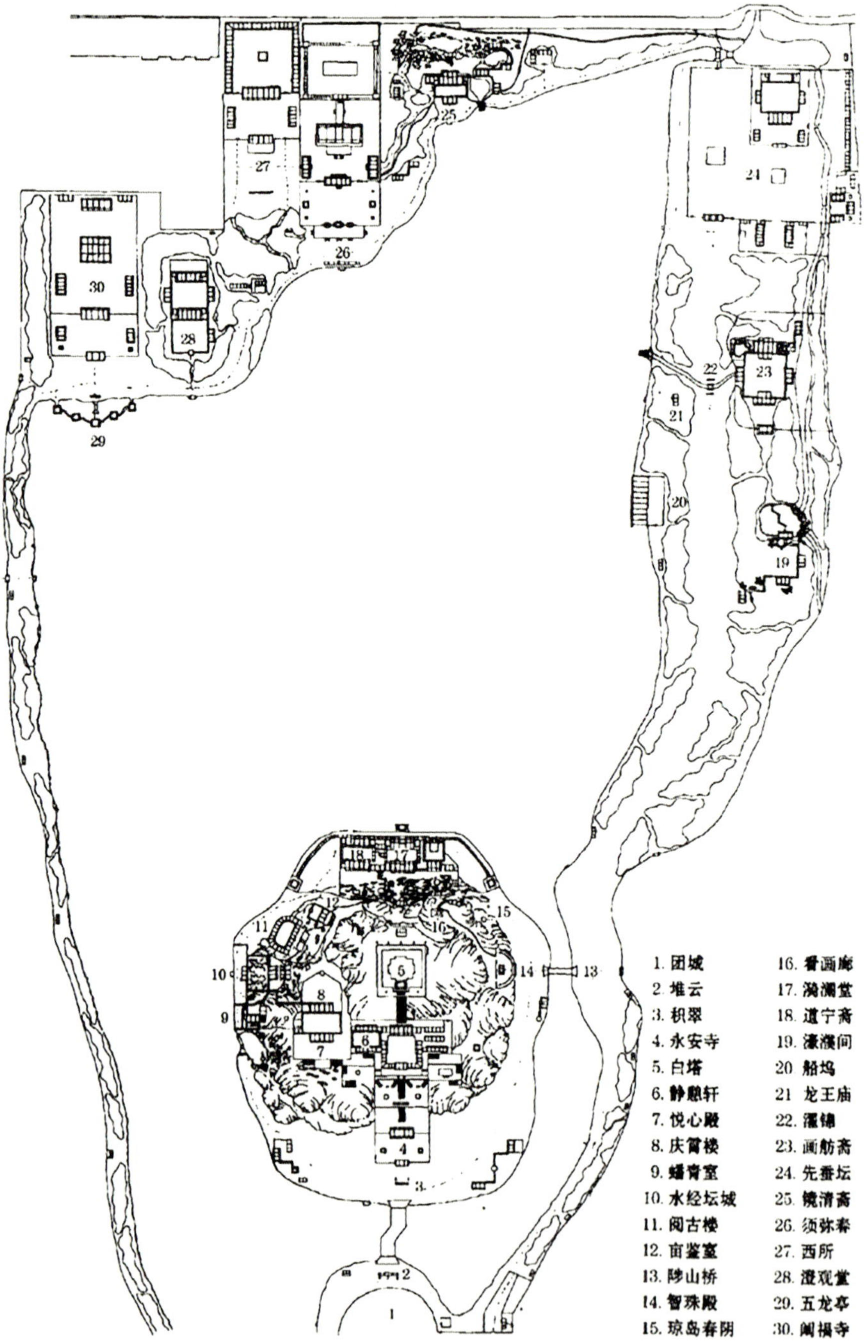

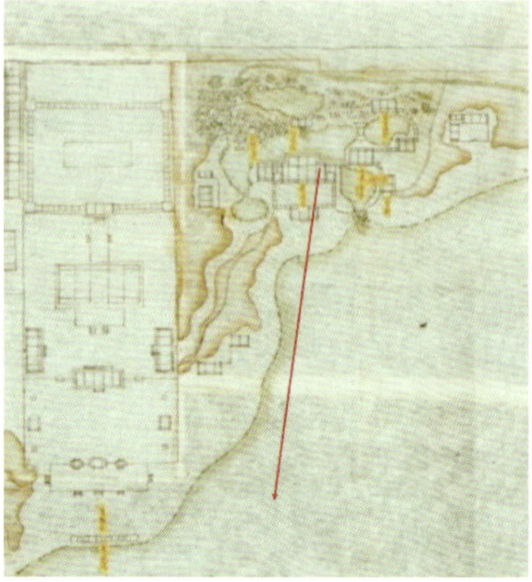

fig...02 坐于镜清斋东北部炕床透过门殿次间望向琼岛的视线

之二

引景与玄关

无论斋内当心间的宝座存在与否，此情景可从斋内被观赏是确凿的。静心斋大殿除后步檐廊被北部园林借用外，相比于今日宫门只洞开一间的情状，三开间全设板门可开敞的宫门和大殿总体朝南的面向，使大殿与镜池以及南部太液池、琼岛组成了更为宏敞而连续的即景关联，而这些关联，也在乾隆御制诗中被一再描述。⑦

至光绪年间，西苑已逐渐取代了圆明园，从乾隆朝的游赏、礼佛时的小憩之所，成为了统治者长期居住的离宫。郭崧据同治朝烫样与民国二年（1913）历史照片推定的光绪年间的修缮，就包含了将三间宫门改为仅在当心间开门而将两次间围合为室内的改变。[4]122,158 长居所需更多的服侍空间，可由宫门次间变为室内满足；而长居也会更重视私密性的保全，要求降低宫门的开放性，继而牺牲了镜清斋大殿与太液池之间原先开阔的即景关联。

光绪间镜清斋门—殿一区日常生活功能要求上升，随之而来的则是仪式性的降低。在中国营造学社1936年的测绘图中，已可见主殿在明间两侧柱缝上作为室内分隔与连通的内檐装修，这与民国期间主殿改为原中研院史语所单位用房有关[3]128，即有助于各部门相对独立的空间需求。与此同时，为了连接各个部门的交通改造，则意外沟通了主殿与抱厦乃至后部园林的关系，也将供皇帝个人游赏的、室内外错综相间的游园路径，简化为全户外路径以及室内面积的截然二分。⑧最初镜清斋园林部分的南界在板墙位置，后来这道界限相当于被前移至宫门前金柱位置。镜清斋内的主要采景面向，也从朝向南部宏大池岛外景调整为面向北部小巧池山内景。这种改动，有可能是民国时期镜清斋更名为静心斋⑨ [3]127 的原因之一——原先主殿内面对南部镜池的观想主题被逐渐略去，镜清斋大殿也由一处统治者观鉴自省、体悟清明物化之处，变为供人静心赏鉴北部山林的园林殿堂。

从同治朝三张图档看，镜清斋殿内北面五间原本全设木壁，并无直达北部园林的入口，若想从镜清斋殿内入园，就只能先出大殿右转沿回廊西出屏门，再北折由东边一间进画峰室，然后才能折入内园。

作为静心斋耳房的画峰室，名虽为室，却兼作入园玄关，这大概也是图档中将其称为“西穿堂”的另一原因。⑩ [4]20 其面向虽有坐北朝南的耳房常态，但其“画峰”的名称，则彰显了其朝向北侧山景的主要面向。得益于室内极尽曲折的装折，小小的画峰室，既具居室必要的奥中观景的氛围，也兼顾了玄关曲径通幽的可达，成为镜清斋各建筑中以装折获得曲折意趣最成功的例子。三张图档对画峰室内檐装修的描绘一致，也与乾隆帝诗中的描绘匹配度极高：入门并不能直接见到山峰，转入西间忽然得见，后山景致如画般铺展或卷收。⑪ *fig...03*

---

⑦ 乾隆三十年(1765)《镜清斋》:“冰床原辗镜中来，据榻回看镜面开。”

⑧ 民国期间发生的这种室内外截然二分的现象，还可能与西方建筑观念的影响有关。

⑨ 学者刘洋判断更名应该在民国二年（1913）2月24日（三海交由中华民国临时政府管理）至8月（陆徵祥携家眷移居入内）之间。

⑩ 乾隆时期的档案叙述中，画峰室尚名“西正房”。学者郭崧认为原因可能在于设计之初希望抱素书屋与画峰室成为对仗的东西正房，之后抱素书屋间数变化，其院落成为完整组团，主体性日益提高，画峰室因而成为陪衬的“西穿堂”。

⑪ 乾隆二十六年(1761)御制《画峰室》诗“初不知有峰，峰列北窗也”及三十八年(1773)《画峰室》“隔溪罗奇峰，扆窗画如展。下垂瀑入听，上峙亭共眄。……而况借装潢，凭人舒与卷”。

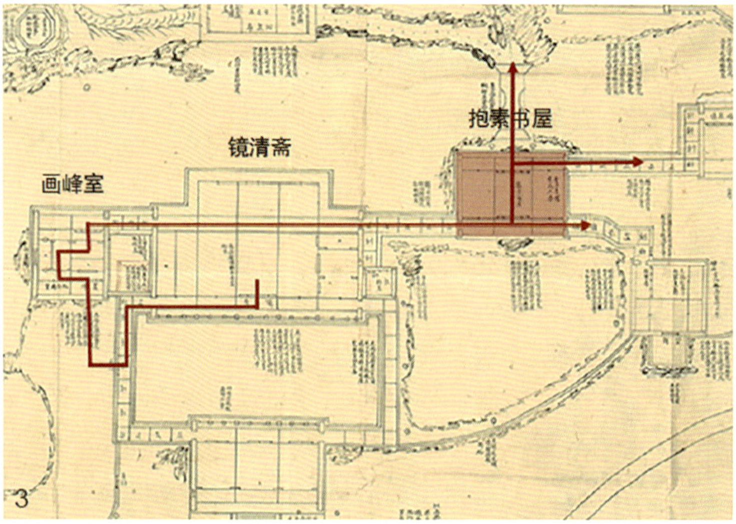

fig...03　画峰室在同光朝以前是入园玄关，抱素书屋为入园首个路径分叉的节点

由于装折的介入，画峰室平面虽近极简方形，空间却路径四折：入门所对方窗内的炕床，以其不可通行，成为所见最近、所达最远的奥秘处，炕床四周的装折，不但承担了些许障景的作用，也实际上阻碍了直接穿室而过的东侧途径。若想入园，就只能西折先入西间，西间一张紧贴西山墙的炕床，以及床侧的圆窗、左前方的飞罩，既强化出空间朝向北部山景的聚焦，也限定了通过性的行为只能发生在西间东侧南北两罩间。向北行进，再东折入东间，方可在东南侧炕床居留，向北坐望，可听泉观山望瀑，亦可北出画峰室，入山林。一旦北出东间，山景水景豁然呈现，在玄关内听得的流泉来源即刻被印证。在这条比邻山池的檐廊之内，在画峰室东山墙和镜清斋西山墙北部各自开设的两层门洞的引导下，即可步入园林主水体南岸最长的一条东西游线。画峰室的装折，成功折出了曲折之意，加长了入园路径，使各感官的体验次第介入，前接门—殿一区的宏大气势，后接主水体南岸纵长笔直的临池小径。

光绪十三年（1887）所添叠翠楼，使得镜清斋园林部分的游赏重心从原先的横池两岸向西北一区扩展。画峰室北直桥和西游廊的添建应与此相关。二桥的添建，使画峰室从此取代了抱素书屋，成为入园后第一次路径分叉以通达各景致的交通节点。fig...04

画峰室南北装折虽几乎对称，但山的存在及坐具的位置经营，不但明确了画峰室向着北部山景的主面向，也承担着从镜清斋大殿到画峰室南北面向的转换功用。

值得注意的是，画峰室东西两间室内可供居处的两床，虽从要素上与镜清斋大殿内东西两床大同小异，却因面向与使用上的细微区别，呈现出空间旨趣的差异。fig...05 与正殿东间在北部设置的炕床不同，画峰室东间设置在南部的炕床，因背后有对门方窗，大概不可能如宝座般居中背窗向南而坐。这处炕床，提供了两种可能的身体面向——在中间炕几两侧东西对坐，或扶几向北面山而坐。由东间北部落地罩所强调出的朝北面向，可以推测这个炕床上的身体，主要是以扶几向北的坐姿为主，借助炕床上的身体抬高以及罩北隔扇门的开启，与北部山景保持密切的视觉关联。而画峰室西间之床，虽与正殿西梢间炕床面向一致，但其东侧被南北两个飞罩所夹半间，并无正殿会见空间的宏敞，在炕床上的坐姿，应该是在炕几南北对坐而稍面东，透过床罩南北的圆窗，既可以窥见北部山林，亦可斜瞥南部屋外一角山池，在被炕床所抬高的视野中，或许还可以透过西墙上的一方窗洞，俯瞰墙外的池岸风景。

之三

瞰景与炕床

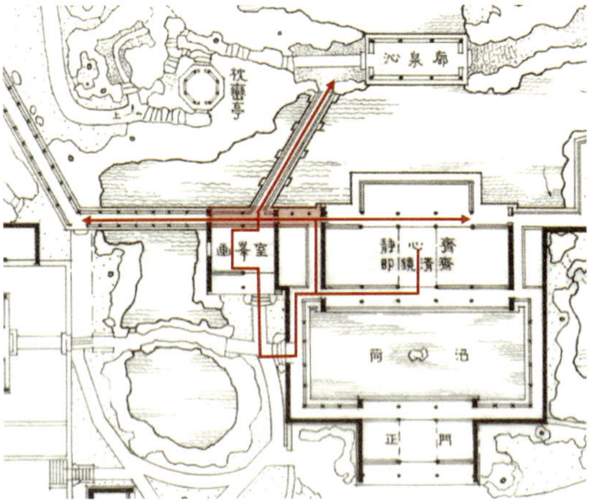

fig...04 添设西游廊和北直桥后，此节点转移至画峰室北廊

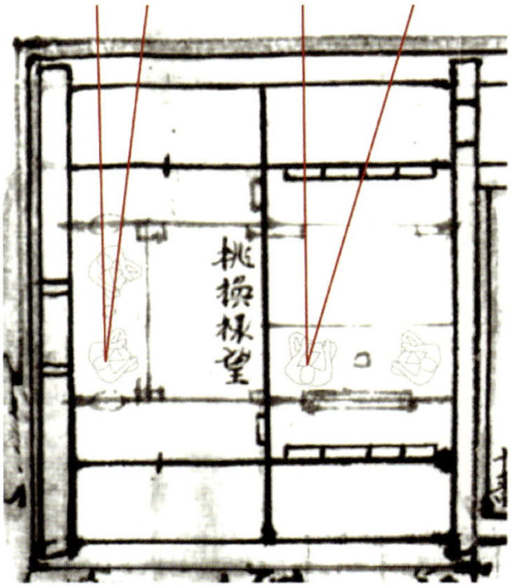

fig...05 画峰室内由装折、坐具的位置经营应对山景产生的身体面向

镜清斋诸建筑的立面装折，除枕峦亭与沁泉廊这两座完全开敞的建筑以外，其余建筑，皆以两堵山墙所夹两面槛墙承窗为外围护。尽管在画峰室、抱素书屋以及韵琴斋山墙上各有一方大小近似的取景洞口，总体而言，镜清斋建筑群有着与北方民居一般厚重的立面外观，似乎并无江南园林建筑的通透特征。

但这种形式区别，并非南北差异所致，也不能简单以皇家私家园林特征一言以蔽之。以槛墙承窗的装折方式，在计成《园冶》的“装折”篇中，对应的大概就是“半墙户隔，是室皆然”。[1]110 而这种窗墙各半的做法，也可追溯到北宋《营造法式》里记载的几种官方做法之一，即称为“隔减窗坐造”的一种砖木混合构造。与隔扇中以下部障水版防止雨水反溅不同，槛墙承担了隔绝地气反潮的功用。⑫ [6]174,178

江南园林的临水建筑中，半墙半窗和全木作隔扇的做法交替出现。拙政园的松风亭就以半墙半窗的方式临水，而近旁的小沧浪以槛墙承窗加隔扇的立面，外侧辅以临水坐槛 *fig...06*，有着与镜清斋多数建筑异常相似的构造。镜清斋这一北方园林在山墙上开设洞口取景的方式，也见于拙政园倒影楼或香洲的山墙上。但这两处建筑的临水面有着更多样的装折变化。倒影楼的临水立面，以带障水版的隔扇分界内外，一旦打开隔扇，建筑则向水面完全洞开，内部需别设栏杆以防落水 *fig...07*。而香洲则在坐高的槛面上设美人靠，内层为矮槛墙上设窗的构造。

---

⑫ 《营造法式·卷六：小木作制度一》破子棂窗：地栿“长厚同额，广一寸。凡破子窗，於腰串下，地栿上，安心柱，槫颊。柱内或用障水版，牙角牙头填心难子造，或用心柱编竹造；或於腰串下用隔减窗坐造。凡安窗，於腰串下高四尺至三尺，仍令窗额与门额齐平。”版棂窗：“横钤：长随立旌内。（广厚同上）凡版棂窗，於串下地栿上安心柱编竹造，或用隔减窗坐造。若高三尺以下，只安於墙上。（令上串与门额齐平）”

fig...06 拙政园小沧浪和松风亭

fig...07 拙政园倒影楼临水装折

具有坐具功能的垂直界面构造，可追溯到北宋《营造法式》记载的阑槛钩窗，也见于《清明上河图》和《江行雪霁图》中的船舱上⑬ [7] fig...08。让建筑外观显得“通透”的美人靠，只是一种适于临水赏景的构造，自古就非南方专属。属于北方清代皇家园林的谐趣园，其临水建筑就几乎全部通透；让建筑外观显得“厚重”的槛墙承窗和山墙开洞，在地处江南的拙政园内也比比皆是。

相比于居于颐和园时供随时游赏的谐趣园，镜清斋在乾隆时期多半为返禁途中暂居使用 [3]159。这要求它在秋冬季也能提供居住的功能。功能上的区别，大概才是谐趣园和镜清斋同为北方皇家园林，却在临水界面构造选型上存在差异的原因。在同类功能下，才可进一步辨析南北方建筑外观风格差异的原因，而不同文化下的身体起居习惯当居于首位。清代北方居住建筑受满族炕居传统的影响⑭ [5]15-41[8][9]，墙体下碱部分即使不存在障水或隔碱问题，其贴墙安置炕床的一面，也很难且无必要被完全打开，因此采用“隔减窗坐造”较为适宜。而江南地区清代多延续汉族宋以来椅坐的起居方式。椅在室内极易摆布，可贴山墙，也可背倚室内的木作截隔。临水界面的垂直面围护，也因此可更为多样，既可以设槛墙留空，亦可全然洞开以虚临水面。因此，“通透”和“厚重”这对描述南北方建筑风格的词汇，则可拥有比地域和阶级审美差异更为丰富的内涵。

镜清斋室内多有炕床陈设所带来的建筑较为封闭的外观，对园林赏景而言，也并非全无益处。相比于日本“地起居”的低视点，被炕床所抬高的视野，也与江南园林中常用的椅坐方式视野有差异。这种将贴墙炕面当成久坐起居面的方式，更宜于侧坐临窗俯瞰外部低处的景物。抱素书屋西墙上的那个洞口，多数学者都注意到其可借景枕峦亭下瀑布的妙处，却对画峰室西侧类似的山墙洞口借景较少述及，原因大概是认为山墙面上位置较高的方窗，借景远处的瀑布比较自然，而对画峰室西侧低凹山池的借景，则难以想象。一旦身处画峰室紧贴西侧山墙的炕床之上，透过那个看似高出桌面的方窗，即可俯瞰窗外一角山池，大概会有些临濠的山林幽趣。而画峰室这处以炕床为中心的床罩装折，其实也装折出了以这个山墙洞口为中心的即景意象。fig...03, 09

韵琴斋南部山墙上也设有接通碧鲜亭的洞口，按学者刘洋援引天津大学建筑学院研究成果对韵琴斋的复原图所示，宝座床被画在了靠北墙的位置以隔对南墙上的洞口 [3]146。而按陈设档“殿内面北安宝座床一张”的记载，这张宝床应当安置在南部紧邻洞口的一间⑮ [3]30。将隔扇门安置在西立面北间，而将炕床紧贴南墙的装折陈设调度，对于南墙上的方洞借景至关重要。在这间被落地罩装折的南间炕床之上，抬高而逼近洞口的身体，不但能透过南墙上被碧鲜亭笼罩在阴影中的洞口，直接望到整个太液池池岛的绝大部分景象，还能透过西侧槛墙上的窗格窥见庭内自后山流至此处的池水。假如乾隆时期开凿的那条接通此处内池与外部太液池的穿墙曲水还在，在炕床之上的视野，顺着池外的花格曲墙，或许还能同时窥见院内一角石池如何与外部浩瀚的太液池连接 fig...10。乾隆当年在此写下的“大弦今日听春和，墙外流成太液池”⑯的场景，倒像是对这个炕床之上可同时看到的实境写实。

---

⑬ 有关阑槛钩窗和美人靠的关系，学者郑毓敏锐地指出了其构造逻辑的差异，且二者发展并非线性。两幅宋画中出现的早期钩窗形象中的槛面，可能并非适合舱内人落座的坐高，“寻杖”则给舷上船工提供了可“寻”之“凭仗”。本文仅以阑槛钩窗为例阐述室内外界面装折可与身体、家具结合的特点。

⑭ 关于满族口袋房、万字炕的传统的论述，见参考文献 [5] 第 15-41 页、参考文献 [8] 及参考文献 [9]。

⑮ 学者刘洋在对比韵琴斋现状与陆徵祥《北海静心斋记并摄影》中的照片时也发现，隔扇门分别开设在南北不同的隔间位置，他因此得出了现状在南部一间设置隔扇门的位置（天大建筑学院成果遵从的位置）与所有历史资料相反的推论。

⑯ 出自乾隆四十一年（1776）《韵琴斋》御制诗。

之四

余轩与即景

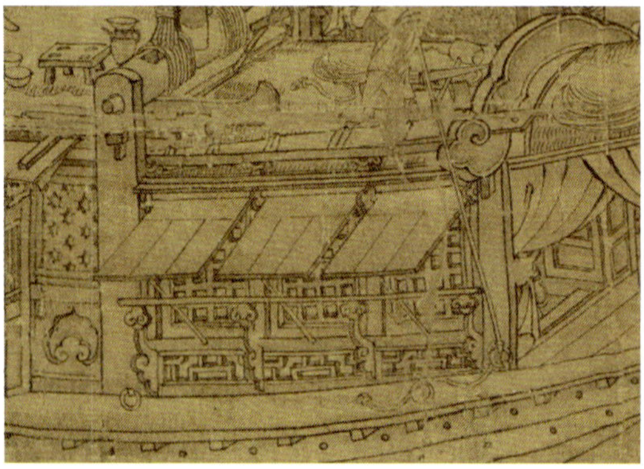

fig...08 ［北宋］郭忠恕《江行雪霁图》局部

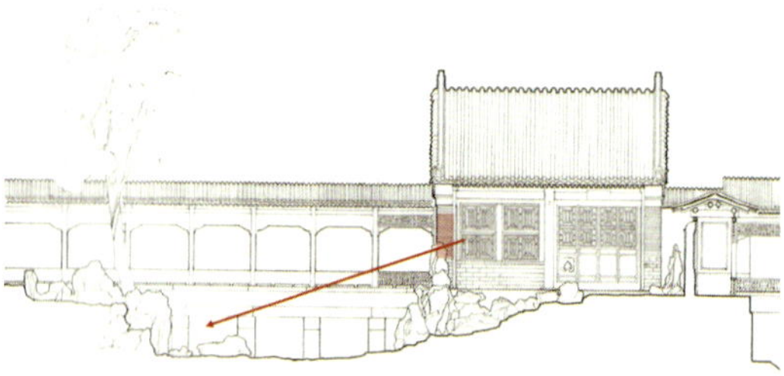

fig...09 画峰室西山墙开洞与山池的关系

fig...10 韵琴斋洞口与太液池、镜清斋内水流走向的视线关系

主殿抱厦以半圈槛墙承窗的北面，与南北皆以美人靠装折的沁泉廊，在镜清斋中轴线上隔池相对。

沁泉廊虽名为廊，但无论从其进深之大还是歇山卷棚的屋顶形式看，皆可视为一独立的敞轩。同治糙底和整理稿中沁泉廊中还设一宝座，凸显了沁泉廊作为中轴线上最后一进建筑的仪式性，而非仅仅作为通向山林的一截水廊 *fig...11*。宝座同时作为夏日纳凉坐具，由乾隆二十六年（1761）御制诗《沁泉廊纳凉》中“乘凉坐南荣”之句可证。[17] 地处园林主水景北岸，沁泉廊确有联络东西景点的作用，它架于山中水潭与主水体的连接处，其位置显然也有藏水不尽的意图[18]。而现状巨大的台基，使沁泉廊丝毫没有架于水上的轻盈之感。*fig...12* 若在宝座后如糙底所示安置围屏，座上之人面南，更无法观得山根景色和流水来源，廊南北两侧差异的山水景致也无从感知，最终只能观望隔水相对的抱厦。并且，对岸抱厦石砌到底的基座，以及当初主殿与抱厦间完全的隔断，也隔绝了乾隆帝一再强调的这处池面与殿外太液池之间的密切联系，这大概是为仪式性的追求而牺牲了卧游山水的感知。

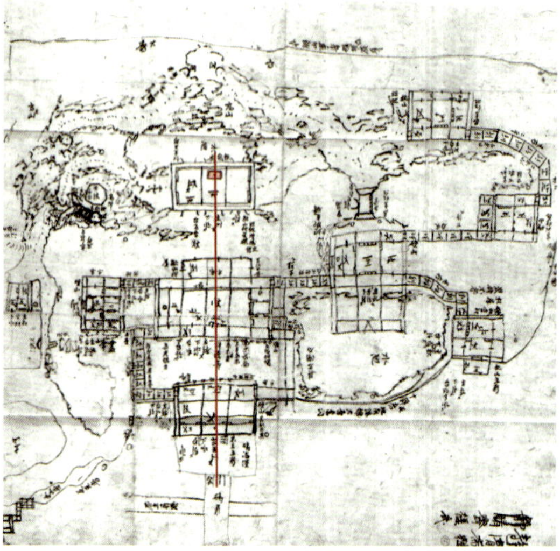

fig...11 同治糙底（整理稿中同）记录的沁泉廊内宝座与大殿主轴线关系

fig...12 现状沁泉廊基座

fig...13 留园曲谿楼狭长空间

镜清斋五间主殿后金柱与檐柱间所折出的三间抱厦，就其建筑而言，更像是出挑北部池面的水榭。它比较符合计成在《园冶》“屋宇篇”里“前添敞卷，后尽余轩”[1]79的讲法。计成对添卷和余轩这两种做法所带来的问题在同篇中有过陈述——“当檐最碍两厢，庭除恐窄”——它既可能妨碍两侧厢房，也可能压迫庭地面积。镜清斋主殿前并未添卷，并无妨碍两厢之虞，但这处后出的抱厦，如果不曾从五间折为更为小巧的三间，倒的确很难想象它以五间体量对池面的塞迫情形。

从装折层面来看，这处主殿后出一步的抱厦空间，像是为《园冶》“装折篇”中“定存后步一架，余外添设何哉？便径他居，复成别馆”[1]110所出示的实证。不同的是，它并不像计成建议的那样不单独添设外卷，而是既存后步以径他居，又余外添设以居其中，毕竟，其北部所临是全园最大的水体，径直他居实为可惜。

若按计成对园林建筑“近台榭而有别致”“一室半室，按时景为精”[1]79的即景要求，透过这处正对沁泉廊的抱厦北窗，虽能对景沁泉廊背后的山池，但相比于画峰室以装折制造出曲折的引景感受，这处抱厦空间的借景，并不够别致。相比于它与大殿夹出的那笔直的“后部一架”，留园曲谿楼下的那处空间，位置一样临水，形态一样狭长，一样是“以径他居”的要道，但借助出入口开设的对角错位，以及墙面即景而开的虚实关系，使得留园这处临水空间，成为最被学者赞誉的一处。*fig...13*

相比于江南园林，无论是颐和园的谐趣园，还是北海的镜清斋，都并不缺乏江南园林的造型要素和装折构造，缺少的只是合适的即景应变。相比于谐趣园池岸边的建筑与回廊一律的开敞，镜清斋的长廊，除两段跨水廊道外，其余都以一边实墙一边长廊的不变形式连接建筑与庭院，甚至连晚近的两条爬山长廊，也都一样采取了这种虚实截然的样式。既然缺少应景的转折变化，大概只属古建装修的样式范畴，而无法以园林装折的议题探讨。

之五

折与山景梯

园林装折与古建装修的差异，在《园冶》“装折篇”被反复强调。若将“装折”之“折”当动词，“折”就有弯折、折返、折合、转化之意，“装折”也可解为“装修”出“曲折”的空间意象，而非装修式样。如计成所言，园屋装折之难，不在雕镂技术、创新样式，在于装折出“曲折有条，端方非额，如端方中需寻曲折，到曲折处还定端方，相间得益，错综为妙”[1]110的气象。

⑰ 原文：“步屧过石桥，乘凉坐南荣。”

⑱ 乾隆五十四年（1789）《沁泉廊》：“引来细水出山根，不异灵泉乳窦翻。一切世间名与象，又何会有定之存”；乾隆二十六年（1761）《沁泉廊纳凉》“云廊对镜斋”。

fig...14 山体内甬道通往叠翠楼一层前廊的仰望视角

fig...15 上：通往叠翠楼二层的东侧山梯全部开敞；下：通往一层的西南侧爬山廊与叠翠楼的连接一览无余

只有在装折相关空间转折的动作含义上，才能理解计成为何要在“装折篇”里讨论楼梯与山的转换关系：

绝处犹开，低方忽上，楼梯仅乎室侧，台级藉矣山阿。[1]110

对这处颇令人费解的空间幻境的描述，计成在“掇山篇”中的“阁山”一条里有过补充：

阁皆四敞也，宜于山侧，坦而可上，便以登眺，何必梯之。[1]211

上文“台级藉矣山阿”之山，在此成为攀登楼阁的空间装折，它通过将山转化为楼梯这一折合动作，完成了从上下楼到上下山的意象转换。按照这层“山梯”即为“装折”的理解，或许能厘清计成在“装折篇”里另外两处有关空间装折的疑惑：

半楼半屋，依替木不妨一色天花；藏房藏阁，靠虚檐无碍半弯月牖。[1]110

关于“半楼半屋”之“半”，又见于“立基篇”里关于“楼阁基”的描述：

楼阁之基，依次序定在厅堂之后，何不立半山半水之间，有二层三层之说？下望上是楼，山半拟为平屋，更上一层，可穷千里目也。[1]74

大概是需要借着楼阁之山或蹬道，才能将立于半山半水之间的楼阁，装折成“下望为楼，山半为屋”的“半楼半屋”之幻境。而“山梯”同时也能将楼阁藏成半山平屋的模样。

借镜清斋通往西北山间叠翠楼的三条路径，本有机会实现计成所言的装折幻境。从假山北侧的洞中蹬道，可曲通叠翠楼一层，在山体内部若明若暗的甬路中行走，使人丧失了对行进方向与叠翠楼位置关系的感知，而在北部一转，循光亮攀爬出洞的一瞬，突然进入叠翠楼所在西北部平台，重建了对外界的感知*fig...14*，这种以山为梯的幻境体验，颇符合计成“绝处犹开，低方忽上”的空间感知描述。而自假山东西

fig...16 拙政园见山楼西南山梯（左）、西侧山廊（右上）及平面（右下）

分别接通叠翠楼一层和二层的爬山廊，则要逊色许多，现状自坡道起点开始即可对整个廊道一览无余，有端方而无曲折[19]，前方楼阁体量层数在起点早已明晰，并无幻境可言。尤为可惜的是，从蹬道洞顶上的一截楼梯看，叠翠楼确实有由两层呈现为山间平屋的可能，可正是这架山梯与爬山廊向着叠翠楼方向一致的完全开敞，使之失去了营造空间幻境的机会。*fig...15*

相比之下，拙政园见山楼侧两条垂直交汇的爬山廊则要出色得多，由南而北的敞廊忽然西折攀山，楼在山侧，凿出蹬道即可当楼梯，何必再人为建造建筑的楼梯 *fig...16*？另一条爬山廊则自倒影楼一区一路上行，尽管也是一边开敞、一边封闭，但因为稍做曲折，前方的见山楼在大半廊道内完全不可见，而只见一侧的池岸水景，仅仅一折之后，忽见见山楼，而身体已在楼阁二层的位置，直接从山面进入室内。这一“攀山”与“登楼”的经验重叠，是这处空间令人记忆最深刻之处。

而镜清斋叠翠楼，本可装折出恍惚层叠于苍翠林木之上的临虚幻境，却在一目了然中尽失。叠翠二字，更失落为对这座楼阁装修的色彩描绘。

⑲ 光绪整理稿中对北侧廊道的平面有过共三折的设计，而最北一折在原稿上有涂改痕迹，与现状钝角两折有异；整理稿中墙体也呈曲尺形折，与现状不同。

参考文献

[1] 陈植 . 园冶注释 [M]. 计成，原著 . 2 版 . 北京：中国建筑工业出版社，1988.

[2] 董豫赣 . 装折肆态 [J]. 建筑师，2015(05): 80-93.

[3] 刘洋 . 北海静心斋（镜清斋）研究 [D]. 天津：天津大学，2020.

[4] 郭淞 . 乾隆时期北海镜清斋（静心斋）的空间场景和造园模式研究 [D]. 北京：清华大学，2020.

[5] 刘畅 . 清代宫廷内檐装修设计问题研究 [D]. 北京：清华大学，2002.

[6] 梁思成 . 营造法式注释 [M]// 李诫 . 梁思成全集：第七卷 . 北京：建筑工业出版社，2001.

[7] 郑倩 . 尺度与内外：关于“阑槛钩窗”的讨论 [J]. 建筑史，2019(02): 65-82.

[8] 李凤民 . 沈阳故宫东西配宫原为“口袋房”“万字炕”[J]. 沈阳故宫博物院院刊，2010(01): 120-122.

[9] 韩春艳 . 沈阳故宫早期建筑与满族民居习俗 [J]. 沈阳故宫博物院院刊，2009(01): 52-60.

居—水细语

黄迪

对于以木结构为主的中国南方传统民居而言，自然环境中的水既是它们畏惧的也是需要的，既是日常的也是特别的。这些关系并不抽象，也绝不显眼，它们至今仍然反映在一些民居的构造做法上。

为了在场体验传统建筑与水发生的各种关系，我曾走访过许多村落和民居，其中最为复杂有趣的，是浙江诸暨斯宅村的斯盛居。在斯宅村调研时恰好是南方多雨的季节，我因此多留了几天，详细观察记录了自然环境中的水与这座巨大的传统建筑物发生"对话"的完整过程。

之一

浙中大宅斯盛居

斯盛居位于浙江诸暨的斯宅村东侧，其别称"千柱屋"更加闻名，于1798年前后建造，因为正门的青石门额上刻有据说是米芾手迹的"于斯为盛"四个大字而得名。"斯"既有"此地"的意思，也是当地的主要姓氏。

大宅整体坐南朝北，平面为面宽108.56米、南北纵深63.10米的矩形，南北侧各5个天井院落，中间是一条东西向隔火巷。两侧主要是农田和小型建筑，南面是较缓的山坡，北面门前是一块弧形边缘的广场 fig...01，不远处有一条东西流向的溪流，宽20米左右，当地称"上林溪"，在自来水接入老宅之前，是村民饮用、浇灌、洗菜、洗衣的主要水源。

整个建筑主体由10个大天井，以及围绕大天井的27个小天井组成，这使得它几乎具有一个小型村落的规模。这10个天井庭院在尺度上相近，但因为院落功能、构造上的不同，加之居住者长年

fig...01 斯盛居及门前广场

的改造，呈现出丰富差异性。

为了方便描述，我将其中的 10 个大天井及周围的 27 个小天井进行编号，本文中所有提及斯盛居院落的地方，将统一使用这组编号 *fig...02, 03*。

经过在现场数天的观察、走访、推测和记录，本文重新整理了现状下斯盛居内部及周边的导水、排水系统，以及部分与水相关的构造做法。

fig...02 10 个大天井院落编号及其位置

之二

屋顶 挡水

斯盛居内的建筑基本是二层楼屋，屋顶为木结构双坡顶，由小青瓦铺设，整体做法比较朴素，正脊有甘蔗脊和单皮砖滚筒脊两种做法，檐口不设滴水。屋顶用的都是自然排水的方式（虽然现在很多檐口部分已加了塑料檐沟和落水管），几乎所有屋顶都做了举折处理，坡度在 22° 到 25° 之间，使雨水流到檐口时能获得比较理想的速度和角度比，从而让雨水的落地点最大程度远离柱子和墙体，达到保护木结构的目的。

fig...03 27 个小天井编号及其位置

披檐则统一不做举折，坡度在 28° 左右。除了中轴线上两进院落为单侧内披檐，其余八个院落皆做了四围的内披檐。披檐屋架内侧架设于建筑檐柱上，外侧由独立的廊柱支撑檐口，形成环形的柱廊 *fig...04*。披檐柱廊的设计不仅使得每间屋子门前都多了一片可供人们在雨天也能聚会聊天、手工作业或是晾洗衣物的地方，也让整个斯盛居的交通系统连通成一片，让人可以走遍整个大宅而“晴不见日，雨不湿鞋”。

屋顶的山墙如果外露，有两种处理方法：硬山或马头墙。屋面与马头墙交接的情况比较多，一般用一路倾斜合瓦做泛水，防止雨水沿墙体留下，损坏下方木结构 *fig...05*。

垂直方向两片屋面交接的阴角处，均由一层仰瓦拼接成排水的斜沟。斜沟用瓦尺寸稍大于屋面青瓦，一部分呈现砖红色，可能是经过特殊处理的。外围马头墙的斜沟出水处留了孔洞，并且用砖做了些许叠涩挑出，以便这部分水能顺利排出墙外 *fig...06*。1#、2# 院之间的两个小天井的斜沟末端还加了滴水，其他地方屋檐均未见滴水做法 *fig...07*。

fig...05 屋面与马头墙交接处的瓦制泛水

fig...04 院子周边的披檐柱廊

fig...06 外墙上的屋顶斜沟排水口

fig...07 屋顶斜沟做法及斜沟滴水

之三

聚水 天井与院落

斯盛居里的10个大天井和27个小天井，位置排布规整对称，且平面尺度相近。中轴线上经过门厅直接到达的1# 院等级最高，正对斯盛居的正厅，是家族举行祭祀等活动的场所；后方2# 院次之，为家中最年长者居住的院子；其余8个院子皆为居住用，平面布局上推测其初建时分为两种类型各4个院子，但因为后期使用的不同产生了不同的变化，呈现出真实而丰富的状态[fig...08]。

从平面图上很容易看出，内围各院子是一个东西朝向的“十三间头”，而外围院子则是两个南北向的“十三间头”对合、变化而成[fig...09]。这里我们从院落与周围房间的数量比例，已经明显可以看出东西方向由内至外的院落有着由高至低的等级次序。

fig...08 1# 到 10# 天井院落及其周围的小天井俯视图

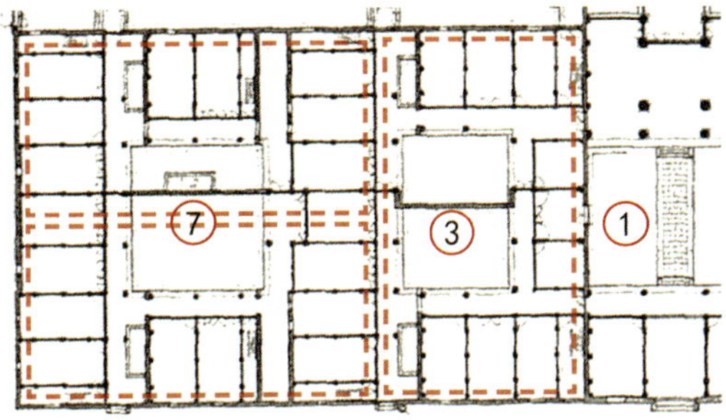

fig...09 3# 院和 7# 院的“十三间头”单元

fig...10 柱础的不同做法

柱子的做法上，1# 院面对正厅檐柱和金柱的木料最粗大，柱础的做法也最复杂，四根檐柱顶部有精美的木雕牛腿；穿厅和后方 2# 院的廊柱用料稍小，柱础也稍小，花瓣形；其余院落的做法基本类似：檐廊外侧廊柱柱子粗，柱础较大，有一道线脚，内侧檐柱则较细，柱础也最简单 *fig...10*。

等级明显最高的 1# 院没有居住的功能，看起来未经大的改造，除了东侧“双槐堂”的门被堵且加了烟囱改作厨房，其余部分基本保持了原样。东西两侧院墙为粉白砖墙，屋顶出檐很小，因而下半部分，特别是靠近南北两侧檐口的地方有明显的雨水留下的痕迹 *fig...11*。

fig...11 1# 院东西两侧墙体

绕过正厅屏门是一个穿厅，平面呈“凸”字形，与正厅后墙围合出两个小天井，人不能进入，由两侧各 12 扇镂空花窗围合，可以开启，院内种有灌木，类似于江南园林中局部小院的做法 *fig...12*。穿厅南侧尽头正对一道照壁，中间开门与 2# 院连通，穿厅与照壁间围合出一个横向的狭长天井 *fig...13*。穿过照壁到达 2# 院，两侧种有一大一小两棵桂花树，后方是正堂，据说之前三间未做分隔，室内十分宽敞，当地叫作“公堂大间”。院子东西两侧墙体做法与 1# 院类似，出檐短，无披檐，空间宽敞，墙体有明显的雨水痕迹 *fig...14*。

其余八个院子有着类似的形制。有趣的是，3#、6#、7#、10# 院的院子里都加了一道东西向的矮墙，把院子一分为二。四道墙的做法各有不同，在各自院子中的位置也有所区别，打破了原本均质重复的院落尺度，形成了四个异化的“二分院” *fig...15*。

因使用而改造最多的，是八个居住大院周边的 24 个小天井。小天井正下方的地面大多低陷，部分下陷周围砌了高 600 毫米的一圈台子，大雨天时，聚集到小天井中的雨水很多，有时甚至会溢出来 *fig...16*。

fig...12 穿厅两侧的小天井

fig...13 穿厅南侧的长天井

fig...14 2# 院正堂及两侧墙体

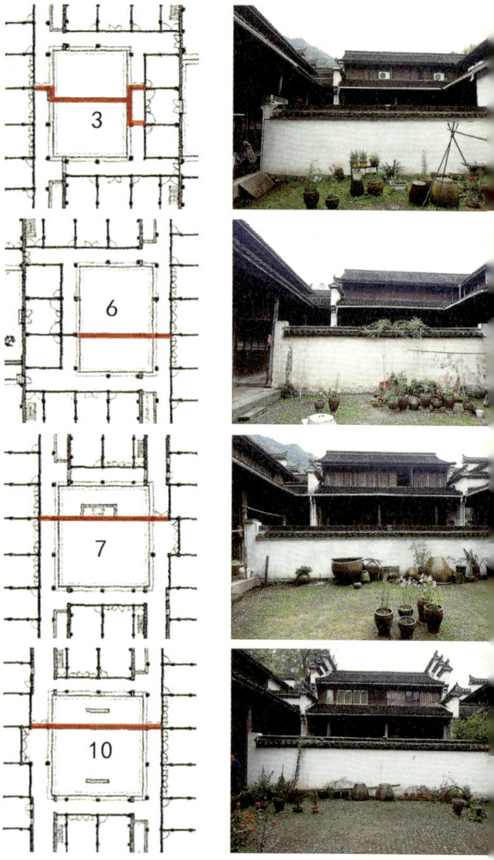

fig...15 四道矮墙在院子中的位置和做法

fig...16 两种小天井及其下方地面

这些小天井在整个建筑的排水系统中起到了很重要的过渡作用，后文将对此进行详细讨论。24 个小天井改造方式多种多样，完全随主人的实际需要而变化做法，如 24#、25# 天井下改造为洗衣台，19#、20# 天井加了杂货棚和卫生间……作者对这些小天井一一作了记录，详见 *fig...17*。

由天井聚集的水显然不能长时间留在建筑内部，否则它们必然会对木结构为主的建筑造成威胁。所以这样规模的建筑中，散水、排水必然是需要被精心考虑和设计的过程。斯盛居的整个排水系统很复杂，经过长年的使用，已有一些地方被破坏、堵塞或者改造。但仔细观察和分析之后，还是可以发现，这是一套非常有规律且完善的做法。

14# 天井
现状：
增加二层及屋顶
无天井 水管落水
围台拆除
部分地面填平

15# 天井
现状：
基本保持原状
水管 + 自然落水

16# 天井
现状：
基本保持原状
一侧加小披檐
水管 + 自然落水
一端加柴房

17# 天井
现状：
基本保持原状
自然落水
加杂物间

18# 天井
现状：
基本保持原状
自然落水

19# 天井
现状：
天井保留
自然落水
一侧加建筑

20# 天井
现状：
天井保留
自然落水
一侧加建筑

21# 天井
现状：
天井保留
自然落水

22# 天井
现状：
天井保留
自然落水
加两侧小披檐
围台基本拆除
加杂物间

23# 天井
现状：
天井保留
自然落水
部分围台拆除

24# 天井
现状：
天井保留
水管 + 自然落水
加单侧小披檐
围台基本拆除
加杂物间

25# 天井
现状：
天井保留
水管 + 自然落水
加单侧小披檐
部分围台拆除
加杂物间

26# 天井
现状：
基本保持原状
水管 + 自然落水
加单侧小披檐

27# 天井
现状：
天井保留
水管 + 自然落水
部分围台拆除
部分地面填平
加建筑

28# 天井
现状：
基本保持原状
自然落水

29# 天井
现状：
基本保持原状
自然落水

30# 天井
现状：
天井保留
自然落水
一侧加建筑

31# 天井
现状：
天井基本封闭
改造为建筑

32# 天井
现状：
天井保留
水管 + 自然落水
一侧加建筑

33# 天井
现状：
天井保留
自然落水
一侧加建筑

34# 天井
现状：
增加二层及屋顶
天井改小
自然落水
围台基本保留

35# 天井
现状：
基本保持原状
加一道小披檐
自然落水

36# 天井
现状：
天井保留
加小披檐
水管 + 自然落水
加建建筑
台子拆除 改花池

37# 天井
现状：
天井保留
加一道小披檐
自然落水
围台部分保留
加洗衣台

fig...17 24个小天井及其现状

之四

散水 院落地坪

雨水首先由屋顶汇聚到大小天井下方的院落之中。除了 1# 和 11# 天井院中央铺设了约 3 米宽的青石过道，其余中庭的地面都是素土夯实，表面密铺卵石做法（一些小天井院用的是大块石）。各个院子卵石排布方式不同，其中一些仍能看清卵石铺地刻意排成的不同图案，如 2# 院的“福”字、8# 院的太极图、7# 院的方形图案以及 9#、10# 院的铜钱形图案 *fig...18*。

不同图案的卵石除了寄托寓意和表达个性，在应对雨水时也是非常有用的：凹凸不平的卵石表面对于水流有一定的阻力，减慢了水在四散过程中的整体流动速度，同时夯土的地面又可以使一部分雨水通过卵石间的缝隙渗透到下方的土地中。二者很大程度上延缓了径流峰值形成的时间，从而缓解了排水沟的负荷。另外，卵石的铺地也保证了地面在浸湿甚至积水的情况下都不泥泞，人在院中走不会感到湿滑，也不会脏鞋。雨过天晴之后，泥土中的水分则会在太阳之下加速蒸发，带走热量，从而减缓院子的升温速度，对于院子微气候的调节起到一定作用。

fig...18 卵石铺地及图案

之五

排水 明暗院沟

雨水一部分经过地面渗透到泥土中，另一部分散到四周的院沟之中，院沟通常不深，由卵石地面在接近檐廊的地方自然下沉形成。檐廊地面高于中庭地面 150 ~ 250 毫米，人经常行走的位置会放一块条石作为台阶，台阶会在底部打洞或用小石头垫高，保证院沟的水流畅通。石板以内的檐廊地面则统一是三合土夯实做法，结实耐磨，有一定的防水作用 *fig...19*。

院沟底面同样是阻力较大的卵石，有一定阻滞水流速度的作用。排水方向大致有四种：1#、2# 院形制和位置比较特殊，排水方式也比较独特；3#、4# 院地势为西南高、东北低，出水孔在东北角檐廊地面的侧壁底部，5#、6# 院与之对称；7#、8#、9#、10# 院都是南高北低，各 2 个水孔出水，位于北面檐廊地面的侧壁两端底部；其余小天井，除了 12#、13# 向南排水外，都是向北排水 *fig...20*。

每个院落的地势基本都是南高北低，水流顺序一般是南侧小院—中央大院—北侧小院。各院落大小院子之间，以及院子与建筑外部排水系统之间，则由暗沟连通。通常情况下，进出水口都各司其职，但雨很大的时候，大院中的水有一部分会反过来灌入周围的小院中，由于小天井下方设有矮台，小院可以充当临时蓄水池，缓解一部分排水的压力。

我们注意到，暗沟两端的进出水孔，但凡在大院中的，都做了特殊的镂空雕刻。虽然其中一些已经被水冲蚀损坏，但从现存几个完好的水孔以及破损水孔的形状可以判断，其做法至少有 5 种：万字形（方）、铜钱形（圆）、花瓣形（圆），以及大小两种尺寸的带尖门洞形 *fig...21*。作者对各水孔的类型及位置进行了统计 *fig...22*。

fig...19 院落周边的院沟和檐廊的关系

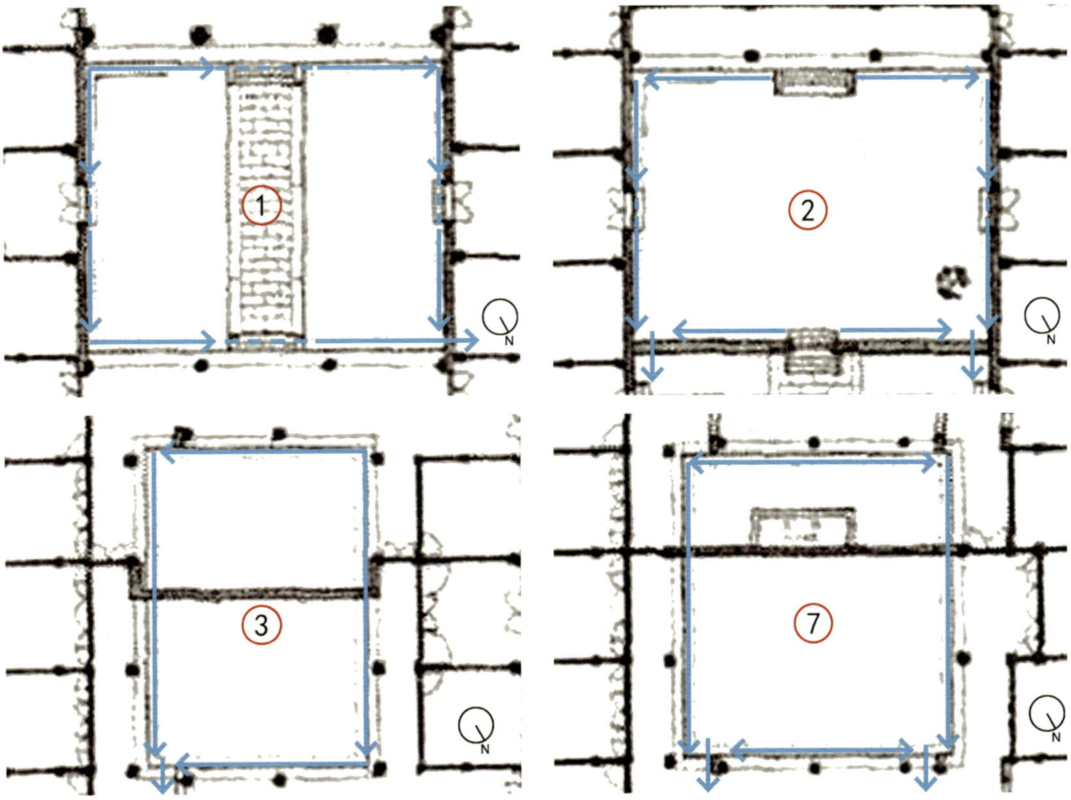

fig...20 四种类型的排水方向图

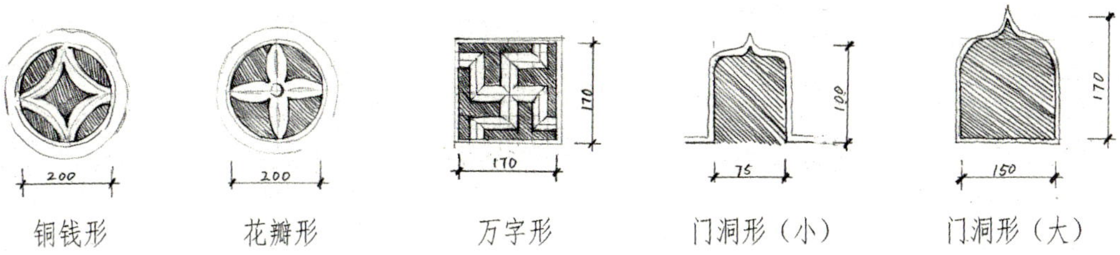

注：此图尺寸标注单位统一为毫米

fig...21 五种类型的水孔

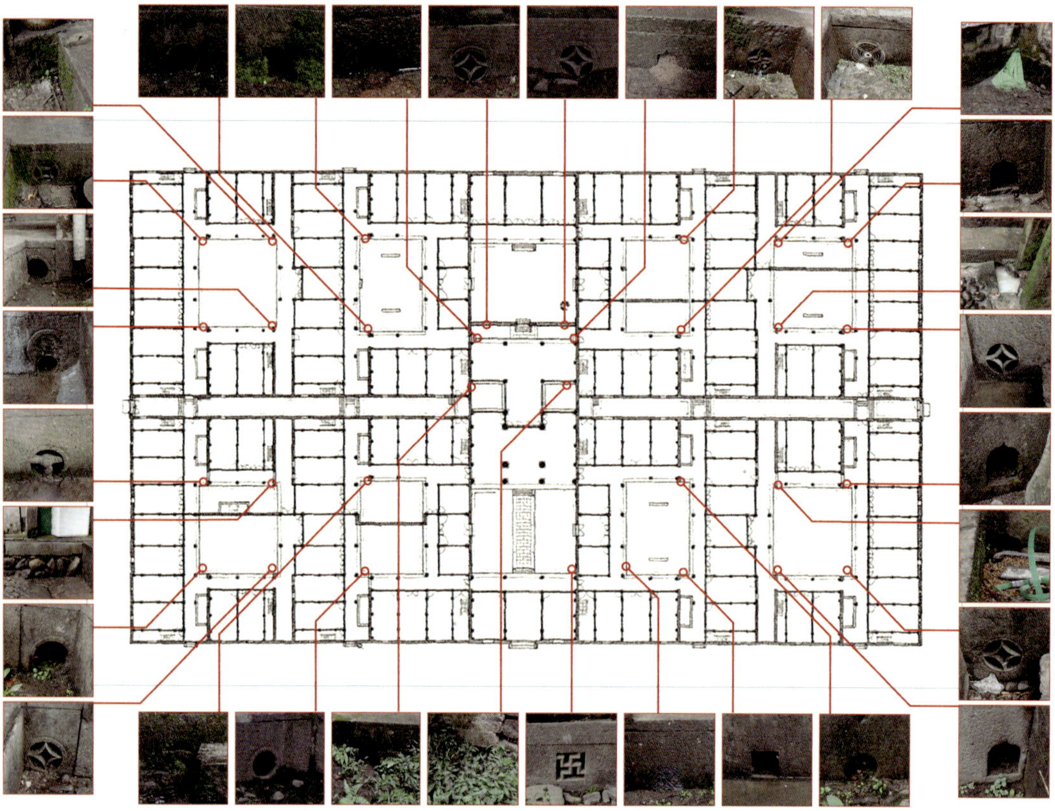

fig...22 水孔现状及位置

院落中的水又分两种途径被排出院外：南边的五个院子，包括 11#、12#、13# 小院的水经暗沟排入大宅中间的两条火巷，再由火巷地面的浅沟，分东西两路排出院外，进入周边主渠 *fig...23*；北边五个院子的水则由北侧外墙墙体下方的出水口，排入门前广场下方的暗渠或石缝。

经过上述对水孔和沟渠的观察、记录和推测，我们基本可以整理出斯盛居院落单元的排水方式以及整体的排水系统 *fig...24, 25*。

fig...23 火巷的水沟及门外排水口

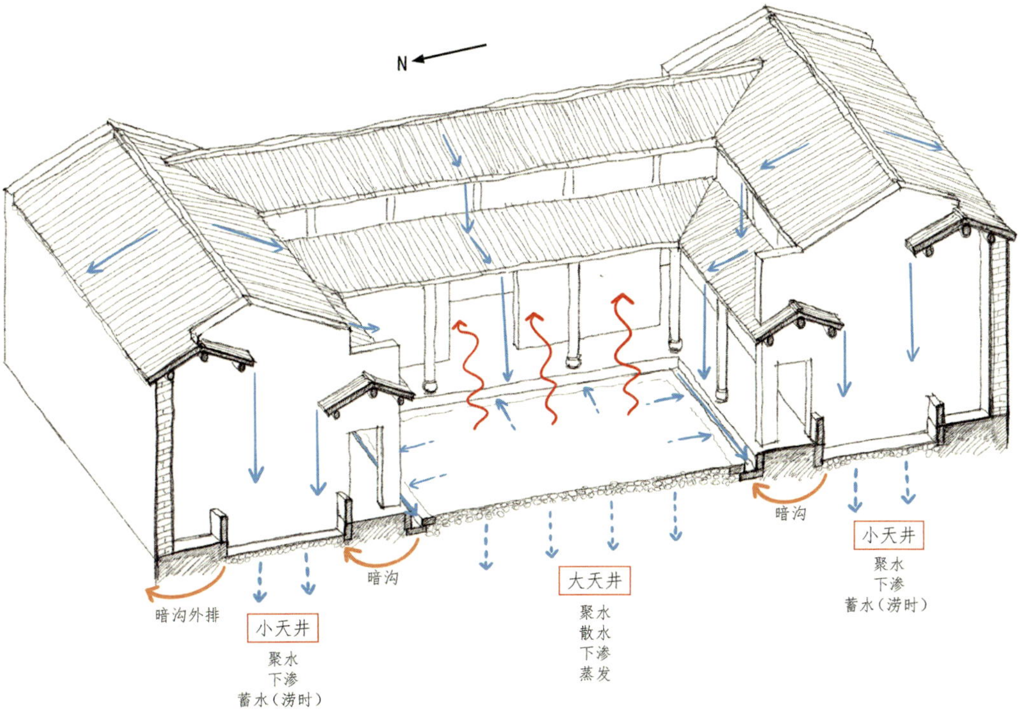

fig...24 斯盛居院落单元主要排水方式示意

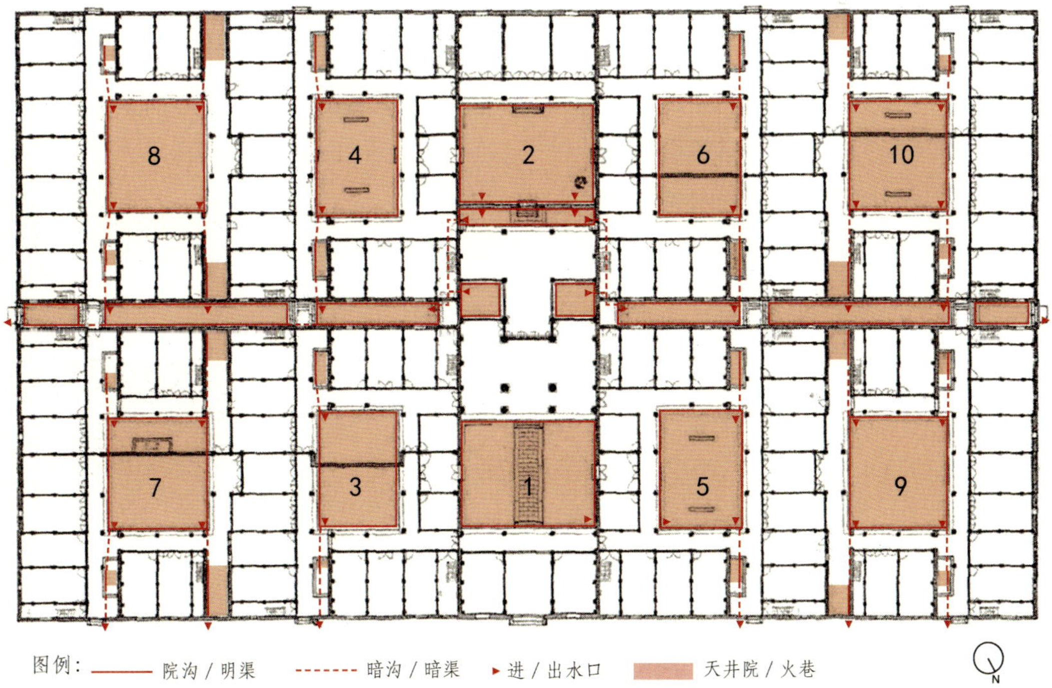

fig...25 斯盛居内部整体排水系统

之六

环水 外渠绕宅

雨水被排出到斯盛居的建筑外部之后，亦通过两种方式进入周边的环境中：

经过火巷从东西两侧排出的水，进入环绕大宅一周的主渠。主渠宽 200 ~ 400 毫米，深 300 ~ 450 毫米，主要由条石和块石砌成，有一定蓄水和排水量。广场外围的主渠北面有两处缺口，口底比渠底高，水流比较大时，一部分水可以由这两个地方泄到北面田地的水沟里 fig...26。

主渠的最高点在大宅东南角，从这里出发，其中一路水沿大宅东侧墙脚向北流，与一条小溪水流交汇后，到达门前广场，在广场外围绕一圈，又自南向北流过大宅西侧巷子；另一路沿南侧墙脚自东向西流动，到达大宅西南角附近后与第一条水流合流，再向西蜿蜒 50 米左右，汇入一条山上留下的溪流，最终流入上林溪。

从大宅正面流出的水，进入广场下的暗渠 fig...27，也有研究认为广场下边其实就是一个充满石缝的大型石块“海绵体”[1]。无论如何，经过暗渠引导或者一部分渗水作用，雨水通过广场北侧下方的石缝，排到了北面田地的田沟中 fig...28。沟中的水一部分被农民用来浇灌田地，另一部分则直接汇入上林溪，完成整个排水过程 fig...29, 30。

fig...26 主渠及泄水口

fig...27 外墙排水口及门前广场暗渠入口

fig...28 广场北侧的石缝渗水及下方田沟

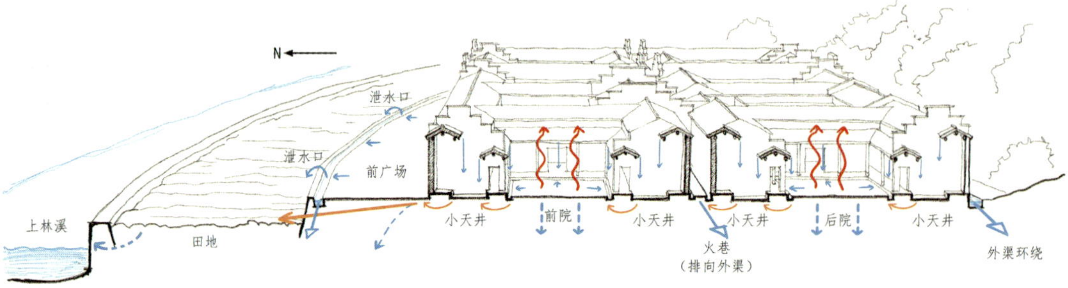

fig...29 斯盛居及周边整体排水系统示意

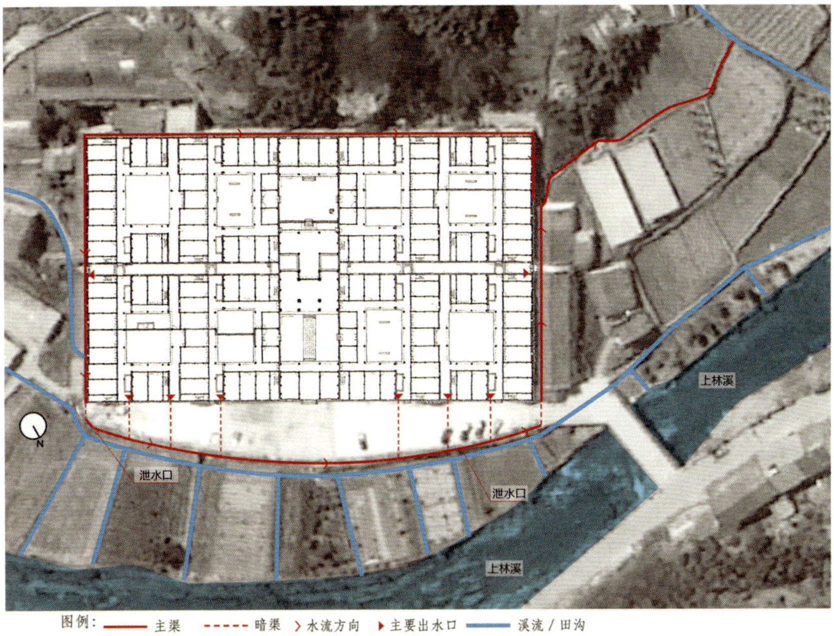

fig...30 斯盛居周边排水系统

之七

结语
宅居与水的「无声」细语

在调研的几天内，我曾直接就大宅的组织排水问题请教过现在仍住在斯盛居内的居民。有趣的是，无论年轻人还是年长者，都表示不曾注意这些问题，人们甚至在此住了大半辈子也不曾留意过哪些院子的水流是互通的。

斯盛居关于水的做法让居民都注意不到，首先说明这个系统对于雨水的处理是非常有效的。这种有效性基于一种复杂的整体的功能考虑，由各个部分的构造协同完成。屋顶的起坡和出挑、瓦片的仰合、柱础的高低、地面的起伏……这些构造和做法配合得十分严密，合理到没人会去刻意关注它们。正因为如此，我们可以认为它们的形式就是对雨水最理性、最直接的回应，水直接塑造了这些构造的形式——或者可以说，水在这里本就是建造的一部分。

同时，我们也不难发现在这样理性的系统中存在着许多特殊的做法，让水在功能性地排出建筑的过程中，多了许多俏皮的表情：在铜钱状的卵石铺地间蜿蜒，穿越花瓣形的进出水口，忽明忽暗地穿梭于大小院落之间，仪式般地绕大宅一周……似乎是水不断地在建筑中留下不起眼的记号，在和建筑捉迷藏，或是在与建筑喁喁细语。这些有趣的做法，在满足功能需求的同时，让整个排水过程中多了一些诗意。

另一方面，屋内的水流被设计得复杂而“无声”，使我们联想到传统文化和习俗中的各种礼仪。传统的各种仪式在今天看来，大多繁琐并且蕴含着难以理解的意义。但它们也正因繁琐才拥有自身独特的价值，虽然晦涩但可以在代代传承中形成重要的集体无意识。斯盛居中的排水过程在某些方面拒绝了高效直接的方式，复杂、有效，却让朝夕相伴的住民感受不到。在这层意义上，我猜测斯盛居里对水的设计，有着某些类似于“礼”的意义。

所以我们才能从雨水在斯盛居里经历的一系列仪式般的过程中看到，大宅是如何把周围的天空、土地、雨水纳入自己的内部，使它们成为自己的一部分，并自然而然地与建筑发生对话。在这个过程中，建筑就好像只是从自然中生长出来的一个部分，或是本来就在那里一样。

参考文献

[1] 池方爱，管斌君．海绵体视野下斯宅村千柱屋雨水蓄排系统 [J]. 中国园林，2016, 32(10): 110-115.

之四

微缩与登高

一方池鉴

简述方池兴衰兼谈山、池、台、岛在造园中的演变（续）*

郑巧雁，张翼

*本文接续《乌有园第四辑：袖峰与洞天》收录的《一方池鉴——简述方池兴衰兼谈山、池、台、岛在造园中的演变》一文。

张激的《白莲社图》fig...12 把莲勾画得很细致，相比之下，仇英临李公麟的那幅《莲社图》fig...13 提供了更多有趣的信息：方池右侧有个不算高的台，这个台令原本将各种要素散漫布置的构图有了正方向，画面中的各色人物被诸如山、河、方池等不同的景致吸引着，而台上的几位恰恰没有注意方池，这让画面上的人群显出一种李公麟式的慵懒和漫不经心，但是，须弥座上的麒麟却牢牢地盯着方池，令台—池关系不再散漫。

李公麟的莲池不大，而诸如太液池和兰池宫们的规模可就大了，台并不是平面布置的要素，它是为了让人能尽览胜境，所以太液池畔的瀸台有五六十米高——鉴于春秋的姑苏台也能达到“高见三百里”，汉代瀸台的尺度应该算是合理的。不管有没有文献记载，兰池宫一定也有个台，让嬴政能将方池中的山海一览无余（其实秦王宫本来就是高台建筑）。同理，5 米高的灵台显然不匹配七十里的灵囿，但它刚好与土方相平衡下的灵沼天造地设。

台—池关系提供了一种尽览大局的观法，然而造园的实况却在秦汉之后发生了巨大的转变。自东汉以降，随着士族门第之兴起[⑦]，至迟到晋宋[⑧]，私家庭园即普及开来；此消彼长，凭皇室的资源也再难大肆沉迷于驰骋畋猎的苑囿之乐。规模上从“囿”到“园”的演变，内容上从畋猎到游赏的演变，园主人身份上从王室到文人的演变，至此都已经完成了。不像袁广汉执着地在私园里饲养异兽来附会皇家苑囿的盛况，从此以后，文人造园开始引领中国园林的方向。

文人私园当然不可能将真山真水圈成禁苑，也无法再造兰池宫和太液池一样移山搬海的奇观——高台的销声匿迹应该不全是建筑技术演变的结果。但是，越来越注重视觉游赏而疏离沉浸畋猎的园居理想，令叠山一事即便脱离了对神山碧海的渴望也仍充满意趣；经过“一池三山”的小大之辩，对山海的微缩手法也日趋成熟。中国园林变小了，而且，为了追求台—

fig...12 张激《白莲社图》（局部）

fig...13 仇英《仿李公麟莲社图》（局部）

池关系下一览而尽的观法，它的规模被压得更小。

这种以小摹大的典范是白居易的庐山草堂，他的《草堂记》里详细记录了草堂的园景布置：

是居也，前有平地，轮广十丈；中有平台，半平地；台南有方池，倍平台。环池多山竹野卉，池中生白莲、白鱼。又南抵石涧，夹涧有古松、老杉……堂北五步，据层崖积石……又有飞泉，植茗就以烹燀……堂东有瀑布，水悬三尺，泻阶隅，落石渠，昏晓如练色，夜中如环佩琴筑声。堂西倚北崖右趾，以剖竹架空，引崖上泉，脉分线悬，自檐注砌，累累如贯珠，霏微如雨露，滴沥飘洒，随风远去。……辄覆蒉土为台，聚拳石为山，环斗水为池，其喜山水病癖如此。[34]252-253

白居易那座居间的草堂，竟将咫尺之地分成了四类截然不同的庭园：

草堂北面是自然山景，与建筑逼得很近，这倒很接近明清造园的要点。草堂西面用劈竹水槽将山泉引上坡屋顶，晴天也可以如雨飘散，借自然元素构建了一个非常有趣的艺术装置。

草堂东侧正是一组以小摹大的叠山理水，瀑布高不及 1 米（3 尺），可知整组山水的尺度非常小，所谓“聚拳石为山，环斗水为池”应指此处，这样的尺度规模显然不可能容纳园主人居游其间，那一定是纵览旁观式的体验，而且这样的体验必然建立在引入丰富想象的观法之上——曹汛先生在《略论我国古代园林叠山艺术的发展演变》一文中将这种倾向总结为“浪漫主义”。对本文而言，草堂南面的方池格外值得注意：堂前周长 30 米左右的平地规模并不算大，但七八米见方的院子却正好栖身，一个跟平地一样大的方池以及一半大的台——这样的台—池配置如此经典且比例精准，依前文所追溯的传统，方池中种莲养鱼也几无悬念。

堂东的山水与堂南的台—池是两组纯人工的园林，它们代表了当时中国造园的两个方向，而这两个方向，自西汉南越国宫署方池—曲水双园并立的遗迹里就埋下了伏笔；而在后世，如北宋名将宗泽在巴州营建的“贤乐堂”，堂东的“竹溪”与堂西的“梅溪”也是方池与曲水的对仗[9]……同类实例暂不一一枚举。

相比之下，白居易的草堂呈现了更多值得玩味的东西。南侧的台—池规则方正，这样的园池与建筑浑然一体，与借山而居的自然环境则形成鲜明的对比，台—池区域以外又恢复了苍松古树、如龙蛇走的自然面貌[10]，可以说，这是一个被隔离出来的区域。又如南宋刘松年的《四景山水图 · 秋》fig...14 中，堂前平地、平地外的方池都与白居易的描述别无二致，尽管这组园池与自然山水仅一墙之隔，其意境却如隔世；在另一幅宋代的《摹卢鸿草堂十志图卷》fig...15 中，主人专

---

⑦ 见钱穆先生所著《国史大纲》中的“第十章 · 士族之新地位”。

⑧ 见曹汛先生《略论我国古代园林叠山艺术的发展演变》。

⑨ 宗泽《贤乐堂记》：“堂之东浚为方池，植竹以环其峰，强名曰‘竹溪’。临溪为小阁，目曰‘思逸’。于是可以想见徂徕之侣，依翠阴，俯清涟，放浪沉饮，高吟大笑于清圣浊贤之间，脱然远迹于声利之场也。堂之西洄为曲池，种桃以复其岛，强名曰‘桃溪’。跨溪为小桥，目曰‘访隐’。于是可以想见武陵桃源，流水莹碧，落英泛红，渔舟之子，访昔隐人，夜半月明，魂清骨冷，洒然如出风尘之外也。堂居其中，众美并见，因榜之曰‘贤乐’。”

⑩ 白居易《草堂记》：“又南抵石涧，夹涧有古松、老杉，大仅十人围，高不知几百尺。修柯戛云，低枝拂潭，如幢竖，如盖张，如龙蛇走。松下多灌丛，萝茑叶蔓，骈织承翳，日月光不到地。盛夏风气如八、九月时。下铺白石，为出入道。”

fig...14 刘松年《四景山水图 · 秋》

fig...15《幕卢鸿草堂十志图卷》（局部）/ 台北“故宫博物院”藏

fig...16 《松荫庭院图》

fig...17 日本龙安寺方丈

门为方池建了一间草舍，与草堂建筑垂直，方池成为草堂建筑组合的一部分，却疏离于其他山石花木，也可作白氏草堂的写照。而草堂东侧的山水同样需要被独立出来——连西侧的崖泉都高于檐口，不足一米的假山又何以构成瀑布？因而它决不能与周遭的山水环境相连属，否则必定相形见绌，如在宋代的一幅《松荫庭院图》fig...16 中，松石嶙峋的拳石景致陈设于精美的须弥座上，显然仅供从旁观想，此庭院以一圈带实墙的单廊围合，不止与自然相隔绝，还独立于周围其他厅、堂、亭、榭（仅在实墙上开门让路径相通，而视线却不可达）。

堂东的假山曲水因其小，堂南的方池则因其简明有限——两者观法都是一览而尽的。两者的本质区别在于：东侧的山水是微缩的；而南侧的台 – 池尽管狭小却无所谓微缩，它仍是供园主人的容身栖居之所。

白居易的陋室仅仅“三间两柱，二室四牖”，但四面那四座园子却几乎缩影了那个时代一切园居理想。其中的两座人工庭园，对山水的微缩以及对方池的经营，几乎能拼合出后世日本枯山水的雏形了——海池中的置石为岛，以及方池际、矮墙外的古木参天 fig...17，让我们几乎能从日本庭园中领略白居易“同入此山，老死不返”的生活，而日本人也如此热爱白居易……自唐以来，方池因白居易而更受瞩目，常称“白家池”。

但中国人的造园，却走上了一条与日本完全不同的路，它的秘密也许就在庐山草堂的北面和西面——那座真山。中国文人似乎从来没有放弃在自己的书斋中赏玩自然山水的愿望，而唐宋造园者尚不必苛求那些人工的掘池堆山一定要趋近纯自然的山水之趣，他们多如白居易一样，在山水灵秀处经营宅园从而令两者兼得。如宋代一幅《柳院消暑图页》fig...18 中，园主人闲坐书斋，越过低矮的墙垣眺望湖光山色，这与在斋墙隙地间经营片石蕉影丝毫不相矛盾。元代张可观的《露台观月图》fig...19 里，人

fig...18 《柳院消暑图页》

fig...19 张可观《露台观月图》/ 纽约大都会艺术博物馆藏

工方池与自然山水仅一桥之隔，平台上的园主人端坐于桥的延长线上，不偏不倚，此刻他要朝哪边看呢？在这对“人作”与“天开”的景致之间，恐怕画家也不知如何替画中人取舍，只好令他痴痴地凝望着居间的桥，才不致厚此薄彼。

这种依傍胜景的造园，令人工和自然二者兼得，这造就了一种令明清造园者艳羡的从容。尽管此时的园居不再能圈禁自然山水，但视野上的自由驰骋仍让园主人能更轻易地沉湎于山林之乐，因此，唐宋园林是如此外向地拥抱自然。而明清造园者则必须在他的“城市山林”里令人工山水获得自然之趣，这逼迫叠山理水之艺日臻化境，而“借景”一艺却往往需要苦心经营才能略有所得。

之五

台与岛

在今天可见的众多清代园林中，台已经非常少见了，但在晚明以前择自然山水而造的园亭中，台却是经营位置的基础——它并不仅与方池相伴，而是拥抱一切可爱的自然。在《雕台望云图》（传为马远作）fig...20 和《山水人物图页》（佚名）fig...21 中，皆有高台依楼或傍山层叠，邀云拜月，此即《园冶·借景》里所说的“眺远高台”。在刘松年的《四景山水图·夏》fig...22 中，堂前平台向天然水泊中递进了一个方台；在元代的一幅《江天楼阁》fig...23 中也有一个几乎一样的亲水台被递入水中，两者差别仅在台上覆亭与否，而人与水的关系则全由台的位置决定。在北宋郭忠恕的《明皇避暑宫图》fig...24 中，殿阁连属不绝，错落镶嵌于自然山体之间，其间不下十数个不同位置、不同尺度的台，层叠伸展，与山水相招呼——即便将这其间的建筑全部拔除，仅余山间的层台，仍然能清晰地勾画出“能主之人”对这一方山水的观念。因此，白居易为咫尺方池筑台，亦可见方池于他而言的意义。

北宋汴京城西的金明池fig...25，是宋太宗敕造的大方池，其初衷是演习水战，即可想见其规模之大。值得注意的是：一个四隅略成“亞”字形的方台，就以如刘松年《四景山水图·夏》中几乎一模一样的关系，被一座拱桥从池际的平台递进了大方池的中央。这似乎有悖于自“一池三山”起方池赖以观形的基本观法。有趣的是，王贵祥等学者在《中韩古典园林概览》[35]中通过整理元代脱脱等著的《宋史》中对金明池的使用记录，发现了宋太宗赵光义对这个人工方池在意趣上的微妙变化：从“观习水战”到“观水嬉”，到“御龙舟”，再到“观水戏”并向全城百姓开放（“纵京城观者”），这似乎把对方池的态度拉回到了文王灵沼、夫差天池的古老时代——池中的方台楼阁，何异于夫差天池里的青龙舟？而且，赵光义几乎每次结束在金明池的水戏，都会直奔附近的琼林苑“习射”或“宴射”，以享畋猎之乐。这样的意趣居然从未消泯并流传了下来，元代王振鹏的《龙舟图》里，再现的

fig...20 《雕台望云图》

fig...21 《山水人物图页》

fig...22 刘松年《四景山水图·夏》

fig...23 《江天楼阁》

fig...24 郭忠恕《明皇避暑宫图》（传）

就是大方池中赛龙舟的场景，伸入池际的大方台上建了两层带抱厦的楼阁，层间以细密斗栱的平坐层过渡，仪仗及服务人员甚众，是御前的排场。这种全人工的大方池，既方便在池岸筑堤蓄水、修建建筑，又从技术上更容易在池中修建供人沉浸其中的台。

这种投入玩乐的场面仿佛是方池经历的一个轮回：从"于牣鱼跃"的供渔戏的灵沼，到筑台旁观的碧海神山，再回到沉浸水戏的狂欢。但与灵沼时代最大的区别在于：彼时的苑囿之乐并不关注山水，而此时对山水的游赏已经成为园居的主流。宋太宗对金明池的用法只是对方池矛盾态度的一个反映，那甚至不能算是典型的园居体验。

但由此出发，再来观察一下宋代真正提供皇家园居体验的艮岳，就会有意味深长的发现。王明清在《挥尘录》[36]72-98 里很详细地记录了艮岳的格局，其中具名的大池有"雁池"和"大方沼"两个，另有"凤池"和"砚池"两个小池。

几乎没有文字记载雁池的池形与准确尺度，但雁池之水是从寿山峰间的瀑布泻下的：

清林秀出其南，则寿山嵯峨，两峰并峙，列嶂如屏。瀑布下入雁池，池水清泚涟漪，凫雁浮泳水面，栖息石间，不可胜计。其上亭曰噰噰。[36]73

这是强烈的自然地貌特征。在徽宗令睿思殿应制李质为艮岳所作的赋中也提到了雁池："泻乌龙之垂

fig...25 张择端《金明池争标图》

溜，注雁池于石间。企嗺嗺之峻亭，谅绝尘而可攀。”[36]78这说明雁池中是有叠石的，而群雁得以“栖息石间”，意味着叠石的范围广布整个池塘，结合从寿山一瀑高悬的高下地势，这应该是一个自然形态的水景。亭的位置值得注意：“嗺嗺”并不在水际，而应该在崖顶，故称之为“峻亭”，这也合乎常理：如池中大雁真“不可胜计”，那么人的活动之所一定是远离池面的。嗺嗺亭的立基位置锁定了游园者与雁池的关系，即从高处俯瞰其全景——这符合宋人对山水林泉的欣赏取向。我们甚至可以认为，这就是白居易庐山草堂东面瀑布及石渠的宏大版本，两者皆意在尽览山水之大观，区别仅在徽宗能“驱散军万人，筑冈阜高十余仞”，而白乐天仅在隙地立三丈之石，一个登高而览，一个微缩而视，一个写实主义，一个浪漫主义，而已。

大方沼的尺度亦不得而知，但参考朱育帆老师在《关于北宋皇家苑囿艮岳研究中若干问题的探讨》[37]一文中推断主园规模为 580 米 ×820 米的基准尺度，大方沼与雁池边长都应不下百米。雁池与寿山峰峦相高下，而大方沼则正好相反，它是在一片平地上掘筑而成的方池：

……出关，下平地，有大方沼，中有两洲：东为芦渚，亭曰浮阳；西为梅渚，亭曰云浪。沼水西流为凤池；东出为研池。[36]74

在这里对大方沼的描述不算详尽，但那两个“洲”非常重要。《尔雅》训之为“水中可居曰洲”[38]121，其规模区间可以非常大，小到仅可容膝的小岛，大到地球上的大陆板块，都可称洲。洲不是一个几何概念，“可居”表达的是一种行为概念，它一定是人可以进入和栖居的，所以两个小岛上都盖了亭子。这就跟雁池形成鲜明的反照：一个人工，一个自然；一个沉浸，一个旁观。洲是一种自然形态的地貌。一方面，在方池中布置自然形态的山或者岛，此前都采用“一池三山”式的旁观观法；另一方面，可进入的洲岛从空间性质上与台更接近，尤其是类似金明池中央的方台或者刘松年《四景山水图 · 夏》中挑入水中的亭台大方沼上的洲，看似在可望与可居之间充满矛盾。

如果雁池是白居易堂东的瀑布，那么大方沼就是堂南的方池了——而大方沼恰恰没有设台。白居易的方台设在方池池畔，而艮岳的大方沼将双洲置入池中。再看刘松年那幅《四景山水图 · 秋》*fig...14* 中，堂前平地、方池及台的尺度都与庐山草堂极其相似，唯一的区别，恰是刘松年将“半平地”的方台卡在原本不大的方池中央，并在台与池岸间脱开的缝隙上隆重地架设拱桥以渡之，由此在咫尺方池中经营了与金明池、《四景山水图 · 夏》中完全一样的台—池位置——它强烈而执着地表达着“可居”的意念，数亩不因其大，寻丈不嫌其小；而对《四景山水图 · 夏》中园墙外的自然山水，却似乎并无意投入其中，仅粉壁内安亭瞭望，是又一幅《柳院消暑图页》*fig...18*。

执着地进入方池，是唐宋之间在造园观念上一个非常重大的转变，那甚至可视作开启后来明清江南造园方法的钥匙。

明中期（宣德间）的程信，号“晴洲钓者”，从同僚处购得旧园，他看中的恰恰是园中的方池以及方池上的“洲”，程信因为雅号与园趣相投被传为佳话，晴洲宅园的特征也因此被记录在《思轩文集》里：

公有甲第在溪之滑，广厦邃宇，夷庭高门，前临通衢，后涵方池，池中之洲，广可寻丈，卉木错布，松竹挺立，公退食，自公每延知己，咏歌其间，以乐其乐，于是益自信其为号之不诬也。[39]

池不大，池中的洲就更小，宽仅 3 米左右⑪，但程晴洲仍然“构亭其间”，与友人縢语宴乐。晚明有个更棒的例子是山东海阳邑程汝正的丹山别业，吴国伦的《甔甀洞稿》里记述了园中一座方池上的奇异假山：

从右径入群玉山，山盖垒太湖英山诸异石成，矗立方池中，肖然瞿塘滟滪，虽象马不足名耳，山半得清泠亭，有泉粼粼落方池，作鸣玉声，稍折而下，入藏阳洞，洞不甚邃，而石脂吐四壁，英英可餐，寻从一窍，蛇行出洞，又得渔矶一，躐矶而上，则平台，由平台稍却，则倚云亭，亭台之间，岩壑窅窱，竹树葱菁，无复人间境矣。[40]

山半的亭，亭下的洞，洞外的矶与台……方池中的这座假山，拼合了各类不同的可居之所，此山规模当然远不及真山，但它却绝不是一个微缩的结果。

当人被置于水中央时，他对池形的体验，一定不如在方池边设台旁观所获的完整，池的边界不再是观赏的重点，那么在池中赏玩的是什么呢？如果只是要将人置入水中来玩水，那么艮岳的大方沼里应该如金明池那样置一个台而非两个洲，洲的可贵之处就在于它既能容身，又有自然之形可观，所以放置两个洲是必要的：只有这样才能在“可居”与“可望”之间两全；以及两个洲一定要截然不同，只有“芦渚”与“梅渚”的迥异，才能让栖身于一洲上的园主人有理由在此岸艳羡彼岸。当我们继续不断地发掘池中之洲有可能的差异性时，如丹阳别业的山，甚至如金明池中的方台，就都可能成为既可观又可居的佳处。

于是，园主人们终于得以在人工“驯化”的池中栖身，并同时驰目于可观的再造山水之间了。此后的中国造园，包括今天为我们所熟悉的明清园林，其营造的对山水格局的感知，几乎都可以视作是完形池面上的“群岛（洲）”。无论在山水画里还是在造园理水中，都不再致力于推敲水的外形：我们能看到的貌似自然的水形，其实并不是水的外界，而是水中“群岛”构成的内界。在这方面，日本橘俊纲的《作庭记》[41]里对水的各类形式要点描述得非常清楚：“汀形诸样”是教授池、河水岸外界形式的，其要点在于“尖如锄锋”“凹如锹形”；而“岛姿诸样”则详解十类岛形，变化更为丰富。以此对应，中国的画论和园论都极少讨论有若“汀形”的外界形式，那些看起来像是“自然”的水界，其实都是水面上山岛形成的内部边界，即有如“岛姿诸样”者。

如此看来，像在倪瓒的《容膝斋图》*fig...26* 里，平远山水中的远山山景，真的是在勾画彼岸的“汀形”么？那座山与水的交界线，并非横向绵延展开而成线性，而是拼命向此岸方向凸出以摆脱作为岸际的特征，从而表现为一个如山岛的单体。再如张观的《山林清趣图卷》*fig...27*，不仅远山在水天一色的留白里完全呈现为岛，连此岸的近景也以浓淡分层，并精心由右下角的桥、溪分断，将近岸割为三个不同的单体——近者置树，右侧置石，远者置茅舍，且皆以水潺湲环绕成岛。沈周的《溪山渔隐图》*fig...28* 则把桥摆在了画面正中央，左上角的远山原本应该是江岸，而沈周的手法与倪瓒别无二致——他令三股三角形的石脉垂直于岸际方向探入水中，以此破岸成岛，而图中的桥则连接了山岛与图面右侧横插入水面的平岛。当然，绘画有绘画的机巧：框界裁切了诸岛，它们在画界外是相连缀还是各自独立皆不得而知，它们是茫茫水面上聚散的群岛，还是江水盘折掩映而形成的半岛？没人知道——画家是以敢称这些格局为“溪山”“江山”等等。

---

⑪ 刘熙《释名》：“八尺曰寻。”古代以八尺为寻，寻丈约为 1 丈。明代一丈约为今日 3.2 米。参见：李剑平. 中国古建筑名词图解辞典 [M]. 太原：山西科学技术出版社，2011: 366.

fig...26 倪瓒《容膝斋图》

fig...28 沈周《溪山渔隐图》

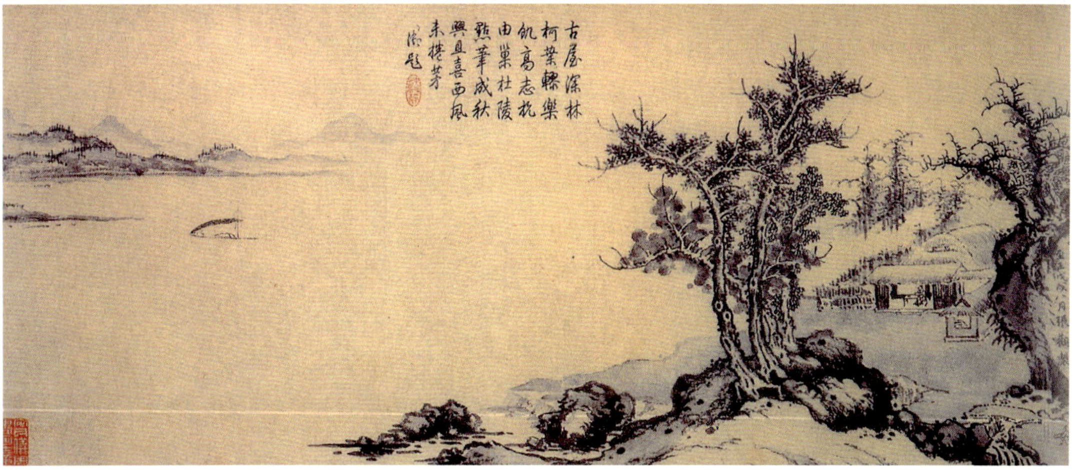

fig...27 张观《山林清趣图卷》

这样的格局在横卷中更加清晰，因为横卷只能裁切天、地，而岛间关系则无从遁形。如沈周与文徵明合作的《山水图卷》、沈周的《连山夹涧图》等莫不如此。在沈周的《独游孤山图》[fig...29]中，山岛在图面中格外细碎，画面中心六座桥连接了七个岛，是对群岛意向非常极致的表达了，这些桥貌似作为连接，实则专为强调岛间的分断、孤立关系，故《园冶》有云：“疏水若为无尽，断处通桥。”[42]63 仇英的《独乐园图》里，一组极碎的岛被一系列比例上略显夸张的板桥连缀起来，狭窄的“瘦洲”背着几乎与它等宽的廊亭[fig...30]，活脱是程信晴洲宅园的重现——“广可寻丈”却“构亭其间”；在画面另一端出现了罕见的“汀形”，然而这种连续、平直的水岸却无人问津，可居的场景仍发生水中小岛的竹薮之间[fig...31]。仇英的《辋川十景》所绘的更是十足的园景，十景分居不同的岛上，这些岛疏密聚散从而完成横卷的构图，有平缓的圆洲[fig...32]，有险峻的山岛[fig...33]，有孤悬水中的台阁[fig...34]……群岛诸型，应有尽有；在山岛掩映交叠处，通桥以示其断[fig...35]，下手精准。

回到现实的造园标准上，因为无法借由画界裁切以回避外界，所以园林中的池一定有它真实的外界，因此处理水形的要点，即要让外界看起来像是诸岛及台在广阔水面上相聚形成的内界。

参与围合池的亭、台、阁、榭等建筑要素立基，表现为孤悬的台而非连续的池堤为佳。台与堤岸的区别，恰如前文所谈到的岛姿与汀际的区别：它向水面凸出从而侵入水面，而非内凹环抱形成水岸。关系特质略如仇英版《清明上河图》中图面左侧最阔的水面中央那孤悬的组台[fig...36]，它向各个方向凸出，台上亭阁错落，且不同的建筑元素的亲水方式亦不相同，有独立的水榭以干阑式入水，也有相连属的亭廊以须弥座略作悬挑，而平台则简单以直壁与水相接，这样的处理令台上的建筑关系也表现得像大大小小的群岛相聚散；一个有趣的细节是，台沿水际处设置了两处台阶，从形式上不像一般的近水做法，而是有如接地的独立高台俄然被水淹没，更加深了它有如孤岛的印象。赵伯驹的《青绿山水》[fig...37]中，就呈现了通过将凸台侵入水中从而破岸为岛的典型做法。现存的明清园林多受规模限制，建筑体量相对于水面都显得过大，所以如留园涵碧山房般以平台层叠伸入水面的做法并不多见，而以悬挑入水而令水面意象延续的做法更多[fig...38]。但对尺度较小的临水亭，几乎无一例外地令其凸入水面，如艺圃“乳鱼亭”和网师园“月到风来亭”，分别从延光阁和小山丛桂轩的位置望之，所见的格局一模一样：亭如台、岛般凸入，在平视的图景中与后面的山岛形成似连似断的层叠，此处精巧地架桥以“示断”，令亭与岛分别独立开来。

比起建筑，园林中的假山和石矶更容易形成类似群岛的内界。

环秀山庄的水面上，不止主山浑然凸起，“问泉”的亭基本身就是叠石而成的孤岛，卡在原本就狭小的水体中央，并用桥示意与长廊间的分断[fig...39]。那“半潭秋水”已非常紧窄细狭，但仍让人觉得是一块完整的水面而非曲水盘折。其实环秀山庄的池形是由山、岛、台、廊分别以各自的完形夹合出来的，这些完形互不退让，令池水本身呈现出一种“负形”，从而摆脱了类似河、溪的联想。尽管这已经是池的外界，但它却展现了典型的内界特征。

江南园林里比较经典的水形都是这样由台、岛夹合出来的“负形”。留园水池[fig...40]东、西两岸有半岛深探入池中，岛身都以四分之三以上的体量入水，强化了作为岛的特质；北岸平缓且不宜如南岸做成台，于是以孤岛及双桥破形；水体西北并不是似溪流、曲水般盘折远去的“去脉”，而是夹在圆岛和平岸之间的“负形”，并架桥以“示断”。无锡寄畅园里，与“知鱼槛”隔水相望的山形，位在池形的长边，也难免平缓，但其处理比留园更巧：中部一岛侵入水面，两侧均以板桥“示断”，以此将长岸拆成诸岛[fig...41]；

fig...29 沈周《独游孤山图》（局部）

fig...30 仇英《独乐园图》（局部）

fig...31 仇英《独乐园图》（局部）

fig...32 仇英《辋川十景图卷》（圆岛局部）/ 辽宁省博物馆藏

fig...33 仇英《辋川十景图卷》（山岛局部）

fig...34 仇英《辋川十景图卷》（台阁局部）

fig...35 仇英《辋川十景图卷》（掩映处以桥“示断”局部）

fig...36 仇英《清明上河图》（局部）

fig...37 赵伯驹《青绿山水》

fig...38 艺圃延光阁

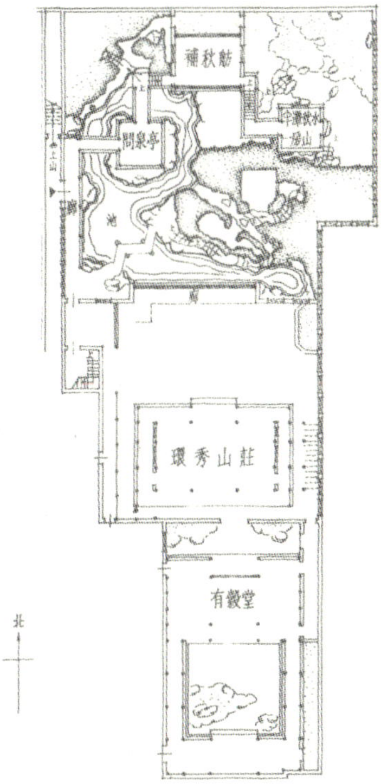

fig...39 环秀山庄平面图

池北部以长桥（“七星桥”）渡岸，亦是在山穷水尽处暗示开阖；以此观之，池南岸后建的水榭凌水破岸，可堪妙手。再如苏州“补园”（现拙政园西园）的池形 *fig...42*、扬州个园宜雨轩前的水界 *fig...43*，都是以外界摹写内界，四面以凸岛“汭位”夹合出来的负形所得。

这种以台、山、岛入方池的做法应该是清代理水布局的基础方法，只是当水池规模有限时，诸台、岛形成的内界簇拥充塞，令池形全无外界；在清版的《清明上河图》中，表现了一些规模较大的园池 *fig...44*，在这样的尺度下，诸台、岛间的疏密余地更大，内界形式间多有脱开处，当外界显现出来，无一例外地呈现为方池——这应是池形构形的起手处。

fig...40 留园平面图

fig...41 寄畅园石板桥及岛

fig...42 “补园”平面图

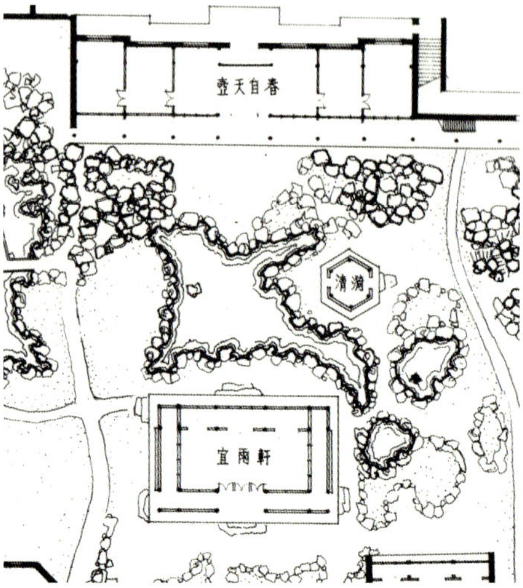

fig...43 扬州个园平面图（局部）

fig...44 清院本《清明上河图》（局部）/ 台北“故宫博物院”藏

以此标准亦可反观池形之失。拙政园（现拙政园东园）fig...45 地广水多，原本可供经营的余地很大，园中也确实在水中孤置两岛，并令“见山楼”独立水中。但拙政园岛形过于平直，全无凸侵水面之势，反而做岛成岸，尽管岛、池交界处架桥试图藏水，但也仅能“示连”而无从“示断”；至于水形，则被诸岛分割成整齐、等宽的水带，是谓“正形”不正，“负形”不负，所以尽管大而多水，但水势却远不及环秀山庄那半潭秋水；道光间戴熙所绘《拙政园图》fig...46，仅描绘群岛聚散，或许才是拙政园经营的初衷吧。

再如苏州狮子林的假山，其沿水山势平直壁立，也有伤于水形。其实，依清代钱维城的《狮子林图卷》fig...47 和乾隆年间《南巡盛典》fig...48 里描绘的，狮子林的水体本是一塘方池，这样的配置似乎好些：尽管方池本属完形，但由于假山与方池形成的巨大反差，反而造成山体从东南面破池入水的印象，则山岛之象初现。留园“浣云沼”方池与“冠云峰”所在山岛之间的交叠，也成类似的关系，且方池边还有“冠云台”fig...49。

论山岛从单面入池的做法，艺圃则远胜狮林。艺圃山形并不出众，但其石矶破岸入水却极精彩 fig...50。其实，在清代王石谷所绘的《艺圃图》fig...51 里，艺圃原本也是方池，且延光阁的位置曾是临池的方台，这种台—池配置似曾相识；此外，假山上朝爽亭的位置曾是山台，可居高纵览方池池形——这是失传已久的园居乐事。乳鱼亭的位置刚好处在衔接方池直岸与山岛石形的关键；而山岛与方台间原本已有“冷月廊”连通，另设“渡香桥”的意图则与寄畅园“七星桥”同理；在相当于现状“浴鸥”院月洞前的位置，本来是两组山岛当断处，王石谷画中未作交代，是可惜的地方，现存的石板折桥虽然是后加的，但它在当断处“示断”，破岸成岛，可称妙手。

之六

借岸与陈设

诸如狮子林和艺圃的方池，今天都已面目全非，它们会是方池的余烬么？如果抛开经营群岛内界的“观山”池形不谈，中国造园中似乎从来没有系统地总结出理想的自然水形的外界要领，可供“观水”的外界池形，似乎就只有方池。

在仇英版的《清明上河图》中，表现内向的人工造园及园居生活的仅有一处 fig...52，在城市最繁华的地带，紧临着穿城的运河，高墙之内，有秋千、假山、二层楼阁，在接近矩形的用地里，紧靠入口的三分之一是方池，由园墙、一壁池岸和渡水的廊桥围合而成，方池中的水直接与运河相连，水畔有书斋亲水，楼阁

fig...45 拙政园平面图

fig...46 戴熙《拙政园图》

fig...48 ［清］高晋等绘《狮子林图》

fig...47 钱维城《狮子林图卷》（局部）

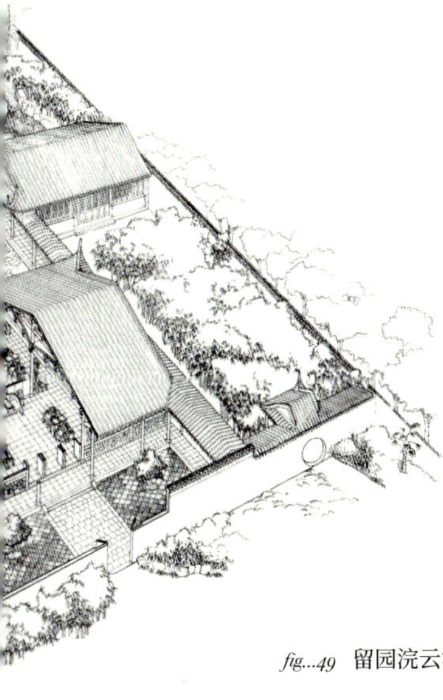

fig...49 留园浣云沼

二层挑平台，营造了经典的台—池关系。这其实不能算是典型的掘地而成的独立方池，因为尽管方池仍是营园的中心，但围合它的是几种不同的元素，作为完形，它的独立性是不及谢灵运和白居易的方池的。然而这应该是一类典型的常规做法，在仇英另一幅追古题材的《贵妃出浴图》*fig...53* 中，养莲的方池也处于类似的关系里，它并不完全独立存在，而像是园中笔直水渠的放宽，仍以廊桥渡水，一壁是长廊的廊基，另一壁才是真正的池岸，贵妃在此岸边沐浴，却并无专为观池的台。不知这样的构池法是来自仇英对唐宋理水的考据，还是明代的惯例。不过，前文提到的元代张可观的《露台观月图》*fig...19* 里，方池也是借由不同的边界围合而成的；以及一幅更早的称作《水殿招凉图》*fig...54* 的宋画里，园中的水体不知是不是方池，但所有边界都是直岸，只是比起前几例来，对借岸成池的手法更花心思：渡水的廊桥起拱，令桥拱另一侧由高差创造的跌水置于拱桥框景之中，专为亲水的平台略凸入水际，殿阁抬高以为观水台……

其实，这种“借岸为池”的方池营造，既是顺理成章的巧法，又预示了方池的矛盾与衰颓。

无论在文学里如何赞美自然山水，但大量的图像资料反映出的现实是：在大部分历史进程中，但凡人工的水岸，无论是造园筑池还是城市中的运河水渠，亦或是自然山水中局部加固以供人停留的台、堤设施，都是直岸的，绝少出现人工模仿自然的驳石水岸，直到清代，焦秉贞在《山水楼阁》*fig...55* 中反映的情形仍然如此。这于古人或许并不矛盾，因为自殷商的宫苑起，方池、方渠就已经是人工理水的常态了，而文王的灵沼和夫差的天池也绝不有悖于自然；只是对现代的学者而言，对造园理水的认知多数建立在对清代造园实例的体验上，加之《园冶》对“池凿四方”的批评，所以在对清以前园林的追溯中，接受方池、直岸是件难事。其实在大多数时候，一旦造园者企图借岸为池，围合方池反而是顺理成章的事。上述几例借岸而成的方池，无一例外紧临园外的水源，方池其实就是外部水体的一部分，造园家不必如《莲社图》里那样大费周章地凿曲水引源以入方池，如此散漫经营，是举重若轻的巧思。

这种营园的巧思，对园居而言却充满了矛盾：对于观形赏水而言，这样的方池不够完形；而对于近池水嬉而言，这样的配置又提供不了足够的亲水设施。日本人似乎很少经历这样的矛盾，他们从寝殿造的时代就坚决地在园中微缩了江湖，水嬉活动止于临池垂钓；而随着禅与茶的结合，佛家茶亭中的禁欲波及了世俗园居，他们对园中山水充满敬畏——当日本人在枯山水中营造“假水”时，这种只求旁观而绝不亵玩的决心已经被推上极致了；而中国人则一直沉浸

fig...50 艺圃山正全景

fig...51 王石谷《艺圃图》

fig...52 仇英《清明上河图》（局部）

fig...53 仇英《贵妃出浴图》

在“观之”还是“玩之”的矛盾中不能自拔。有趣的是，这样的矛盾似乎仅存在于方池之中：白居易并未迟疑于在真山脚下用微缩之法模写自然假山，而他真正乐于栖身的是方池畔的方台；赵佶也将置亭的双洲设在方池里，而在雁池登高临远——但凡能得两全，他们都会毫不犹豫地投入人工营造的方池。《露台观月图》fig...19 里有一个有趣的细节：那座分野了自然江湖与方池的板桥上，仅在临自然山水的一面设了扶栏，以供凭栏远眺，而临方池一侧并不设栏，以备闲坐濯足。中国文人面对自然，总是处于气定神闲的旁观姿态，他们对攀岩、露营之类投入自然的活动总是缺乏热情；他们最终选择投入方池——因为那正是在上古君王的自然苑囿中他们最早投入过的人工造物。正是这个选择，让中国的造园走上了一条完全不同的路。

fig...54 《水殿招凉图》

fig...55 焦秉贞《山水楼阁》（第二开）

一旦投入其中，池形的欣赏便退居次席，而借岸为池的做法其实也并不执着于方池的池形，只是在明清园林的山水形式定型之前，方池是顺理成章的人工池形。或许正因为此，这种从宋代一直被描绘到明代的常见手法，竟极少得到园林史家的关注。这样的权宜之计已经预示了方池必将从中国园亭的中心位置撤出来——最终，不止作为权宜的借岸手法在清代绝迹，那些经典方池的外界，也随着池中群岛内界的浮现而烟消云散了。

无论如何，有一点非常重要：至明清时可居、可游的城市山林，并非演化自对唐宋微缩山水的放大，而是脱胎于对方池的进入。那么，那些曾经被微缩旁观的精致园景又去了哪呢?

艮岳的大方沼，其余波还有一个小方池，即《挥尘录》里提到的“沼水西流为凤池；东出为研池”中的“研池”，也称“砚池”。徽宗令文臣为艮岳诸景点作诗，其中《砚池》一首道：

黑云凌乱晓光凝，气接昆仑冷不冰。龙饼麝元皆御墨，游鱼吞却化鲲鹏。[36]88

这是几十首命题小诗中写得最好的一首，第一、三句写砚的句子意在切题，另两句则居然咏昆仑和鲲鹏，其诗境意在山、海，这倒吻合了“一池三山”的神话理想下作为方池的意境——如前文所讨论的，这样的方池必然是旁观的。砚池与方沼，小者观之，大者玩之，是以两全；这与白居易庐山草堂中堂东与堂南的景致分工正相对应。令人栖身的园，再小也需容身，而供旁观的微缩之园，倒不妨一再缩小。宋代不止有砚池，还有砚山——那真的是砚台，米芾在《研山铭》里详载的以小观大之法，并非“米癫”独创，王之道颂盆池（即盆景）为“壶中天地”[43]527，而苏轼也将奇石称作“壶中九华”[44]6，这种微末中见壶天的山水观法在宋代已成通识，传到清代沈复手里已臻化境，“于土墙凹凸处、花台小草丛杂处”[45]27 皆可观山水。就这样，微缩的山水开始从园林景致退到了文人的案头，成为盆景、砚台及对窗的拳石。

山水微缩到掌上案头就成了文玩，而方池除了缩成砚台便别无他用，因此方池不会缩得太小，而且也总要置于园亭之中才有意义。这类微缩后的方池多少都带有陈设的特征，有些继承了“一池三山”及禅宗莲池的神性，则被供奉，有些则真如案头的砚台，则被散漫闲置。

在司马光著名的独乐园中，就有一尊极小的方池，是供奉方池的名作。其《独乐园记》中有详尽的描述：

堂南有屋一区，引水北流，贯宇下。中央为沼，方深各三尺。疏水为五派，注沼中，若虎爪。自沼北伏流出北阶，悬注庭中，若象鼻。自是分而为二渠，绕庭四隅，会于西北而出，命之曰弄水轩。[46]

司马光的方池是个边长接近 1 米的立方体，虽然很小，但表现出中国园林中极少有的几何纯粹性。全园水系的水都从源流分五脉注入此方池，再分流周回

fig...56 仇英《独乐园图》（局部）

fig...57 《御园玩赏图》（局部）

fig...58 宋懋晋《寄畅园五十景图》中的濯足处

全园，纪念性极强，因此，司马光专门建“弄水轩”以供奉方池。在仇英的长卷《独乐园图》中，右侧卷首即以弄水轩及轩内方沼开始 fig...56，仇英并没有勾画水源“若虎爪”注入方池的情景，而是令劈竹而成的水渠凌空引水，注入方池，这样精巧的机关早见于白乐天庐山草堂西园那个引山泉落檐口的竹装置，于造园一事，更平添了传奇色彩。独乐园中的小方池，其体量已不足以作为水体来影响造园的经营位置，它的非凡意义是由园主人赋予的，它的空间价值，实介于园林要素和珍玩陈设之间。这样赋小方池以神性的佳作还有如南宋杨万里的宅园⑫，以五尺宽（约1.55米）、一尺深（约0.31米）的方池为泉，并题为“泉石膏肓”，可见其于园主人意义之重。

但在多数园林中，尤其是明清以降的园林中，方池的角色多退居次席，常于散漫处置之，即便不作为主景，但其作为构园的片段小品，仍不乏佳例。明代的一幅《御园玩赏图》fig...57 中，勾画了明初皇家东苑中的园景，其中一塘不大的方池，与须弥座上的假山、盆中的虬松一般，散置于庭院空场中，各要素之间并无园林化的经营招呼，这些景致无异乎盆景、文玩，功能也是单独供人玩赏。

上述两类方池，作为“神物”或“玩物”各走极端，它们都不是方池造园角色的常态，然而在这两极之间，我们能看到方池可以展现多么强的活力。因此，在明清的城市山林中，尽管方池不再居于舞台的中央，但也绝不至于销声匿迹，它们仍可“陈设”不经意处偶成佳景。宋懋晋那组《寄畅园五十景图》中，有十景是方池或以直岸为池壁。这些方池片段在位置、成因及造景质量上都各有不同，但几处石-池配置的景致仍值得今天的造园者借鉴。本文上篇[47]提到的那幅方池佳作 fig...58，以如垂云般上广下狭的危岩凌于方池之上，成昆仑碧海之高下；岩下有矶堪坐卧，其态可居，若李公麟山水中人；上游以曲水溪流注入方池，是远公莲社的再现——小小一方池石，可以集萃自古各类方池的妙处，旁观石池可，倚石玩水亦可，不输白居易的拳石斗水。计成对“池凿四方”的否定，似不该当戒律尊奉，而应作一家言借鉴讨论。

---

⑫ 杨万里《泉石膏肓记》：“予偶思去假山三十步而近，旧有一泉而堙，即命浚焉。泉冽以猛，因接筒引之；又于假山之前十步之间，甓一小方池，深尺，广五之，泥与泉其深各半，植以芙蕖，杂以藻荇，每疏泉自筒入池中，伏之假山之趾，仰而出于石罅。闭而激之，则为机泉，喷珠跃玉，飞空而上，若白金绳焉，与假山相高；开而达之，则为流水。其将至也，若哽若咽，若嗔若叱，然后滃然而上，决决而流，流而入于池，其流有文，其入有声，顷刻之间，通塞万变，观者四顾，莫测所来。予因生致小鱼善游而喜浮者畜之池，二十许尾，先子后母，浮而出也，后者不先夫先者，若‘徐行后长者之为者’，余固异之。其始，畏人不浮，人至，则隐于荷盘荇带之下，去则显。其后渐与人习，圉圉洋洋若与人为翫；既而复隐，若耻以身供人之翫者，予益异之。予间以食食之，每食至必出，久之，若疑夫食之饵己者，复不出，予益异之。因命其泉石之上小轩曰‘泉石膏肓’。”

之七

小结

文章已过冗长，仅总结若干推论作为结尾：

第一，方池应该是最早从上古王公苑囿中独立出来的人工造园要素，其初衷以渔乐为主，且在先秦的供园居的园林（墓园等除外）中，掘池与堆山并不相伴。

第二，在“一池三山”及“宝池观”莲池等带有神学色彩的营池目标之下，方池开始有了纵览旁观的观法；同时，中国古代观念中对仙境的想象都非常几何化，方池则是表现大海的最佳形式。

第三，伴随着旁观的观法，假山出现了，而假山则催生了曲水的出现；曲水与方池的组合，是方池经营的经典形式。

第四，与摹写自然形式的微缩山水相反，中国文人对方池的赏玩之法仍倾向于沉浸于池境之内，“可行可望，不如可居可游之为得”[48]632，对方池的近水居游是中国园居中更重要的部分。

第五，如今可见的以宋代山水画为山水形式标准的清代造园理水，并不是唐宋微缩山水演变而成的，那看似自然的池形，是在身居其中的园池中以山岛和亭台构成群岛而获得的内界形式。

第六，在不以方池为造园核心的园林中，方池仍作为片段景致广泛“陈设”于园林之中；方池因其池形独立，非常适合营造相对孤立的园景片段。在今天的造园理景中，方池仍是值得研究和实践的造园要素。

第七，当无条件营造山岛时，尤其在以建筑为主要围合的环境中，不妨考虑方池。（续完）

参考文献

[34] 张春林．白居易全集 [M]．北京：中国文史出版社，1999.

[35] 王贵祥．中韩古典园林概览 [M]．北京：清华大学出版社，2013.

[36] 王明清．挥尘录 [M]．北京：中华书局，1961.

[37] 朱育帆．关于北宋皇家苑囿艮岳研究中若干问题的探讨 [J]．中国园林，2007(06)：10-14.

[38] 尔雅 [M]．郭璞，注．上海：上海古籍出版社，2015.

[39] 王儁．思轩文集：卷一 [M]．明弘治刻本．1505.

[40] 吴国伦．明代论著丛刊第一辑 · 甔甀洞稿（一、二、三、四）[M]．台北：伟文图书出版社，1976.

[41] 张十庆．《作庭记》译注与研究 [M]．天津：天津大学出版社，2004.

[42] 陈植．园冶注释 [M]．2 版．北京：中国建筑工业出版社，2006.

[43] 王之道．相山集：卷一 [M]// 景印文渊阁四库全书：第 1132 册．台北：台湾商务印书馆，1983.

[44] 杜绾．云林石谱 [M]．上海：商务印书馆，1936.

[45] 沈复．浮生六记 [M]．上海：大中书局，1934.

[46] 吕祖谦．宋文鉴 1[M]// 景印文渊阁四库全书：第 1350 册．台北：台湾商务印书馆，1983.

[47] 郑巧雁，张翼．一方池鉴——简述方池兴衰兼谈山、池、台、岛在造园中的演变 [M]// 王欣，金秋野，主编．乌有园第四辑：袖峰与洞天．上海：同济大学出版社，2020.

[48] 俞剑华．中国古代画论类编：上 [M]．北京：人民美术出版社，2004.

图片来源部分

略论我国古代园林叠山艺术的发展演变

文中插图均为曹汛所绘。

清水混凝土作为一种“拓印”材料的诗意表达——对“富春山馆”建造过程的思考与探讨

图 11：Zanchettin V. Carlo Scarpa, Scarpa, C. Il complesso monumentale Brion[M]. Marsilio, 2005: 109.

其余照片均为作者自摄。

“理想世界”的现实营造

图 01：http://www.cittasostenibili.it/urbana/img/letchworth.jpg [2022-11-29]

图 02：童寯．园论 [M]．天津：百花文艺出版社，2006: 86.

图 04：梁思成．我们所知道的唐代佛寺与宫殿 [J]．中国营造学社汇刊，1933, 3(1): 91.

图 08：北京晨报．北京一教授花费 6 年在楼顶违建超级别墅（图）[EB/OL]. (2013-08-12)[2022-11-29]. http://www.chinanews.com.cn/house/2013/08-12/5149428_5.shtml

图 25，图 26：丁垚提供

图 33，图 34：张梦炜自摄、丁雅周等提供

图 36a：侯新觉后期处理，原图出自：侯幼彬，李婉贞．中国古代建筑历史图说 [M]. 北京：中国建筑工业出版社，2002: 125, 129.

图 36b：侯新觉后期处理，原图出自：侯幼彬，李婉贞．中国古代建筑历史图说 [M]．北京：中国建筑工业出版社，2002: 130,192; 业祖润．北京民居 [M]．北京：中国建筑工业出版社，2009: 140.

图 37：日本建筑学会．日本建筑史图集 [M]. 3 版．东京：彰国社，2011: 99.

图 39- 图 44：李兴钢工作室提供

其余图片均为作者自摄或自绘。

“人巧”与“天然”：晚明江南园林假山的两种营造及其审美

文中图片均由作者提供。

场地建造的设计方法论提要研究

图 01：作者重绘自本文参考文献 [3]

图 02：作者根据图 1 改绘

图 03：曾仁臻摄

图 04：陈灏摄

图 05：大舍提供

图 06：截取自视频 https://v.qq.com/x/page/i061762poi6.html [2022-09-22]

图 07：出自本文参考文献 [9]，第 xiv 页

图 08：出自本文参考文献 [12]，第 32、37 页

图 09：出自本文参考文献 [13] 第 248、250 页

图 10：出自本文参考文献 [14]，第 338-339 页

图 11：出自本文参考文献 [15]

图 12：曹凯中摄

图 13：戚山山摄

图 14：出自本文参考文献 [12]，第 272 页

技艺与记忆：中国触觉艺术传统四个断章

图 01a：中国青铜器全集编辑委员会．中国青铜器全集 1：夏商 1[M]．北京：文物出版社．1996: 54.

图 01b：同上，第 102 页

图 02：中国青铜器全集编辑委员会．中国青铜器全集 12：秦汉 [M]．北京：文物出版社，1998: 39.

图 03：同上，第 131 页

图 04：Balmond C. Element[M]. Munich: Prestel, 2007: 220-221.

图 05a：杜浩．唐·怀素自叙帖 [M]．合肥：安徽美术出版社，2014: 2-3.

图 05b：薛元明．历代碑帖精粹：唐张旭古诗四帖 [M]．合肥：安徽美术出版社，2018: 9-10.

图 08：中国社会科学院考古研究所．“发现殷墟”丛书 殷墟青铜器全形拓精粹 [M]. 上海：上海书画出版社，2018.

图 09 左图：https://www.sohu.com/a/337704729_195683 (2019-08-30)[2022-09-16]. 中图及右图：https://www.163.com/dy/article/H3IDU32Q0534ATHL.html (2022-03-28)[2022-09-16].

图 10a：Stansbury-O'Donnell M D. A history of Greek Art[M]. Hoboken, NJ: John Wiley & Sons, 2014: 258. 拍摄：RMN-Grand Palais/Art Resource, NY

图 10b：朱锡禄．武氏祠汉画像石 [M]．济南：山东美术出版社，1986: 51.

图 10c：Stansbury-O'Donnell M D. A history of Greek Art[M]. Hoboken, NJ: John Wiley & Sons, 2014: 27.

非空非非空：聚落、湖石、剖碎与空间复杂性综论

图 01：Google 艺术与文化．[2022-07-12]. https://artsandculture.google.com/asset/large-plan-of-the-roman-campo-marzio-field-of-mars-in-rome-giovanni-battista-piranesi/eQFcUMOS6HLSxw.

图 02：Merrill M. Louis kahn the importance of a drawing[M]. Germany: Lars Müller Publishers, 2021: 97.

图 03：DIVISARE. Louis Kahn Yale University Art Gallery[EB/OL]. (2011)[2022-07-12]. https://divisare.com/projects/342858-louis-kahn-xavier-de-jaureguiberry-yale-university-art-gallery.

图 04：Souza E. AD Classics: National Assembly Building of Bangladesh / Louis Kahn[EB/OL]. (2010-10-20)[2022-07-12]. https://www.archdaily.com/83071/ad-classics-national-assembly-building-of-bangladesh-louis-kahn?ad_source=search&ad_medium=projects_tab

图 05：Ackerman J S. Origins, imitation, conventions: representation in the visual arts[M]. America: MIT Press, 2002: 81.

图 06：出自本文参考文献 [8]

图 07：大料建筑事务所提供

图 08：同图 05，第 145 页

图 09：Journey Era. Goreme Open-Air Museum in Cappadocia[EB/OL] (2019-08-06)[2022-07-12]. https://www.journeyera.com/goreme-open-air-museum-cappadocia/

图 10：出自本文参考文献 [6]，第 118 页

图 11：Saieh N. Multiplicity and Memory: Talking About Architecture with Peter Zumthor[EB/OL]. (2010-11-02)[2022-07-12]. https://www.archdaily.com/85656/multiplicity-and-memory-talking-about-architecture-with-peter-zumthor.

图 12：Moriyama House, Tokyo[EB/OL]. (2021-01-16)[2022-07-12]. https://arquitecturaviva.com/works/casa-moriyama-tokio-3.
图 13：MoMA. Composition from Art of Today, Masters of Abstract Art[A/OL]. [2022-07-12]. https://www.moma.org/collection/works/31863.
图 14：金秋野摄
图 15：Galvez House[EB/OL]. (2020-10-31)[2022-07-12]. https://en.wikiarquitectura.com/building/galvez-house/.
图 16：House N/Sou Fujimoto Architects[EB/OL]. (2011-09-14)[2022-07-12]. https://www.archdaily.com/7484/house-n-sou-fujimoto.
图 17：同图 05，第 309 页
图 18- 图 20：廉志远绘
图 21，图 22，图 24- 图 26：Benton T, Cohen J L. Le Corbusier le grand[M]. New York: Phaidon, 2008.
图 23：Fiederer L. AD Classics: TWA Flight Center / Eero Saarinen[EB/OL]. (2016-06-16)[2022-07-12]. https://www.archdaily.com/788012/ad-classics-twa-flight-center-eero-saarinen?ad_source=search&ad_medium=projects_tab.

隙间庭记
图 01：金秋野摄
图 02- 图 07，图 09- 图 10，图 23，图 50：作者自摄
图 08：来自网络
图 11：万露摄
图 12- 图 16，图 30：钱亮摄
图 17- 图 20，图 24，图 52：朱曦绘制
图 21- 图 22，图 31- 图 36，图 39- 图 44，图 46- 图 48，图 51：柯云风摄
图 25，图 38：朱曦摄
图 26，图 28：柯云风重绘
图 27：柯云风绘制
图 45：易灵洁摄
图 49：曹先生摄

千人共座，卧游桴槎——记园林装置"渡去博古园畸"
本文照片均为作者自摄，图纸由孙昱绘制

人世断片之交遇——虎美术的屋下造园
本文照片均为作者自摄，图纸由孙昱绘制

掇石方寸间：苏州微小庭院理景二例
图 01：刘敦桢．苏州古典园林 [M]. 北京：中国建筑工业出版社，1979.
图 11 左图：历代名家册页：弘仁、髡残 [M]. 杭州：浙江人民美术出版社，2012. 右图引自沈周《虎丘十二景图册》，美国伯克利夫兰美术馆藏，著录见《中国绘画总合目录》，第一卷
除上述标注外，本文图纸均为钱晓冬绘制；照片均为钱晓冬、葛宝剑拍摄。

居室亦园林
图 01：王瑶绘
图 02- 图 04，图 12- 图 14，图 18- 图 20，图 27- 图 29，图 34- 图 36，图 42- 图 45，图 50、图 51：李力维绘
图 05- 图 08，图 10、图 11，图 15、图 16，图 21- 图 23，图 25、图 26，图 30、图 31，图 40，图 46- 图 48，图 50、图 52、图 54：金秋野摄
图 09：秦鸿昕绘
图 17：黄露、王瑶绘
图 24：康艺欢绘
图 32，图 41：刘力源绘
图 33，图 37、图 38：高蕾蕾摄
图 39，图 53：孙海霆摄

中式木工刨的近现代发展
图 04：来自杜克大学图书馆
本文其余照片及图片均为作者自摄或自绘。

贵州榕江县大利村圆木作箍桶工具赏
图 27：作者改绘自：傅水龙．木工基础 [M]. 武汉：湖北人民出版社，1980.
其余图片均为作者自摄。

当代木构复兴：乡野主义与法式主义造物的交融——中国美术学院六年实验性教学回顾记录
本文图片均为作者自绘或自摄。

"摹山水"——以山水画为摹本的景观基础绘画教学
图 01：作者自绘
图 07，图 13，图 14：赵鸣霄绘
图 09：作者自摄
图 10：蔡栩昕绘
图 11：俞梦萍绘
图 12：何天佑绘
图 15：葛友谦绘
图 16：李佳慧绘
图 17：李乐绘
图 18：黄迪绘

结构环境，初手经典——梁启超墓园体验释读
图 04：黄延复．清华园风物志 [M]. 北京：清华大学出版社，1988: 29.
图 07：天津大学建筑学院制作
图 08：天津大学建筑学院董睿琪、孙雨涵测绘
图 09：天津大学建筑学院梁雨、华晨测绘
图 12：天津大学建筑学院刘玮琳、刘天龙测绘
图 27：天津大学建筑学院孙雨涵测绘
图 42，图 50：李兴钢翻拍自"栋梁——梁思成诞辰 120 周年文献展"
图 43，图 44，图 47：侯新觉绘
图 48：李兴钢．行者图语 [M]. 杭州：浙江摄影出版社，2020: 423.
图 49：Liang Qichao[Z/OL]. [2022-11-29]. http://en.wikipedia.org/wiki/Liang_Qichao.
图 54：梁鉴摄，出自本文参考文献 [1]，第 40 页
图 55：于葵提供，出自本文参考文献 [1]，第 41 页
图 57：刘克成摄

图 58：孙传芳墓 [Z/OL].(2021-09-27)[2023-03-21]. http://chnbg.cn/detail/173.html
其余图片均为李兴钢自摄或自绘。

乾隆惠山园写仿无锡寄畅园新探

图 03：佚名．清高宗南巡名胜图 [M]. 北京：学苑出版社，2001.
图 04：黄晓摄
图 05：黄晓改绘自参考文献 [5]，图 7-72
图 06：平面图绘制依据参考文献 [5]，图 6-73
图 07，图 08：黄晓绘

镜清斋的装折与即景

图 01：引自本文参考文献 [3]
图 02 上图：引自：王其亨，等．清代乾隆朝《西苑太液池地盘图》考 [J]. 文物，2003(8): 77-86，图 3. 下图底图引自：中国第一历史档案馆藏清《西苑太液池地盘图》局部
图 03：底图引自本文注释 3 中“定案”
图 04：底图引自：清华大学中国营造学社纪念馆藏《中国建筑史》底稿
图 05：底图引自本文参考文献 [3]，第 145 页
图 07：来自网易博客
图 08：中华珍宝馆 [A/OL]. [2022-11-29]. http://ltfc.net/img/5eb587c79abcc20beaf59af8
图 10：底图引自：清《西苑太液池地盘图》局部
图 11：底图引自本文注释 3 中“糙底”
图 14，图 15：董豫赣摄
图 16：右图底图引自：刘敦桢．苏州古典园林 [M]. 北京：中国建筑工业出版社，2005: 306-307.
其余图片均为作者自摄或自绘。

居—水细语

文中照片及插图均为作者自摄或自绘。

一方池鉴——简述方池兴衰兼谈山、池、台、岛在造园中的演变（续）

图 12：陶勇清．庐山历代绘画精品百幅 [M]. 南昌：江西美术出版社，2012: 4.
图 13：同图 12，第 3 页
图 14：赵启斌．中国历代绘画鉴赏 [M]. 北京：商务印书馆国际有限公司，2013: 447.
图 16：傅伯星．宋画中的南宋建筑 [M]. 杭州：西泠印社出版社，2011: 99.
图 17：[2022-11-29]. https://pic3.zhimg.com/v2-05d2d3d1834bf1027f2ab067c52b2456_r.jpg.
图 18：金卫东．晋唐两宋绘画・山水楼阁 [M]. 胡锤，冯辉，摄影．上海：上海科学技术出版社；商务印书馆（香港）有限公司，2004: 250.
图 20：浙江大学中国古代书画研究中心．宋画全集：第 6 卷第 1 册 [M]. 杭州：浙江大学出版社，2010: 158.
图 22：赵启斌．中国历代绘画鉴赏 [M]. 北京：商务印书馆国际有限公司，2013: 446.
图 23：左亮．故宫画谱・山水卷・界画 [M]. 北京：故宫出版社，2013: 39.
图 24：恽寿平．南田画跋 [M]. 济南：山东画报出版社，2012: 79.
图 25：实践经典编辑部．国画大师・宋画小品．2[M]. 北京：中央广播电视大学出版社，2014: 80.
图 26：全景博物馆丛书编委会．中国山水画博物馆 2[M]. 郑州：海燕出版社，2003: 156.
图 27：吴致木．中国古代画家辞典 [M]. 杭州：浙江人民出版社，1999: 161.
图 30，图 31，图 56：仇英《独乐园图》（局部）/ 出自：刘育文，洪文庆．海外中国名画精选 Ⅳ 明代 [M]. 上海：上海文艺出版社，1999: 122-125.
图 36，图 52：张婷婷．中国传世人物画：卷 3[M]. 北京：中国画报出版社，2013: 189-195.
图 37：来自雅昌艺术网
图 38：作者自摄
图 39：南京工学院建筑系，刘敦桢．苏州古典园林 [M]. 北京：中国建筑工业出版社，1979: 444.
图 40，图 45：同图 39，第 348-349 页
图 41：芮贤枝摄
图 42：同图 39，第 312 页
图 43：杨鸿勋．江南园林论：中国古典造园艺术研究 [M]. 上海：上海人民出版社，1994: 378.
图 46：童寯．江南园林志 [M]. 2 版．北京：中国建筑工业出版社，2014.
图 47：常建华．康熙皇帝的“南巡日志”[J]. 紫禁城，2014(04).
图 48：张维明．南巡盛典名胜图录 [M]. 苏州：古吴轩出版社，1999: 66.
图 49：刘先觉，潘谷西．江南园林图录——庭院・景观建筑 [M]. 南京：东南大学出版社，2007: 65.
图 50：王欣摄
图 51：林源．王石谷《艺圃图》、汪琬“艺圃二记”与苏州艺圃 [J]. 建筑师，2013(06): 92-98.
图 53：北京中国紫檀博物馆．(2018-02-27)[2022-11-29]. https://www.sohu.com/a/224404095_787024.
图 54：同图 16，第 42 页
图 57：赵菁．2013 古董拍卖年鉴・书画卷 [M]. 北京：中国书店，2013: 15.
图 58：秦志豪．锡山秦氏寄畅园文献资料长编 [M]. 上海：上海辞书出版社，2009: 69.

除此附录所列，书中其余未注明出处的图片均来自网络，但由于时间久远等原因，确切来源已佚。

图书在版编目（C I P）数据

乌有园 . 第五辑 , 技艺与记忆 / 金秋野 , 王欣编
. -- 上海 : 同济大学出版社 , 2023.5
ISBN 978-7-5765-0544-3

Ⅰ . ①乌… Ⅱ . ①金… ②王… Ⅲ . ①建筑科学一文集 Ⅳ . ① TU-53

中国版本图书馆 CIP 数据核字 (2022) 第 244553 号

乌有园 第五辑
技艺与记忆
金秋野 王欣 编

出 版 人：金英伟
出　　品：秦　蕾 / 群岛 ARCHIPELAGO
责任编辑：王胤瑜
特约编辑：辛梦瑶
责任校对：徐逢乔
装帧设计：typo_d
封面设计：谢庭苇
排　　版：张　微
版　　次：2023 年 5 月第 1 版
印　　次：2023 年 5 月第 1 次印刷
印　　刷：上海雅昌艺术印刷有限公司
开　　本：889mm×1194mm 1/16
印　　张：18.5
字　　数：592 000
书　　号：ISBN 978-7-5765-0544-3
定　　价：168.00 元
出版发行：同济大学出版社
地　　址：上海市四平路 1239 号
邮政编码：200092
网　　址：http://www.tongjipress.com.cn
群岛网址：archipelago.net.cn
经　　销：全国各地新华书店

Arcadia
Volume V Artistry & Deliverance
ISBN 978-7-5765-0544-3

Edited by: JIN Qiuye, WANG Xin
Initiated by: QIN Lei/ARCHIPELAGO
Produced by: JIN Yingwei (publisher), WANG Yinyu (editing), XIN Mengyao (guest editing), XU Fengqiao (proofreading), typo_d (graphic design), XIE Tingwei (cover design), ZHANG Wei (typesetting)

Published by Tongji University Press, 1239, Siping Road, Shanghai 200092, China.
www.tongjipress.com.cn
archipelago.net.cn

First edition in May 2023.